第一次用Azure雲端服務就上手

目錄

PART 2：在微軟 AZURE 上部署運算資源

PART 3：在微軟 AZURE 上部署平台資源

PART 4：為 AZURE 的資源提供高可用性、可調節性和安全性

PART 5：遷移至微軟 AZURE 並監視你的基礎設施

PART 6：十大遺珠

簡介

微軟 Azure 是一項公有雲服務，你可以向微軟租用運作在微軟資料中心裡的運算服務。而且只需為你在計費期間中使用到的資源付費。

筆者撰寫本書，主要是希望能提供一份易於吸收、但仍不失完整的微軟 Azure 介紹給讀者，讓各位了解 Azure 如何運作、以及如何用 Azure 為公司節省時間、費用、人力和管理成本。

關於本書

各位或許正在思忖，何以市面上或是網路書店都找不到太多關於 Azure 的書籍？答案其實顯而易見：Azure 的變化實在太快，因此出版業者很難跟得上微軟的腳步。

筆者從事 Azure 相關工作數載，也經常與微軟的 Azure 團隊交流，因此筆者深知，連他們自己都覺得必須與使用者一樣，經常花費大量的時間和精力去了解新技術。

因此筆者撰寫本書，試圖協助以下類型的讀者：

- **希望熟悉微軟 Azure：**筆者會著重在微軟所謂的「八成內容」、或者說是八成微軟用戶會用到的部署內容，藉以讓讀者能達到目的。
- **希望學習程式化部署技巧：**在本書中，筆者會教導讀者們如何運用 Azure PowerShell、Azure 命令列介面〔CLI〕、以及 Azure 資源管理員〔ARM〕範本來完成 Azure 的工作。與 Azure 入口網站的圖形使用者介面〔GUI〕相較，這些操作 Azure 的方式變化較不頻繁。
- **熟悉工具並持續吸收新知：**各位可以預料的是，因為 Azure 入口網站變動頻繁，因此你在畫面上看到的，不一定會與本書中所印的圖例相符。這完全在意料之中！在本書的最後兩個章節，「十大新聞來源」和「十大教育資源」，筆者會提供大家各種技巧，以便持續吸收新知，不致因為 Azure 今昔不同而覺得無所適從。

筆者在書中列出了許多網址〔或者說是 URL 〕。如果微軟更改了某個網頁的網址，而筆者提供的連結也變得無效，先別懊惱！只要用 Google 搜尋文章標題，大部分都能馬上找到更新過的頁面網址。

綜觀本書，你會發現成打的操作步驟程序。筆者希望大家在演練時，心中要記住以下幾點：

- 你需要一個 Azure 的訂用帳戶，才能演練所有的步驟。如果你還沒有 Azure 帳戶，可以先去申請一個免費的 Azure 帳戶（https://azure.microsoft.com/free），以便取得一個免費額度為 200 美元、可在 30 天內任意使用 Azure 服務的帳戶。這個額度應該夠讓你演練書中的題材，但是要記得在演練完後將練習部署的內容刪除[譯註 1]。
- 筆者通常會提供自己測試環境中的設定資料值作為示範，但也許對讀者不適用。各位應該自行調整演練程序，以便反映你自己的需求[譯註 2]。
- 如果你需要安裝額外的軟體才能完成演練，筆者會在一開始先提醒大家。此處的軟體需求，會以微軟的免費軟體為主，以免本書演練的過程對大家造成額外的金錢負擔。

筆者假設大家都有自己的網際網路連線可用；不然你就無法連線到 Azure〔除非你使用 Azure Stack，但這不在本書題材範圍之內〕。

最後，大多數的 Azure 管理和開發工具都有 Windows、macOS 和 Linux 的版本可資利用（筆者自己使用 Windows 10 workstation 的版本）。

譯註 1　對於只能以公餘時間演練的讀者來說，30 天其實是不太夠的。如果你將帳戶升級成隨用隨付，真的務必要記住在演練完後將練習內容刪除，不然費用會很嚇人。或者請設法取得微軟的各種學習優惠，以便節省花費。

譯註 2　例如地理區域、資源名稱等等。

一點愚思

筆者撰寫本書時，心中其實已有預定的讀者對象。請試著比對你的現況是否符合以下任何一種：

- 你是經驗豐富的 IT 專人，需要了解 Azure，以備將來工作所需。
- 你是 IT 圈的新進，希望以 Azure 作為自身職涯的根基之一。
- 你已精通其他公有雲平台，例如亞馬遜的 AWS 或 Google 的 GCP，而你想將之與 Azure 做一番比較。
- 你在工作上不得不用到 Azure。
- 你身負必須說服老闆和其他決策者的重任，讓他們了解 Azure 對於業務的價值，而你自己也想掌握其中的基本知識。
- 你已經在使用 Azure，但你想更進一步、加強自己的知識和技術。

不論你現在對於 Azure 的心態和取向為何，筆者希望讀者們藉由閱讀本書、同時運用其中學到的內容，能更深入地了解 Azure，並在自己的專業上更為精進。

本書的註記圖示

如果讀者們以前讀過 For Dummies 系列書籍，對以下圖示理當不陌生。但若非如此，或者你還是想了解圖示的官方說明，請讀下去！

TIP

Tip 圖示代表提示或是捷徑，可以讓你在操作 Azure 時更順手些。

REMEMBER

Remember 圖示代表特別重要的資訊。如欲掌握每一章中最要緊的資訊，記得務必閱讀有這種圖示的段落。

以 echnical Stuff 圖示標出的是偏重技術的內容，必要時你可以先略而不讀。等有時間或有相關基礎知識時再回來參考。

Warning 圖示是提醒你要留意！它代表的是可能在你卡關時救你脫出泥淖的關鍵資訊。

除了本書

除了本書內容以外，筆者還特製了一份小抄，只要是書中各位會接觸到的 Azure 服務，相關的訣竅和捷徑，它都一應俱全。讀者們可以上網造訪 `https://www.dummies.com`、並在搜尋列鍵入 *Azure For Dummies* 字樣，就可以找到這份小抄，還有其他關於本書的資訊〔例如勘誤〕。

讀完本書以後

雖說筆者自己是從頭開始完成本書的，讀者們卻不一定喜歡這方式。各位其實可以隨意閱覽任何一章，毋須擔心需要先讀完前面的章節才能有所準備[譯註 3]，所以請放心地翻閱你想入門的任何一章，這就開始吧！

譯註 3　其實不全是如此，儘管雲端服務會將基礎設施的管理細節儘量隱藏，若干基本的服務，像是儲存與網路的概念，仍會在很多地方若隱若現。所以最好還是先讀過第一部，其後章節才可以安心閱覽。

1

初探微軟的 Azure

在這個部份中 . . .

了解何謂「雲端運算」，還有微軟的 Azure 在雲端運算領域中的處境

區分各種不同的雲端運算部署及服務交付模式

了解 Azure 資源管理員的基本觀念

熟悉各種微軟 Azure 管理工具

在本章當中

» 介紹何謂雲端

» 區分各種雲端運算模式

» 介紹主要的微軟Azure服務

» 初次訂用Azure

Chapter 1
微軟 Azure 簡介

歡迎來到雲端運算的領域，也歡迎你選擇微軟 Azure！我並不清楚是何種緣故讓你接觸本書，也許是職涯中的挑戰、或個人的興趣使然，但是無論如何，我都很高興你選擇本書。在這一章裡，我要淺談一些基本的術語，先從大家琅琅上口的雲端和雲端運算講起。

讀完本章後，讀者們將會初步擁有自己的 Azure 訂用內容，而且一切免費。很興奮吧？希望你樂在其中！

何謂雲端運算？

我的女兒 Zoey 今年 9 歲，她對雲端知之甚詳。根據她的形容：「雲端就是存放我的 iPad 應用程式的地方，如果我從 iPad 裡把應用程式刪掉，還是可以從雲端再下載一次。」我還真駁不倒她。

而我高齡 75 的老媽則跟我說，她對雲端的感受是「網際網路的一部份，你可以放任何東西上去。」老人家的智慧果然不可小覷。

大部份的人可能不一定清楚雲端服務是什麼玩意，但幾乎都在使用它。看看你手中的智慧手機吧。你想想看，自己有那麼多相片、媒體、檔案跟設定內容，都備份在哪裡？是什麼神奇的功能，讓你只要有網際網路連線可用，就能從世界各地取得自己所需的內容？

你是否曾租用任何網頁託管公司的服務來存放你的個人網站？那些存放個人網站內容的實體伺服器，究竟座落何處呢？

這些場合都是雲端運算的例子，說穿了，就是你其實不過是租用了另一個機構擁有的基礎設施而已。

而你租用的資源則是由以下軟硬體元件構成：

- **運算**：運算係指純粹的運算能力 —— 由中央處理器（CPU）和隨機存取記憶體（RAM）構成應用程式和資料的平台。
- **儲存**：永久性儲存係指一個空間，讓你可以把檔案及其他資料存放在微軟伺服器裡。當你把檔案存放在位於雲端的儲存體帳戶下時，檔案理應永遠留在那裡，或者一直保留到你將之刪除為止。
- **網路**：Azure 提供了一套以軟體定義的網路基礎設施，讓你可以把虛擬機器及其他 Azure 服務放在上面運作。由於雲端幾乎少不了網際網路的襄助，因此在線上跟雲端這兩個字眼，基本上是同義詞。但是我為什麼會強調「幾乎少不了」而不是「絕對不可少」，是因為有些企業會自行建置所謂的私有雲，其屬性幾乎跟公有雲並無二致，唯一的差異就是私有雲位於企業自有的網路環境之內。微軟同樣也出售另外一種專供私有的 Azure 版本，稱為 Azure Stack。
- **分析**：你並不需要實際接觸到雲端供應商的運算、儲存或網路等資源。頂多就是透過網頁瀏覽器或是管理應用程式，去檢視它們的遙測數據而已。因此 Azure 和其他公有雲業者為你提供了相關工具，精確地掌握你每分每秒使用的服務量。雲端分析同時也提供了珍貴的除錯和效能調節建議，方便你維護自己的雲端基礎設施。

至於企業為何會對雲端產生興趣，則是因為雲端讓企業可以免於許多令人望而卻步、甚至代價高昂的惱人作業，就是維護自己的資料中心，包括以下內容：

- **供電**：要為你所有的應用程式和服務的承載設備供電，基本上一定所費不貲。而且萬一你的資料中心遇上停電故障時怎麼辦？如果能把資料移往雲端，它就變成供應商要煩惱的風險了。
- **資本支出**：當你營運自己的資料中心時，其中的實體伺服器，來源不是用買的就是用租的。因此你得自己操心硬體升級和修理的問題。而且硬體一定都不會便宜。
- **安全和配置衍生的開銷**：如果你雇不起專職的系統管理員，或是你手中的資源不充裕，很有可能就無暇顧及內部伺服器所帶有的漏洞或弱點，導致被鼠輩所利用。相較之下，如果你使用的是 Azure 這樣的公有雲服務，就可以仰賴微軟的人力、還有以人工智慧為依據的風險情報，協助你保護自己的應用程式、服務還有資料安全無虞。

看出趨勢所在了嗎？雲端運算之所以受到歡迎，就是因為它對於使用者來說非常便利，而對於企業來說更便宜。但是在我繼續講下去之前，筆者得先釐清所謂的雲端運算。

NIST 對雲端的定義

美國國家標準暨技術研究院（National Institute of Standards and Technology，簡稱 NIST（發音同 *nihst*），前身為美國國家標準局）為隸屬於美國政府的研究實驗室，定義雲端運算的標準也是他們的權責之一。按照 NIST 的官方定義，雲端運算應當具備五種基礎特性：

- **隨手可得的自助式服務**：雲端用戶可以隨時佈建各種服務，而且只須為自己實際使用的資源付費。
- **廣泛的網路存取範圍**：雲端服務通常遍及全球，業者通常也鼓勵客戶儘量將服務放在接近其服務對象的地理位置。

- **資源集中**：雲端服務是多用戶共享的（*multitenant*），亦即各個用戶的環境會是彼此隔離的。你應該永遠沒機會接觸到其他 Azure 用戶的資料，反之亦然。
- **迅捷有彈性**：雲端服務的用戶可以將自家的服務設計成易於調節，藉此因應各種流量模式。舉例來說，你可以在設置自己的 Azure 時規定，如果流量突然增加，就自動增設網頁伺服器來因應，然後在流量回歸正軌時再把多餘的伺服器移除。
- **隨時評估服務容量**：雲端會根據需求提供服務，因此需要進行評估；因為客戶只須為已經配置的資源付費。

如果你想要一睹 NIST 的原始文件，NIST Special Publication 800-145 *NIST 對雲端運算的定義*，請參閱 https://csrc.nist.gov/publications/detail/sp/800-145/final。

雲端運算的優點

本章先前曾經提到，雲端運算不論是對企業還對個人用戶都極富吸引力，因為它方便、可用性高、很可能還省下不少成本。重點是，Azure 及其他公有雲服務都採用所謂的以量計價模式，這對企業來說是營運費用（operational expenditure, OpEx）、而非資產費用。

採購或租用自有基礎設施，都被視為是前期資產費用（up-front capital expentiture, CapEx）。相較之下，OpEx 會重複發生的成本模型比較容易預測，對於斤斤計較的企業組織來說也較富吸引力（如今的企業誰不計較錢呢？）。

若要自行建置出雲端所具備的迅速調節能力與彈性，恐怕只有跨國大型企業才負擔得起。有了微軟 Azure，即使是小型企業及個人，也得以在點觸幾下滑鼠之際，就可以在地理區域之間進行 SQL 資料庫的複寫（參見圖 1-1）。讓用戶有這般的高可用性可資運用，正是雲端運算的魅力所在。

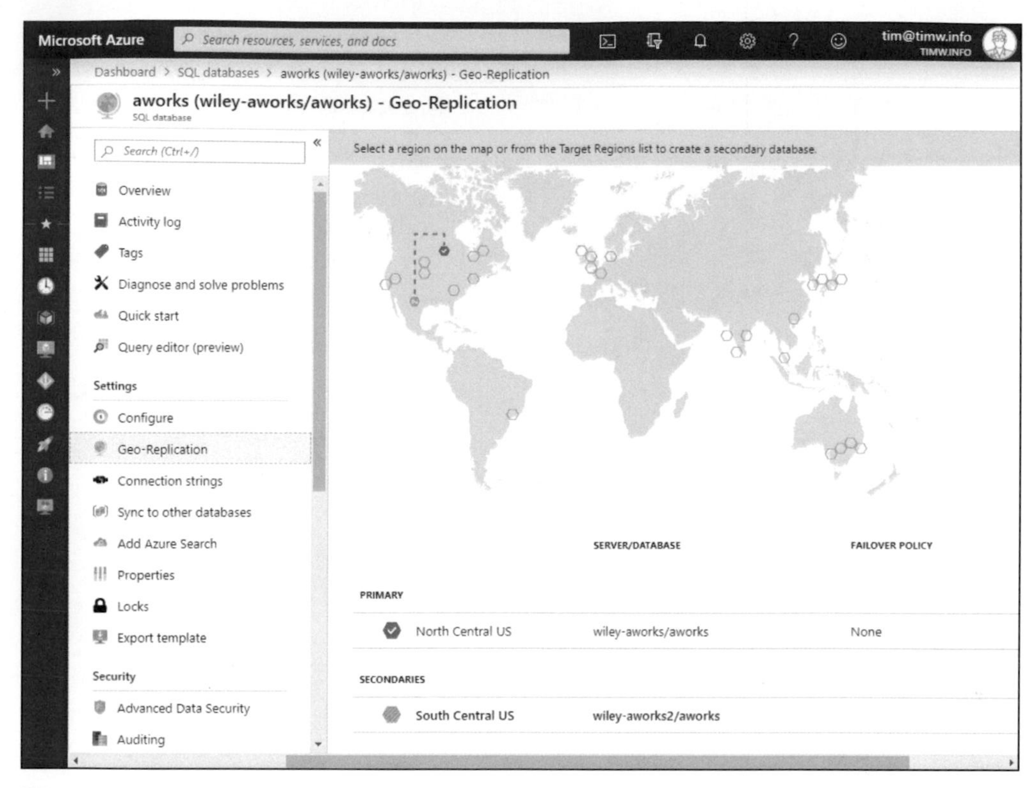

圖 1-1：
在 Azure 裡，資料庫服務可以跨越地理區域，只需幾個動作就能完成

其他雲端供應商

為了透徹起見，筆者必須先闡明，本書的重點在於微軟的 Azure，其他的公有雲供應商也同樣會運用相同的規模經濟來獲取優勢。這些公有雲業者包括下列幾家（但不僅於此）：

- Amazon Web Services（AWS）
- Google Cloud Platform（GCP）
- IBM Cloud
- Oracle Cloud
- Salesforce

規模經濟

所謂的「**規模經濟**」一詞，意指企業以極大數量購入內部資源，然後把省下的利益轉移給客戶。

在本書付梓前，微軟的 Azure 系列產品線已經橫跨全球 54 個地區。在每個地區內都有兩到三個實體資料中心。而每個資料中心內又具有數不清的伺服器機櫃、刀鋒伺服器、儲存設備陣列、路由器、交換器等等 —— 可說是數量極為龐大的實體資產。我們可以合理地假設，微軟必定在跟原廠購入這些設備時談妥了極好的價碼，，因為他們購入的數量實在是太多了。微軟得到的折扣，也就等同於他們為 Azure 客戶爭取到的硬體購置節約費用。就這麼簡單。

了解雲端運算的模式

雲端運算的有效定義，即個人或企業可以依據某種訂用方式租用雲端服務業者的基礎設施，而且僅須為自己使用的服務付費。這個定義並沒有錯。

但是在這個小節裡，筆者想進一步釐清各位對於雲端運算的理解，我要說明雲端運算的部署及服務交付方式。

部署模式

在 Azure 的術語裡，**部署**（*deployment*）意指你在 Azure 公有雲上配置的資源。你也許會自忖：「怎麼會這樣？微軟 Azure 怎麼成了公有雲？你不是說不同的 Azure 用戶決不會接觸到其他用戶的資源嗎？」別急，聽我解釋下去。

公有雲

微軟的 Azure 之所以被歸類為公有雲，是因為它遍布全球的資料中心都是可以讓一般大眾使用的。微軟十分重視 Azure 的多用戶共享特性；因此他們在其中加上了層層疊疊的實體及邏輯安全保護層，以確保各個用戶的資料都是私有的。事實上在大部份的場合，甚至連微軟也都無法取得客戶的資料加密金鑰！

至於其他的雲端服務業者，包括 AWS、GCP、甲骨文及 IBM（參閱上一頁的「其他雲端供應商」）—— 也都是公認的公有雲平台。

微軟擁有三朵額外的、彼此獨立的 Azure 雲，專供政府使用。當微軟提到 Azure 雲的時候，其實涵蓋公有雲和 Azure 政府專用雲，而後者代表了主權專用的特殊用途雲。一般大眾如果不是政府機構雇員，是無法接觸 Azure 政府雲的。

私有雲

先前曾也說過，只有極為少數的企業擁有足夠的財力和人力來經營自己的雲端環境。通常只有最龐大的企業組織才能供養得起自己的私有雲基礎設施，其中含有彼此備援的資料中心、儲存設備、網路以及運算功能，但是它們往往基於自身安全禁令，嚴格禁止將資料儲存在微軟（或任何其他雲端服務業者）的實體資料中心。

微軟也販售所謂的可攜式版本 Azure 雲：稱為 Azure Stack，其中含有一個伺服器機櫃，一般企業可以從微軟附屬的軟硬體供應商租用或購置。

Azure Stack 的概念是，你可以把所有雲端運算的特性（不論是隨手可得的自助式服務、資源集中、彈性等等），都打包帶回自己的環境當中，不需仰賴網際網路或外部雲端供應商，除非你願意這樣做。

你手下的管理員和開發人員可以透過相同的 Azure 資源管理員（ARM）應用程式介面（API），將資源部署至 Azure Stack，就像在部署 Azure 公有雲時一樣。這個 API 彈指之間就能把原本位於雲端的服務項目帶進自有領域，反之亦然。第 2 章就會介紹 ARM。

混合雲

當你把私有雲和公有雲環境的優點組合起來，就是混合雲。

在我自己的專業體驗裡，混合雲的部署模式反而對於大多數企業更富意義。這是何故呢？因為企業如果使用混合雲，就能夠持續運用原本自家購置已久的基礎設施，同時也充分運用 Azure 公有雲可觀的規模。

請參閱圖 1-2。在這個拓樸中，自有的網路延伸至 Azure 當中的虛擬網路。你可以在此隨心所欲地進行巧妙的管理，包括

» 將 Azure 虛擬機器（VMs）加入到自己的 Active Directory 網域當中。

» 以 Azure 的管理工具管理自有的伺服器。

» 以 Azure 擔任 DR（災後復原）站點，在瞬間進行故障後轉移。故障後轉移（failover）意味著在他處會有一份正式環境伺服器的複製備份，以便讓你可以在幾分鐘內從已經不復運作的原始環境轉換到備用環境。故障後轉移對於現代企業至關緊要，若是企業承擔不起從備份資料還原原有環境所耗費的停機時間造成的損失時，更是如此。

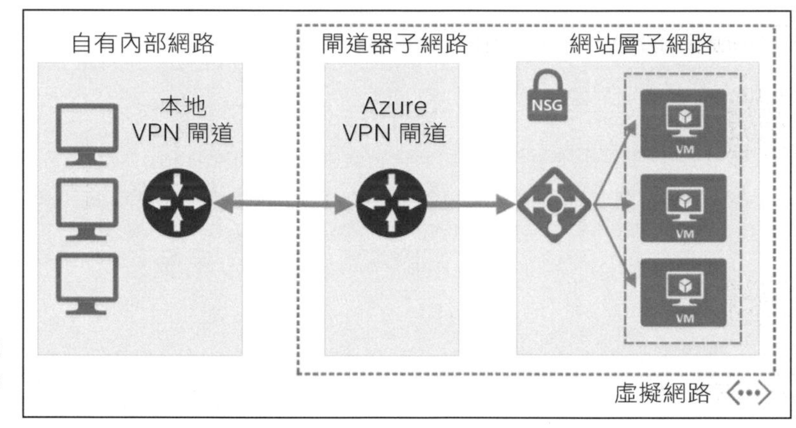

圖 1-2：一個從企業自有網路環境延伸至 Azure 的混合雲

讀完本書後，各位應該就會了解如何部署如同圖 1-2 的環境，不過以下先簡要地說明圖中發生的事：

» 左半邊屬於企業自有的區域網路，透過一個虛擬私人網路（VPN）閘道器連線到網際網路。

» 右半邊（Azure）是一個部署了三部 VM 的虛擬網路。一個點對點 VPN 將本地區域網路與虛擬網路相連。另有一個 Azure 負載平衡器將入內的

流量平均分配到這三部位於網站層子網路、且配置相同的網頁伺服器。因此該企業內部員工就可以透過安全的 VPN 通道，操作位於 Azure 的網頁應用程式，同時享有低延遲、可靠、永不離線等特質。

綜觀本書，筆者都是以**內部網路**（*on-premises network*）來統稱局部的（local）、實體的（physical）網路。坊間有人寫成「on premise」—— 這是一個語意上的錯誤，甚至連微軟文件也犯一樣的錯誤。請不要混為一談。一般的 *premise* 只能代表一個概念，*premises* 代表的才是一個場所。

根據筆者的親身體驗，只有小型企業才有足夠的靈活性，能在 Azure 雲端從事全部的業務。也就是說，大型企業只有在已經體驗過 Azure、並真正對它的可用性、效能、可調節性及安全性真正感到欣賞時，你才可能著手將其他的內部基礎設施移往 Azure，進而將更多業務範圍內的（line-of-business, LOB）應用程式優先搬上雲端。

服務交付模式

一般組織機構都是以三種方式來部署應用程式：軟體即服務（Software as a Service）、基礎設施即服務（Infrastructure as a Service）、平台即服務（Platform as a Service）。

軟體即服務（SaaS）

所謂的 SaaS 應用程式，係指一套已經完備的、可直接供客戶使用的雲端應用程式。微軟的 Office 365 就是典型的例子。如圖 1-3 所示，你可以直接使用線上版本的 Word 來建立、編輯和共享文件，唯一需要的工具只有瀏覽器、網際網路連線、以及一個有效的 Office 365 訂用帳戶，只須按月支付訂用費用即可。

在 SaaS 應用程式架構上，你對於後端的機制完全一無所知。以線上版 Word 為例，你既不會知道後端伺服器多久備份一次、也不會在乎這件事，同時你也不知道 Office 365 的資料位於哪個地點。你唯一在乎的，只有是否能取得位於雲端的文件、以及線上版 Word 用起來是否跟單機版相仿等等。

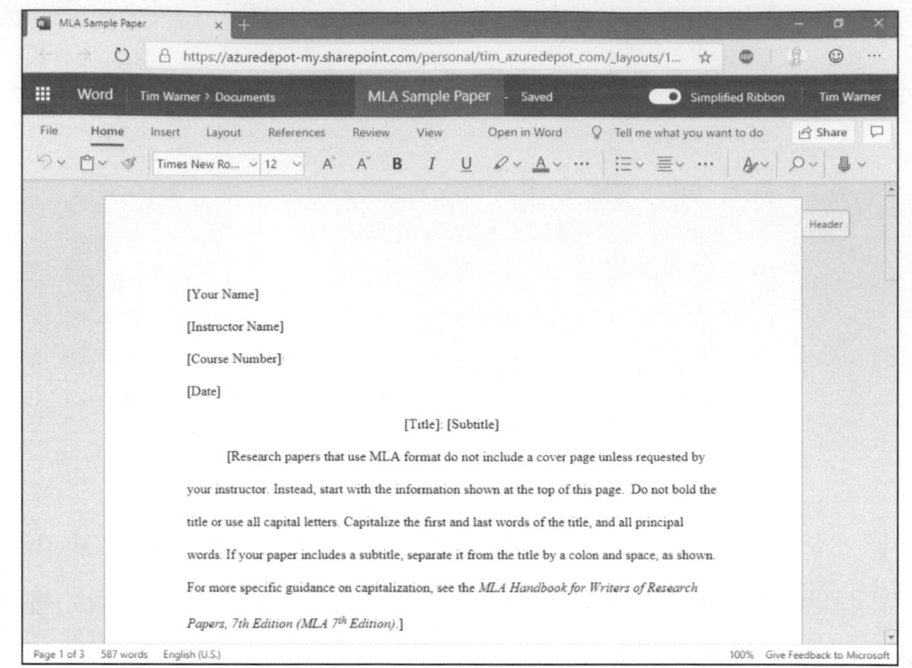

圖 1-3：線上版 Word，屬於 Office 365 系列產品的一部份，是 SaaS 應用程式的絕佳示範

平台即服務（PaaS）

身為 Azure 解決方案架構師，筆者經常需要解釋在何種情況下使用 PaaS 要比 IaaS 來得好。

設想一間企業，以虛擬機器（VM）運行一套三層式的內部自有網頁應用程式。該企業想把這個應用程式移往 Azure，以便享有雲端運算的種種優點。由於該企業都是以 VM 來架設主機環境的，他們便以為原本的應用程式勢必要連同原本的 VM 一起轉移到 Azure。

但是事實並非如此。設想該應用程式是以微軟的堆疊建構而成的。這時該企業應該轉而考慮採用 PaaS 產品，例如 Azure App Service 和 Azure SQL Database，以便享有它們的自動調節及一鍵跨地域複製等功能。

筆者會在本書第三部探討 Azure App Service 和 Azure SQL Database。目前讀者們只需知道，跨地域複製就是替你的服務製作一份同步的副本、再放到其他地理區域，以達到容錯效果，同時也可以讓服務更接近使用者所在的地區。

如果你的應用程式是以 PHP 和 MySQL 這類開放原始碼專案的堆疊建構而成，當然不成問題。Azure App Service 也能應付這類架構。微軟甚至有一套原生的代管資料庫平台就是以 MySQL 建置的，名叫 Azure Database for MySQL。

在 PaaS 架構下，微軟會主導大部份的代管環境。你不需要完全為自己的 VM 操心，因為 PaaS 產品已將所有底層建置及管理性質的負擔以抽象化的方式分離開來，由微軟來擔負那部份的職責。

重點是，PaaS 產品讓你只需專注在應用程式的層面就好，或者說是只需專心應付應用程式的使用者就可以了。如果真要說選擇 PaaS 有什麼取捨之處，那就是許多老派的系統暨網路管理員必須因此放棄對完整堆疊的掌控罷了。

至於 IaaS 與 PaaS 之間的差異，一言以蔽之，就是 IaaS 讓你全權控制整個環境，但必須犧牲可調節性和敏捷性。PaaS 則提供了完善的可調節性和敏捷性，但必須放棄部份掌控權。

TIP

說實話，雲端運算一詞其實還涵蓋其他種類的雲端部署模式，像是社群雲（community cloud）之類。各位也許還會看到他種交付模式，例如儲存即服務（Storage as a Service, STaaS）、或是身份即服務（Identity as a Service, IDaaS）等等。但是本章只著重在最常用的雲端部署和交付模式。

基礎設施即服務（IaaS）

筆者注意到，大部份的企業在把應用程式和服務移往 Azure 時，都採用了 IaaS 模式，原因只是因為他們原本就是以 VM 來交付服務的—— 就是那種「底層設備如果沒壞，就不要碰它」的建置風格。

廣義來說，IaaS 就是讓用戶可以把自家 VM 託管在雲端的意思。客戶仍須自行承擔建置 VM 的全程職掌，包括：

- 配置
- 資料防護
- 效能調節
- 安全

把虛擬機器託管到 Azure 上，而不再置於自有環境當中，還是可以省下不少錢，因為你不用再為各種內部的實體或邏輯資源傷神。也不必再支付諸多因為異地備援而衍生的費用，這些地區的、實體的、邏輯的各種備援性，Azure 早已具備。

因此我們可以說 SaaS 是一種已經在雲端完全抽象化的服務，客戶只需使用應用程式即可，而 IaaS 卻在微軟的職責（提供託管平台）和用戶的職責（全程維護 VM）之間做了明確的劃分。

總而言之，像微軟 Azure 這類的雲端運算，採用的是他們所謂的**權責分攤模式**（*shared responsibility model*）。微軟的責任在於提供你需要的工具，藉以成功地部署雲端環境 —— 包括資料中心、伺服器、儲存設備和網路功能所需的硬體等等。你的職責則是善用上述工具，對自己的部署進行防護與最佳化。微軟不會自動為我們配置、備份與防護 VM；這是你自身的責任。

微軟 Azure 服務簡介

微軟 Azure 的服務目錄中有數百款的服務項目。如果要在這裡全部一一列舉，徒然浪費紙張油墨而已，因為就算你還在閱讀本章的當下，目錄內容可能又增加了。

微軟將服務目錄放在 https://azure.microsoft.com/services，但是筆者會在本章當中介紹微軟所謂的八成服務內容 —— 也就是八成的用戶會使用的 Azure 產品。

Azure 的過往

2008 年 10 月，微軟在他們的專業開發者大會上發表了 Windows Azure。許多人當下就體認到，這是對亞馬遜的直接反擊，因為後者的 AWS 當時早已公開營運了。

第一個位在 Azure 上的服務，是 2009 年發表的 SQL Azure Relational Database。然後在 2012 年 6 月正式支援 PaaS 型態的網站和 IaaS 的虛擬機器。圖 1-4 就是 Windows Azure 入口網站當時的模樣。

2014 年 2 月，Satya Nadella 就任微軟執行長。他當年的願景，就是微軟能跨出原本的專有軟體領域，因此 Windows Azure 後來更名為微軟 Azure，而 Azure 平台也開始擁抱開放原始碼技術，並與微軟以往的敵手展開合作。

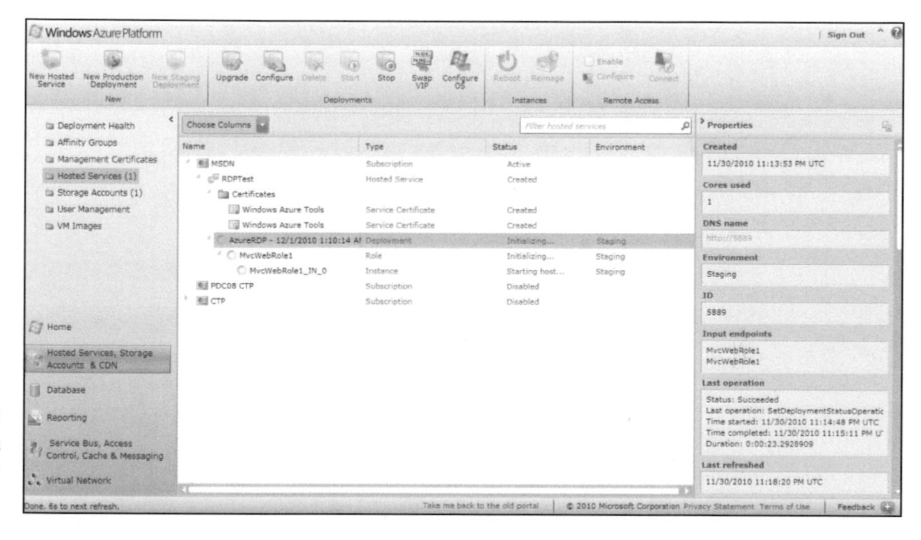

圖 1-4：2012 年時的 Windows Azure 入口網站

當初那樣一個簡單更名動作的影響有多麼廣泛，筆者實在無法形諸筆墨。如今就算是 Linux 的虛擬機器和非微軟體系的網頁應用程式及服務，微軟 Azure 也能提供一流的支援，這可是好大的一筆生意。

最後，微軟終於在 2014 年的開發者大會上推出了 RM（resource manager，資源管理員）部署模型。原本在背後支持微軟 Azure 的 API，名為 Azure 服務管理（Azure Service Management, ASM）API，那時 Azure 還為各種設計和架構上的缺憾所苦。ASM 把事情搞得一團糟，舉例來說，想要好好安排部署的資源簡直難上加難，而且要微調管理權限的範圍也幾乎不可能。

新的 ARM API 採用與 AWS API 更相近的手法打造（我們都知道那句老話「好東西才有人會抄襲」），包括資源群組（resource groups）和基於角色的存取控制（role-based access controls）等核心架構概念，都是直接從 AWS 雲端「沿襲」而來的。

為了對舊用戶的原有部署繼續提供支援，ARM 仍然對先前在 Azure 入口網站的 ASM 部署提供有限度的支援（參見第二章）。這類資源都被加上了 Classic 的前綴字樣。由於本書是以 ARM API 為主，因此筆者不會再對 ASM 的 IaaS 產品有所著墨。

Azure 的虛擬機器自然是微軟 Azure 的 IaaS 主力產品。準確地說，微軟入口網站的 Azure Marketplace 列出了上千款微軟已預先配置好的 VM 映像檔，而且也收容了 Linux 的各種發行版和第三方解決方案。圖 1-5 羅列了典型的 VM 映像檔。

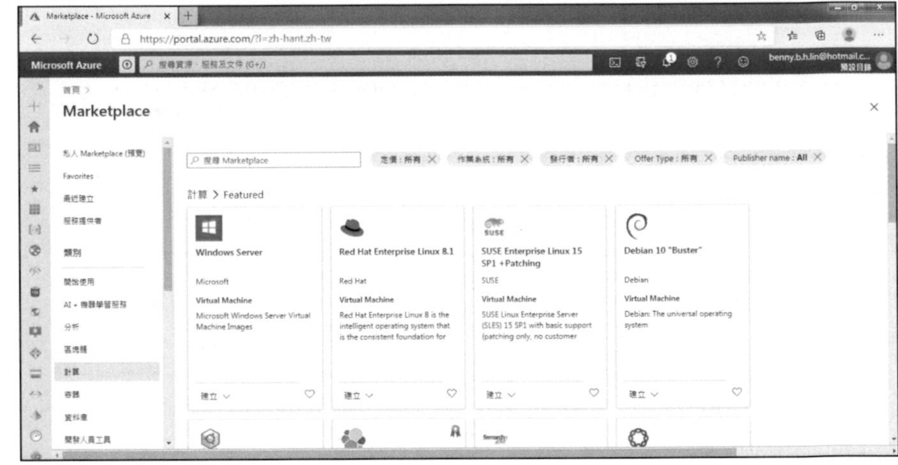

圖 1-5：Azure Marketplace 列出了各種預先建置的 Windows 及 Linux VM 映像檔

你可以把原本自有的實體及虛擬機器移到 Azure 上，當然也可以重新打造自訂的 VM 映像檔。筆者向大家擔保，到後面時我會一一詳細說明。

PaaS 產品

Azure 的產品線具備各色強大而且超值的 PaaS 產品。以下是若干較為人所注目的 Azure PaaS 產品：

- **應用程式服務**：網頁應用程式、行動應用程式、API 應用程式、Logic App、以及函數應用程式[譯註 1]
- **資料庫**：Cosmos DB、Azure SQL Database、Azure Database for MySQL、以及 Azure Cache for Redis
- **容器**：Azure 容器執行個體、Azure 容器登錄所（Container Registry）、以及 Azure Kubernetes 服務等等
- **DevOps**：Azure DevOps 與 Azure DevTest Labs
- **物聯網**：Azure IoT Hub（IoT 中樞）、Azure IoT Edge、Azure Sphere、以及 Azure Digital Twins
- **機器學習**：Azure Machine Learning Service、Azure BoT Service、Cognitive Services（認知服務）、還有 Azure Search（前兩者現已合併為 Azure 認知搜尋）
- **識別**：Azure Active Directory、Azure AD Business-to-Business、以及 Azure AD Business-to-Consumer（企業對消費者）
- **監控**：Application Insights、Azure 監視器（Azure Monitor）、以及 Azure Log Analytics
- **轉移**：Azure Site Recovery、Azure 成本管理、Azure 資料庫移轉服務（Azure Database Migration Service）、雲端移轉服務（Azure Migrate）等等

譯註 1　Logic App 可參閱：`https://azure.microsoft.com/services/logic-apps/`
函數應用程式說明則在：`https://docs.microsoft.com/azure/azure-functions/functions-overview`

初次訂用 Azure

你只負擔少數義務，就能取得 Azure 免費帳戶、免費試用微軟 Azure 平台。少數義務意指你必須提供詳細個人資訊，以及合法的付費管道。微軟只需以你的信用卡資訊認證身份。

許多人都對登入公有雲服務畏如蛇蠍，即使是號稱免費也一樣，原因不外乎以下幾點：

- 一旦免費試用期滿，微軟是否會開始對我的信用卡扣款？
- 如果我不小心忘記自己在 Azure 上還有試用的服務在運作呢？微軟會因此扣款嗎？

筆者會一一針對這類合情合理的考量做說明，首先從 Azure 訂用的模式開始說明。

了解訂用的類型

一旦你登錄了一個 Azure 免費帳戶，就會收到相當於美金 200 元（或是等值的當地貨幣）的試用額度，可以在接下來的 30 天內花在任何 Azure 服務上。一旦 30 天到期，微軟也不會把你的帳戶轉為一般的付費帳戶。

相反地，任何你先前測試的服務都會被中止，如果你想繼續使用，才需要將試用帳戶轉換為隨用隨付的（pay-as-you-go, PAYG）一般付費帳戶，或是任何 Azure 入口網站提供的訂用帳戶類型。

也就是說，Azure 的免費帳戶仍有一年的寬限期，期間可以繼續使用數種 Iaas 和 PaaS 服務，包括：

- 750 小時的 B1S 一般用途 VM，執行 Windows 或 Linux
- 5GB 的本地備援 blob 儲存體
- 10 個網頁、行動或 API 應用程式，共 1GB 的儲存空間

- 5GB 的 Cosmos DB 執行個體
- 250GB 的 Azure SQL Database（使用 S0 執行個體的規模）
- 從 Azure 對外 15GB 的資料傳輸

完整的 Azure 試用服務清單，可到 Azure 入口網站參閱免費服務頁面（Free services blade）[譯註 2]，或是造訪 Azure 免費帳戶 FAQ 頁面，網址如下：

https://azure.microsoft.com/free/free-account-faq

Blade 是微軟用來描述 Azure 入口網站中任一特定頁面的稱呼方式。筆者在本書中也會沿用這種稱呼，Azure 自己的文件也有這種習慣。

此外，Azure 有一部份的服務是屬於終身免費的；詳情可參閱以下網址：

https://azure.microsoft.com/

但是請記住，免費服務項目不適合用來運作正式的負載。該類產品的用意，在於讓你有機會拿 Azure 來測試，看看它是否能滿足你在專業或是個人領域的需求。

隨用隨付（PAYG）帳戶是最常見的標準訂用方式。每個月你都會收到帳單，你只需按照自己用掉的 Azure 資源量（不包括免費項目）付費即可。

企業合約（enterprise agreement）則屬於特殊用途的合約，專為願意一次長租三年的企業所設計。微軟會對 EA 客戶提供 Azure 服務的特惠折扣，同時還提供專屬的管理入口網站，用來分析花費、準備預算、追蹤用量等等。

在企業合約中，用戶僅需預先支付年費，如果不使用就等於自己放棄權益。舉例來說，如果你付了美金一萬二的年費，到年底卻只用掉了九千美金的額度，剩下三千就等於丟到水裡了，不過，你可以在下一年度據此調整額度，以便正確地反映自己的預估用量。

譯註 2　Azure 入口網站頂端搜尋列輸入免費服務就可以找到。

其他提供月租付費的 Azure 訂用方式包括：

- **Visual Studio**：專供訂用 Visual Studio Online 的用戶使用。
- **Action Pack**：專供微軟合作夥伴網路成員使用。
- **Azure 學生版**：為期一年、額度 100 美金的學生專用帳戶，只需提供合法的學術機構電子郵件即可訂用。
- **Azure Pass**：通常由微軟發給 Azure 使用者群組及教育機構，用於免費發放。

建立一個免費的 Azure 帳戶

要申請一個免費的 Azure 帳戶，必須要有網際網路連線、及一個版本夠新的瀏覽器。

筆者建議用一部桌上型或筆記型電腦來演練以下步驟（還有本書其他步驟），不要用手機或平板電腦。雖說微軟已經儘量將 Azure 入口網站做成便於行動裝置操作，但是鑒於過程中要鍵入的字數實在太多，還是用有鍵盤的電腦比較方便。

請依循以下步驟建立帳戶：

1. **瀏覽 `https://azure.microsoft.com`，找到免費帳戶相關頁面。**

   微軟經常在修改 Azure 網站，因此筆者猶豫著要不要讓讀者去找網頁中特定的連結或按鈕。網頁中通常會有這類訊息的連結或按鈕可以點選。

2. **以微軟帳戶登入，或新建一個帳戶。**

   Azure 免費帳戶同樣也是微軟帳戶，後者是微軟全部線上服務的根基，包括 Xbox 和 Office 365。如果你已擁有微軟帳戶，也許你需要專為 Azure 用途另外獨立申請一個微軟帳戶。筆者會建議這樣做，是因為你可能會想把 Azure 業務和其他微軟帳戶用途分開，像是娛樂用的微軟 Xbox 帳戶。

3. **請在 您的資訊（Your info）段落中填入自己的聯絡方式，然後按下一步。**

   微軟需要這份資訊，才能完成設置 Azure 訂用服務的設置。它也會需要你的電話號碼、電子郵件信箱、以及付費方式，用來驗證你的身份。

4. **在下一頁依據卡片進行身分識別驗證的區段，請輸入有效的信用卡資訊。**

   注意你不能用金融卡或禮品卡來登記；必須要是有你的姓名、並根據你的帳務地址收費的傳統信用卡或簽帳卡。除非你把帳戶升級成為付費訂用帳戶，否則微軟不會對這張卡片扣款。但是微軟可能會象徵性地對你的信用卡暫扣一元美金的驗證費用；然後在三到五天之內再退款給你。

5. **在協議段落，確認你同意所有的訂用協議、產品詳情和隱私權聲明；然後登錄。**

6. **一旦出現了歡迎使用 Azure 網頁的訊息，按下 Go 前往入口網頁。**

   一切就緒了。很簡單吧？

現在你應該可以看到 Azure 入口網站了，此時會出現歡迎使用微軟 Azure 的訊息，如圖 1-6 所示。

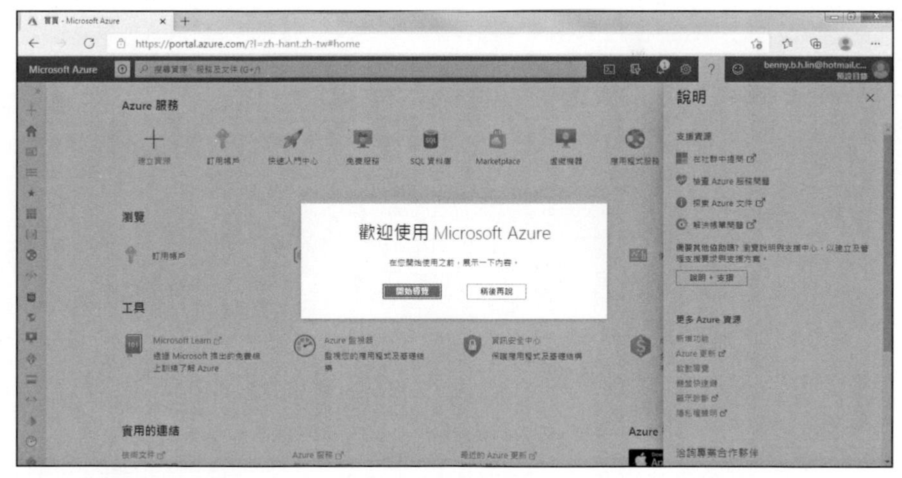

圖 1-6：初次登入 Azure 入口網站

筆者會在第二章正式介紹 Azure 入口網站。目前請先把網址（https://portal.azure.com）放進書籤，因為接下來會經常用到它。[譯註 3]

點選開始導覽，四處瀏覽一下 Azure 入口網站。在圖 1-6 的背景畫面中，有一個快速入門中心；事後如果要再回到這個快速啟動頁面（blade），只需在頂端搜尋列輸入**快速入門中心**（**quickstart center**）字樣即可。快速啟動中心裡包括了各種文件和微軟學習中心（Microsoft Learn）的連結，後者是微軟的免費 Azure 教育入口網站。

REMEMBER

Azure 入口網站裡的 blade 就是子頁面的意思。

檢視訂用詳情

請依照以下步驟檢視自己的 Azure 免費帳戶訂用詳情：

1. **在 Azure 入口網站的頂端搜尋列鍵入「訂用帳戶」字樣。**

   這時應該會立即出現訂用帳用的選項（筆者十分喜愛 Azure 入口網站的全域搜尋功能，也希望讀者能善用它）。

2. **在訂用帳戶頁面，選擇你的免費試用版（Free Trial subscription）。**

   在點開免費試用版前，請注意訂用帳戶頁面提供的訊息：你的帳戶角色是帳戶管理員（Account Admin），而帳戶的狀態是使用中（Active）。看起來沒問題。

3. **檢視各種訂用管理工具。**

   圖 1-7 顯示了以下工具：

   - *A*：概觀（Overview）頁面顯示的是程式集（Essential panel，畫面右半邊），這裡有訂用狀態及各種中介資料的詳情。
   - *B*：成本管理（Cost Management）會提供你使用的 Azure 服務報表、以及目前的使用量。

譯註 3　Azure 入口網站本身支援多語系，只需在上方工具列的「設定」圖示 (齒輪)，進入後找出「語言 + 區域」的設定選項，就有中文 (繁體) 及台灣地區可供選擇。此外，書中所有的微軟文件，只要是網址中有 en-us 字樣的，幾乎都可以抽換成 zh-tw，就有中文版文件可參閱。

- *C*：付款方式（Payment Methods）可以讓你更改當初訂用時既定的付費方式。
- *D*：升級（Upgrade）可以讓你把免費試用升級成為隨用隨付（PAYG）帳戶。如果你在 200 美金的試用金額花光之前、或是試用期 30 天到期之前轉換為付費帳戶，就能繼續使用原本的服務。
- *E*：管理（Manage）按鍵會把我們帶到 Azure 帳戶中心頁面，這裡可以印出過去的服務收據、設定付費提醒、或是更改訂用持有人的身份等等。
- *F*：取消訂用帳戶（Cancel Subscription）按鍵的功能當然就只是退訂而已。
- *G*：重新命名（Rename）按鍵讓你可以把訂用名稱從免費改成其他更易於個人或機構識別其用途的名稱。

圖 1-7：在 Azure 入口網站中檢視免費試用訂用內容

如果你決心要升級訂用內容，微軟會詢問你是否要加購每月支援選項。這個選項跟 PAYG 一樣是可以隨時退訂的，沒有違約問題。支援等級共分三等，每一種的月費不同：

- **開發人員方案（Development Plan）**：適用於免費試用及非正式環境。你可以在自家時區的早上九點到下午五點間聯絡 Azure 支援服務人員，然後會在 8 小時內收到初步回覆。在 2019 年 11 月本書撰稿期間，費用是每月 29 元美金。
- **標準方案（Standard Plan）**：適於正式環境。你可以 7 天 24 小時的全天候時段提出技術支援要求，然後會在 2 小時內收到初步回覆。本書撰稿期間的這類費用是每月 100 元美金。
- **專業直接支援方案（Professional Direct Plan）**：適用於重度仰賴 Azure 運作的企業。你可以 7 天 24 小時的全天候時段提出技術支援要求，重大問題會在 1 小時內收到回覆。本書撰稿期間的這類費用是每月 1000 元美金。
- **頂級費用 （Premier Plan）**：這個等級是專為不只希望技術支援隨叫隨到、而且還需要微軟 Azure 解決方案架構師提出架構指導的客戶預備的。這項服務的報價必須直接向微軟洽詢。

REMEMBER

除非你訂購的是微軟的企業合約（EA），其他 Azure 的訂用內容都隨時可以取消。但是請留意，微軟在取消訂用之前，會要求你刪除所有已使用的資源。

在本章當中

- 了解Azure資源管理員
- 熟悉Azure的地理區域
- 學習Azure的管理工具

Chapter 2 探索 Azure 資源管理員

先前介紹過構成微軟 Azure 公有雲後端的服務內容，筆者將在本章當中，帶領讀者們一窺其幕後堂奧。

乍看之下，讀者或許會覺得接下來對於 REST APIs 的探討有點（也許不只一點）撈過界，而且超過了你熟悉的自身專業領域。但是請不要放棄！筆者認為無論原本專業領域為何，任何 Azure 的專業人員都應該對 Azure 的資源管理員架構有紮實的理解；畢竟這個架構是所有 Azure 服務的根基。

Azure 資源管理員簡介

Azure 資源管理員（經常縮寫為 ARM，發音同手臂的英文單字 arm）是位於微軟 Azure 底層的部署與管理服務。你在 Azure 當中的一舉一動，不論是透過哪一種工具，背後都有 ARM 的 REST API 在運作。Azure 入口網站基本上就只是一個網頁前端，把針對 ARM REST APIs 的請求和回應予以抽象化罷了。

也許你馬上就會質問：「那什麼才是 REST API ？」我接下來就回答這個問題。

REST APIs

所謂應用程式介面（application programming interface, API）係指一種軟體規格，可透過它與其他軟體互動。以推特為例，他們會對軟體開發人員公布自家的 API 規格，以便開發者可以把自家的應用程式和推特的服務結合在一起（取得推文、貼文等等）。

表現層狀態轉換（representational state transfer, REST）則是一套軟體開發的方法，它決定了如何以 HTTP 與網頁式 API 溝通。

HTTP 有五種主要的基本方法（有時也稱為**操作**（*operations*）或**動詞**（*verbs*）），是操作 REST API 呼叫的依據：。

- GET：接收資源細節
- POST：建立新資源
- PUT：更新資源（替換既有資源）
- PATCH：逐步更新資源（修改既有資源）
- DELETE：移除資源

以上提到的 HTTP 方法中有四種涵蓋了資訊科技領域中的四大資料操作：建立（Create）、讀取（Read）、更新（Update）、和刪除（Delete）。由於工程師特有的幽默感，我們習慣將這四個動作的頭文字合稱為 CRUD（crud 有粗魯之意）。

別被 HTTP 唬住了。我在這裡抬出它們來，只是讓大家有點背景知識而已。

現在我要解釋 REST API 和微軟 Azure 的關係了。ARM 的 REST API 其實是從功能面定義了 Azure 的產品和服務，同時也規定了如何在你的訂用內容中使用它們。

你在 Azure 當中部署的每一件事物，都是一種資源。因此不論是虛擬機器、網頁應用程式、資料庫、儲存體帳戶、還有金鑰保存庫，都可以用 ARM REST API 定義為個別的資源類型。

資源提供者

在 ARM REST API 的定義裡，**資源提供者**（*resource provider*）是一個可以交付特定 Azure 產品的服務。一個 Azure 資源提供者的命名空間是依層級配置的。

為了說明何謂命名空間，請看以下這個資源識別碼（resource ID），它來自筆者自己的儲存體帳戶 tlwstor270：

```
/subscriptions/2fbf906e-1101-4bc0-b64f-adc44e462fff/
resourceGroups/twtech/providers/Microsoft.Storage/
storageAccounts/tlwstor270
```

首先，請注意開頭的斜線字元及資源路徑組合成統一資源標誌符（Uniform Resource Identifier, URI）的方式。這是刻意設計出來的，因為所有的 REST API 都是以網頁技術為基礎，因此只能用 HTTP 或 HTTPS 的 URI 來表示。各位不妨再從頭到尾端詳一下以上的儲存體帳戶資源識別碼，看看它的 ARM REST API 命名空間：

- `subscriptions`：緊貼在開頭斜線（/）後方的節點，是 ARM REST API 階層架構的根部。：
- `2fb…`：我的儲存體帳戶所屬訂用帳戶的識別碼。
- `resourceGroups`：資源群組的命名空間。資源群組是 Azure 的主要部署單位。
- `twtech`：我的儲存體帳戶所屬的資源群組名稱。
- `providers`：資源提供者層。
- `Microsoft.Storage`：主管 Azure 儲存體服務的資源提供者（儲存體帳戶為其服務之一）
- `storageAccounts`：我的儲存體帳戶所屬的資源類型。
- `tlwstor270`：我的儲存體帳戶名稱。

TIP

如果你用過 REST API，也許會想用如 Postman 之類的第三方產品操作 ARM REST API，（`https://www.getpostman.com`）。如果你沒有用過這類產品，請用瀏覽器開啟 Azure 資源總管網址 `https://resources.azure.com`，以訂用帳戶登入，然後瀏覽 ARM REST API 和你自己所在地區的 Azure 訂用資源。圖 2-1 顯示的就是這個介面。

筆者先前提過，我擁有一個名為 tlwstor270 的儲存體帳戶，位於一個名為 `twtech` 的資源群組底下。以下是使用 Azure 資源總管（resource explorer）爬梳整個資源識別碼的過程：

1. **在左側導覽列，展開訂用帳戶（Subscriptions）並找到你自己的訂用內容。**

我在圖 2-1 就是這樣展開的。

2. **展開資源群組（resourceGroups），找到你的目標資源群組。**

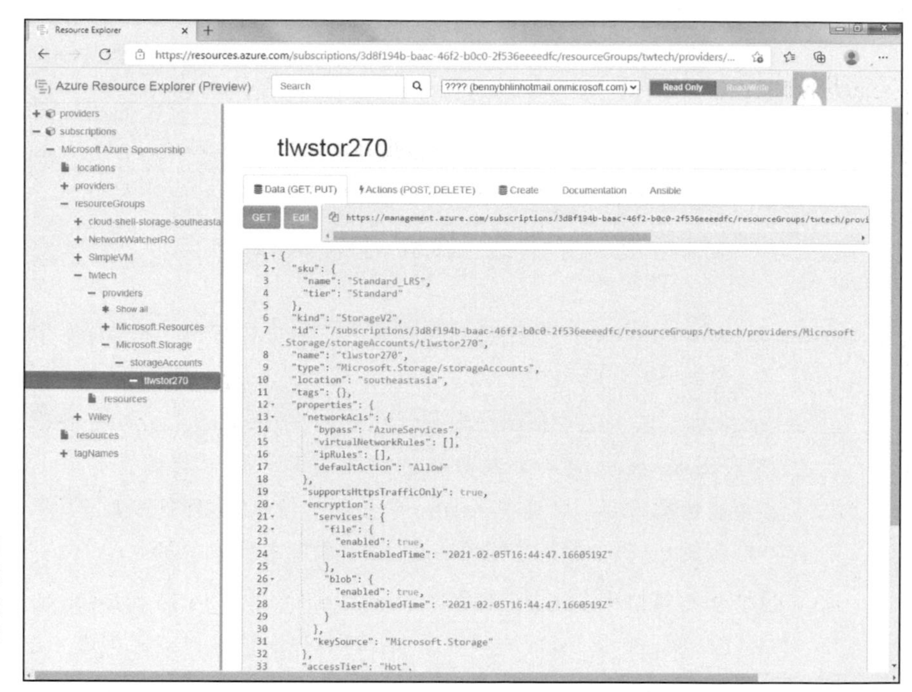

圖 2-1：你可以用 Azure 資源總管直接檢視 ARM 的 REST API

3. 展開提供者，再展開 Microsoft.Storage，然後點選你的儲存體帳戶。

4. 在主畫面瀏覽定義你的儲存體帳戶的 JavaScript Object Notation（JSON）輸出。

   在圖 2-1 中，儲存體帳戶 tlwstor270 是我的資源群組 twtech 底下唯一的資源，因此很容易找出它在 JSON 輸出中的資源定義位置。注意畫面上方參照的 HTTP 動詞，如 GET、PUT、POST 跟 DELETE。

WARNING

Azure 資源總管的預設模式是唯讀，注意介面上方的 Read Only 按鈕。但如果你權限夠大，可以做的就不只簡單的 GET 動作而已，而是可以對你的 Azure 資源做更多其他的動作，如 PUT、POST 跟 DELETE，所以要留心！

JSON

REST 風格的 API 使用 JSON 資料格式來為所有的請求及回應資料編碼，ARM 當然也不例外。

Douglas Crockford 在 2001 年時發展出了 JSON，作為一種可以便於人類閱讀、同時精簡呈現其內容的資料格式。JSON 文件是純文字形式，因此任何文字編輯器都可以開啟這個檔案格式。

TIP

如果你是 Azure 專家，筆者建議使用 Visual Studio Code 作為文字編輯器。

JSON 的元素主要以一連串用逗點分隔的成對鍵與值構成清單。請檢視以下這個來自前述筆者 Azure 儲存體帳戶的 JSON 片段。注意光是這一小段程式碼就能表現多少跟資源有關的資訊！如果看不懂也沒關係——反正我們才剛開始而已！

```
"sku": {
    "name": "Standard_LRS",
    "tier": "Standard"
},
"kind": "StorageV2",
"id": "/subscriptions/2fbf906e-1101/resourceGroups/twtech/
            providers/Microsoft.Storage/
            storageAccounts/tlwstor270",
"name": "tlwstor270",
"type": "Microsoft.Storage/storageAccounts",
"location": "northcentralus",
```

所有 Azure 當中的部署都是以 JSON 格式描述的。而這些為人熟知的 ARM 範本，則有助於輕鬆地寫出可靠、易於重現的 Azure 環境。

以圖 2-2 的 Azure 入口網站為例，你可以看到筆者為測試環境所建立的可信儲存體帳戶 tlwstor270。然後我點選了匯出範本（Export template），後點選下載（Download）以便取出儲存體帳戶的 ARM 範本定義。圖 2-2 顯示的正是這一段過程。

筆者必須強調，讀者們必須早日習慣一般的 JSON 文件內容，尤其是 JSON 格式的 ARM 範本。好消息是，本書到處都有可以讓你熟悉它的實際例子。

ARM 管理範圍

在電腦檔案系統裡，你會利用所謂的階層式架構，例如卷冊、資料夾、子資料夾、以及檔案。在階層中較高層的位置所設定的權限，會根據繼承關係往較低的範圍延伸。假設 Pat 對你的伺服器 E 磁碟機有唯讀權限，那麼 E 磁碟機的所有資料夾、子資料夾及檔案就會繼承 Pat 來自 E 磁碟機的唯讀權限。

圖 2-2：你可以找出並下載每一種 Azure 資源背後的 JSON 原始碼

在 Azure 中，繼承與多層範圍的運作方式也很相似。你所有的資源群組都涵蓋在你的 Azure 訂用內容之下，而你可以把多個訂用內容收容在一個管理群組當中。這種管理範圍的概念（參見圖 2-3）可以簡化指派方式，把根據角色決定的存取控制授權、以及治理原則（governance policies）分配給資源，最後遍及其使用者。

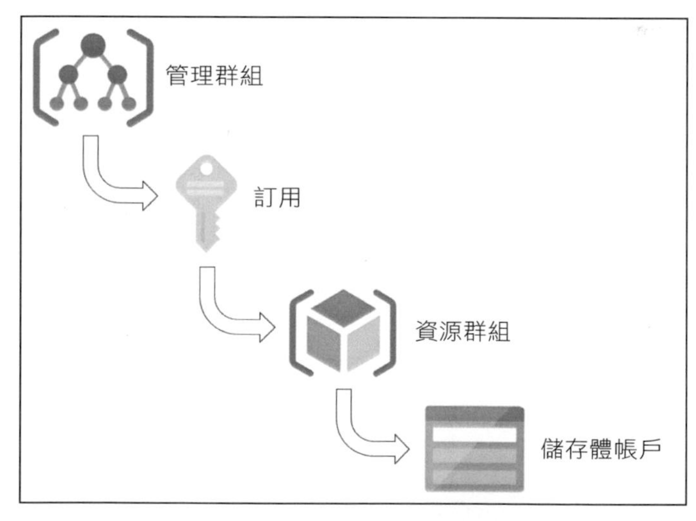

圖 2-3：Azure 的管理範圍

讓筆者舉個例子來說明，Azure 管理員如何將這些管理範圍結合在一起。請跟著筆者往下讀；當各位讀完本書，就會了解範圍的概念。

假設有一位管理員需要確認，任何其他 Azure 管理員，都只能在公司授權的地理區域內部署 VM。但是筆者要把情況再弄複雜一點：要是該機構的 VM 遍及 6 個訂用內容的 44 個資源群組呢？！就算有繼承關係可以運用，管理的負擔也依舊很可觀。

但是情況並非一開始看起來那麼糟。管理員可以先建立一個單一管理群組，涵蓋該公司訂用的 6 個訂用內容。然後她再制訂一個內含資源部署規則的 Azure 原則，然後把這個原則跟管理群組綁在一起。這個 Azure 原則會按照繼承法則，一路套用至涵蓋的訂用內容和資源群組中所包含的 VM，不論既有的和新增的都適用，這是非常強大而且有效率的管理方式。

熟悉 Azure 的地理區域

在公有雲運算領域，你的資源都存放在微軟的實體基礎設施當中（參見第一章說明）。這套基礎設施由大量遍佈全球的資料中心網路合組而成。

由 Azure 資料中心組成的全球網路（名符其實），象徵著你可以把雲端資源置於接近你的客戶的地理位置，因而讓客戶擁有低延遲、高效能的應用程式連線。在本書撰稿期間，微軟規劃了 54 個地理區域，橫跨全球 140 個國家。每個地理區域都由一個以上的個別資料中心組成，其間則由彼此備援的高速網路互相串接。

可用性區域

當你把客戶所需的服務放上 Azure，你最先考慮的應該是高可用性。如果你所在主要地理區域的資料中心發生事故時該怎麼辦？

微軟正在逐步地將可用性區域的概念推行到各個地理區域當中。基本上，一個**可用性區域**（*availability zone*）就代表你可以把複製的 VM 放到同一地理區域內不同的資料中心。換句話說，可用性區域代表著同一個 Azure 地理區域中的不同位置。

圖 2-4 說明了這個概念，把兩部配置相同的複製網頁伺服器 VM 放到我所在地理區域的兩個可用性區域當中。這些 VM 前面會有一個 Azure 的負載平衡器，讓兩部 VM 位於同一個 IP 位址或一個網域名稱系統的主機名稱之下。如此一來，如果其中一部 VM 離線（也許是因為我自己犯錯、或是為微軟機房真的出事），我的服務還是可以保持上線運作。

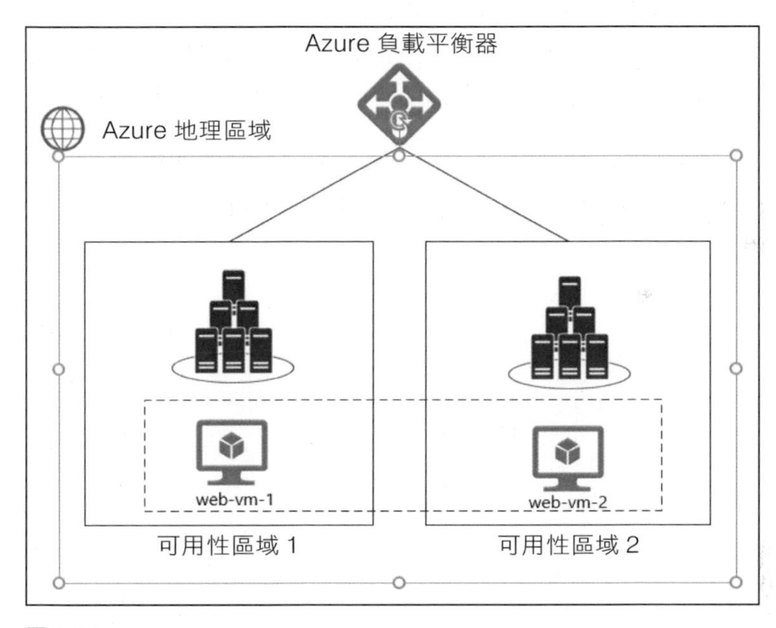

圖 2-4：
將 VM 複本置於可用性區域當中，以便提供高可用性

依 Azure 的命名慣例，**地理區域**（*region*）就是**位置**（*location*）的另一個說法。

作業安全性

讀者或許已經注意到，我在說明組成微軟全球地理區域的資料中心網路時，故意含糊其辭。這是刻意為之的，主要是因為資訊安全原則，亦即所謂的**作業安全性**（*operational security*）。客戶信任微軟會在實體及邏輯層面都對地理區域的資料中心善加防護，因此微軟不會公開非必要的資料中心內部詳情。

在我所認識的微軟員工當中，真正造訪過 Azure 資料中心的人寥寥可數。最實際的作法，就是把你自己的 Azure 資源置於離你的用戶最近的地理區域。還有，為了高可用性、還有設法觸及不同族群等策略，你應該將資源託管給多個地理區域，達到容錯效果。

如果你想要有更深入的了解，請參閱微軟技術長 Mark Russinovich 關於作業安全性的說明影片，網址是：

https://azure.microsoft.com/en-us/resources/videos/build-2019-inside-azure-datacenter-architecture-with-mark-russinovich

地理位置

微軟將各個地理區域歸納成地理位置，藉以滿足企業對於法規和資料駐留地的要求。

Azure 政府雲的地理區域是不對大眾公開的（完全看不到）。在本書付梓前，微軟已經為美國、中國及德國政府提供了相當數量的專屬雲端服務。

地理區域配對

筆者在本章稍早提到，你應該把 Azure 服務的容錯用副本放到一個以上的地理區域，以達到容錯切換的效果。當你要這樣做的時候，應該優先考慮微軟規劃的搭配地理區域，以便達到最低延遲的效果。請參閱 `https://docs.microsoft.com/azure` 的文章「業務持續性和災害復原 (BCDR)：Azure 配對的區域」（Business continuity and disaster recovery (BCDR): Azure Paired Regions），其中詳列了主要的配對地理區域清單。

TIP

當我擔任 Azure 顧問時，常建議客戶參閱 Azure Speed Test 2.0 工具，其網址為 `https://azurespeedtest.azurewebsites.net/`，以便檢測他們所在位置與 Azure 之間的傳輸延遲時間。說不定你會發現，延遲時間最短的 Azure 地理區域並非你原本想像的那一個。

可用功能

Azure 產品團隊會在各個地理區域逐步推出新功能，因此某些產品可能當下在你的地理區域還沒有上線。

有鑑於此，最好是隨時關注你所在地區頁面的可用產品，網址是 `https://azure.microsoft.com/global-infrastructure/services/`。這份指南也適用於 Azure 政府地理區域。通常新功能都會先在 Azure 公有雲登場，要相當的時間後才會在主權專用雲中上線。

Azure 管理工具簡介

該是時候來熟悉一下常見的 Azure 管理工具了。本書中所描述的所有步驟，都是假設讀者們同樣也使用 Windows 10 工作站，但就算是 macOS 或 Linux 系統，應該也能完成本書中絕大部份的任務。

Azure 入口網站

Azure 入口網站（`https://portal.azure.com`）是一個適應型（responsive）網頁應用程式，它構成了 Azure 的基本圖形管理平台。圖 2-5 顯示的就是 Azure 入口網站的樣子。

» **首頁 (A)**：位於頂端的導覽列，有時也稱為全域導覽（*global navigation*），因為此處的控制項目是遍及整個 Azure 入口網站的。請點開常用列表。

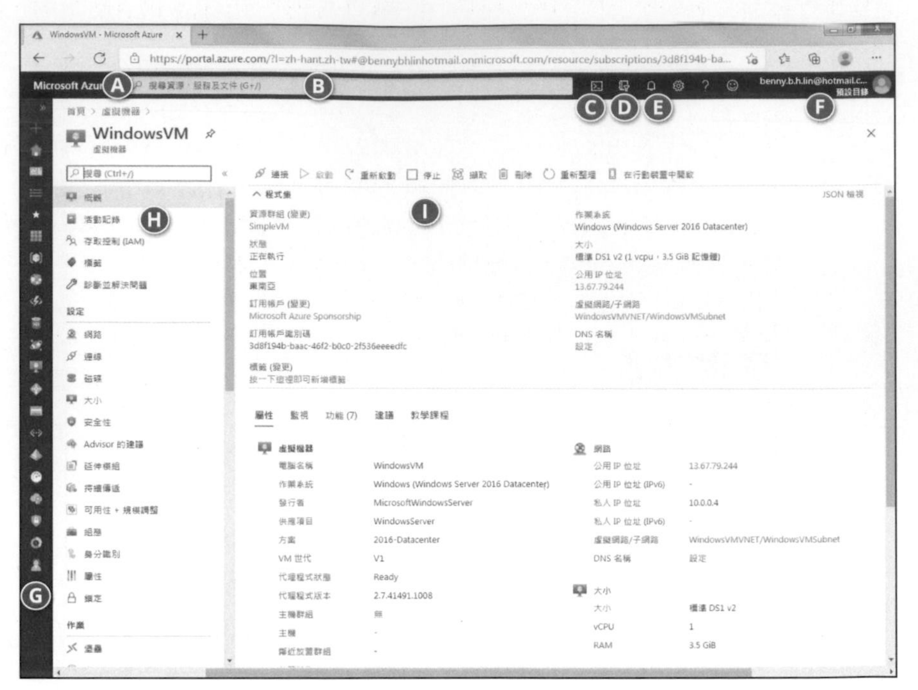

圖 2-5：Azure 入口網站是所有作業的管理基礎

- **全域搜尋 (B)**：用於搜尋任何 Azure 的資源。搜尋結果也會包含文件連結路徑。
- **Cloud Shell (C)**：開啟 Azure Cloud Shell 以便執行命令列的 Azure 工作。
- **全域訂用帳戶篩選 (D)**：只顯示一部份的 Azure 訂用內容，讓入口網站的檢視清單變得清爽一些。
- **通知 (E)**：檢查現有及過往的部署進度。
- **你的帳戶 (F)**：登出、切換目錄、以及編輯帳戶設定專用。
- **常用列表 (G)**：載入最常使用的 Azure 服務。
- **資源窗框 (H)**：利用搜尋方塊找出你要配置的設定。
- **配置頁面 (I)**：頁面（*blade*）代表你可以在其中進行 Azure 工作的詳細訊息畫面。水平捲軸可以讓你左右掃視全部畫面。

REMEMBER

你的 Azure 入口網站自訂效果，僅限你自己的使用者帳戶可以看到。你的同事也許有自己偏好的常用列表、訂用帳戶篩選、自訂儀表板等等。

TIP

適應型網頁應用程式，會根據網頁瀏覽器類型和螢幕大小自行調節。不過用手機操作完整的入口網站，看起來會很吃力。微軟確實有針對 iOS 和 Android 等行動裝置製作行動版的 Azure 入口網站。你也可以在這些行動 app 中執行大多數的管理任務，連 Cloud Shell 都可以操作。

Azure 的 Powershell

Azure 入口網站很有趣，但是如果你需要部署 10 個、100 個、甚至 1000 台 VM 呢？當然沒人會想要在 Azure 入口網站裡四處點上幾千次來做這件事。

為了自動化管理起見，就要用到 Azure PowerShell。PowerShell 是一種自動化語言，可以用來執行任何重複性質的任務，不論是 Windows 伺服器、macOS、Linux、Azure、AWS…你知道我的意思。

如果你還不曾好好研究過 PowerShell，現在正是時候；你必須具備起碼中等的 PowerShell 技能，才能在 Azure 中游刃自如。

請按照以下步驟取得 Az 模組，並安裝在 Windows 10 工作站上：

1. **開啟提升權限的 PowerShell 主控台。**

   在 Windows 10 裡，請在開始選單輸入 PowerShell，以滑鼠右鍵點選找到的項目圖示，然後從捷徑列點選「以系統管理員身份執行」。

2. **從 PowerShell Gallery 安裝 Az 模組。**

   微軟經營了一個精心策畫的 PowerShell 模組儲藏庫，名叫 PowerShell Gallery。請執行以下命令以便下載和安裝 Azure PowerShell：

```
Install-Module -Name -Az -Verbose -Force
```

從技術上說，-Verbose 和 -Force 這兩個開關可有可無，但筆者建議還是要加上 -Verbose，這樣才能讀到詳盡的命令輸出，而如果你的電腦曾經安裝過 Az 模組，-Force 則會強迫你的電腦升級原有模組的內容。

3. **升級本機的說明檔內容。**

根據預設方式，PowerShell 不會隨附最新的本機說明檔內容，因為文件變化速度實在太快。你可以用以下命令確保自己取得最新的 PowerShell 命令說明：

```
Update-Help -Force -ErrorAction SilentlyContinue
```

-ErrorAction SilentlyContinue 這個開關會在下載說明檔的過程中遮蔽一些無關緊要的錯誤訊息，執行 Update-Help 時有錯誤訊息是司空見慣的事。（例如說，有些 PowerShell 團隊成員可能一時忘記為某個命令撰寫說明檔了。）

4. **登入 Azure 訂用帳戶。**

請執行以下命令以便帶出「登入您的帳戶」對話盒。通過認證後，就會回到 PowerShell 主控台，準備大展身手了。

```
Connect-AzAccount
```

5. **若要關閉 PowerShlle 連線，直接關閉主控台視窗即可。**

TIP

每次用到 PowerShell 管理 Azure 時，就得重複以上的登入步驟。但是你也可以改用 Azure Active Directory 帳戶來簡化 Azure PowerShell 的登入動作，這種帳戶稱為服務主體（service principal）。請參閱 Azure 文件「以 Azure PowerShell 建立 Azure 服務主體」。

網址：https://docs.microsoft.com/zh-tw/powershell/azure/create-azure-service-principal-azureps

Azure 的 CLI 和 Azure 的 Cloud Shell

Azure 的命令列介面（command-line interface, CLI），是一種跨平台的 Azure 命令列介面。筆者發現有些 Azure 管理員和開發人員比較偏好 Azure CLI，而不是 Azure PowerShell，因為 CLI 比較好學，執行速度也快，尤其是互動操作的時候。

在本書中，各位會透過 Azure Cloud Shell 來使用 Azure CLI。Cloud Shell 是一種以瀏覽器為基礎的命令列環境，你可以從中操作 PowerShell、Azure CLI、以及眾多管理暨開發用工具。

請遵循以下步驟熟悉 Azure Cloud Shell 和 Azure CLI：

1. **在 Azure 入口網站的全域導覽列點選 Cloud Shell。**

   這時 會出現「您未掛接任何儲存體」（No Storage Mounted）儲存對話盒。

2. **選擇自己的 Azure 訂用內容，再點選「建立儲存體」（Create Storage）。**

   當你首度啟動 Cloud Shell 時，必須指定一個儲存體帳戶。這個儲存體帳戶會貯存你所有的 Cloud Shell 資源（模組、指令稿等等）。

   如果你要使用既有的儲存體帳戶、或是你想全權控制儲存體帳戶的名稱和地理區域，請點選「顯示進階設定」（Show Advanced Settings）。

   你必須選擇要啟動 Bash 還是 PowerShell。筆者建議使用 PowerShell。

3. **在 Cloud Shell 工具列上確認現行環境為 PowerShell。**

   先檢查 Azure Cloud Shell 工具列的第一個元素。注意你可以從這個選單隨意切換 Bash 或 PowerShell。

   你可以從 PowerShell 的工作階段或是 Bash 的工作階段啟動 Cloud Shell 的工作階段。這些步驟都是在 PowerShell 環境中操作。

4. **執行 Get-CloudDrive 檢視自己的雲端磁碟資訊。**

   這個命令會顯示一切關於 Cloud Shell 檔案位置的資訊。你的雲端磁碟會指向一個特定 Azure 儲存體帳戶的檔案共用。

5. **鍵入 az interactive 以啟用互動式 Azure CLI 的工作階段。**

6. **當微軟要求送出遙測資訊時，請回答是或否。**

   初次啟用 Azure CLI 互動環境時，請耐心等候。通常需要一分鐘以上才能完全啟動。

7. **鍵入以下命令以便檢視可用的儲存體帳戶：**

   ```
   az storage account list -o table
   ```

   鍵入內容時，請留意以下 Azure CLI 的行為，筆者覺得它們十分有用：

   - Azure CLI 提供下拉式選單的自動補齊功能，有助於打出完整命令內容。請善用這個功能。利用 Tab 鍵或是方向鍵選擇需要的選項。
   - 在畫面中央，Azure CLI 會針對輸入的內容提供即時文件說明。
   - Azure CLI 預設輸出格式為 JSON，但這裡我們也可以自訂使用表單格式。或是執行 az configure 指定你偏好的表格或其他預設輸出格式。

8. **要退出 Cloud Shell，請直接按 Shell 窗框右上角的 X 關閉它。**

Cloud Shell 的速度之所以快，是因為微軟在它的全球內容傳遞網路（CDN）中部署了 Docker 容器。Azure 會根據你的用戶 IP 位址和地理位置，將你連接到離你最近的 Cloud Shell 容器，因而享有最快速的連線。

雖然筆者在本書中都是以 Cloud Shell 來操作 Azure CLI 的，你還是可以把 Azure CLI 裝到 Windows、macOS 或是 Linux 工作站上。請參閱 Azure 下載網頁（https://azure.microsoft.com/downloads）以便取得安裝檔。

Azure 的軟體開發套件

本章先前曾經談到，REST API 是一種以 HTTP 為基礎的介面，允許兩種軟體系統透過它溝通，而 Azure 入口網站、PowerShell、以及 Azure CLI 都是將底層的 ARM REST API 予以抽象化（隱藏其中細節）的手段。

對於軟體開發人員來說，軟體開發套件（software development kits）則代表了另一種 API 抽象層。其實在本書撰稿時，Azure 的 SDK 已經支援以下各種程式語言及框架：

- Android
- Go
- iOS
- Java
- .NET
- Node.js
- PHP
- Python
- Ruby
- Swift
- Windows
- Xamarin

Azure 的 SDK 提供了必要的專案範本及程式庫，可以用來和 Azure 服務互動。筆者在本書中使用 Visual Studio 2019 來操作 Azure 的 SDK。如圖 2-6 所示，你只需啟用 Azure 開發工作負載（Azure development workload）即可；Visual Studio 會搞定剩下的事。

TIP

如果你是 Visual Studio 新手，也許需要多一點指導才能搞懂如何修改已經安裝的 workloads。請參閱微軟文件「修改 Visual Studio 工作負載、元件和語言套件」（Modify Visual Studio）。

`https://docs.microsoft.com/visualstudio/install/modify-visual-studio?view=vs-2019`。

如果你這時正在想「我又不是開發人員；我才不想花錢買 Visual Studio 呢！」別急別急，Visual Studio 2019 社群版被微軟定位為免費產品，便於測試及開發。在 Windows 和 macOS 都可以使用。

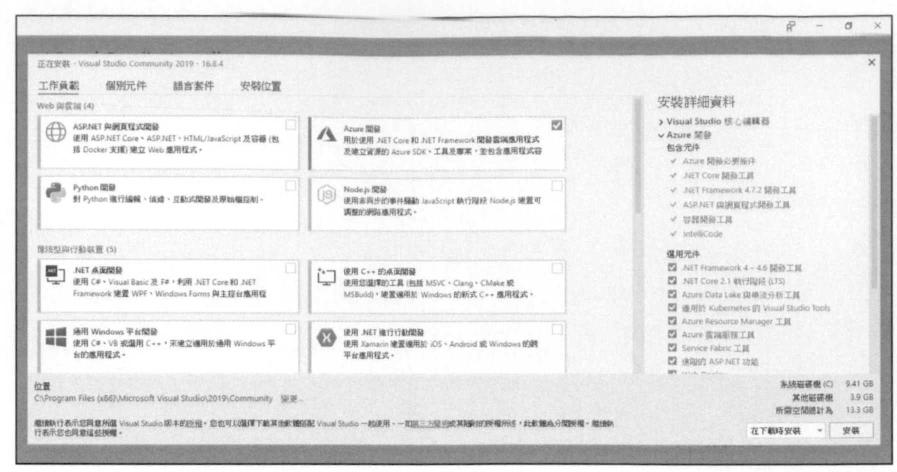

圖 2-6：在 Visual Studio 2019 中啟用 Azure 開發這個工作負載

ARM 的 REST API

如果你有意鑽研 ARM 的 REST API，也可以直接研究其內容。圖 2-7 便是 Azure 資源總管（`https://resources.azure.com`）的外觀，這是一種 ARM REST API 的網頁式介面。

註解說明如下：

- **A**：選擇你要掛載的 Azure AD 目錄。
- **B**：將環境設置為唯讀（預設）或讀寫。設為讀寫模式時請小心，因為這時你可以直接接觸到 Azure 的資源。
- **C**：雖然 Azure 資源總管使用常見網址，但存取是需要認證的，而你在介面中看到的內容也反映出你的帳戶對 Azure AD 和 Azure 資源的權限。
- **D**：瀏覽你的訂用內容，並透過 ARM REST API 的資源提供者命名空間深入探索自己的資源。
- **E**：利用 HTTP 的動詞 GET、PUT、POST 和 DELETE 操作 ARM 的 REST API。
- **F**：以原始的 JSON 格式檢視資源定義。如果你把資源總管定為讀寫模式，就可以在此直接更改資源定義。

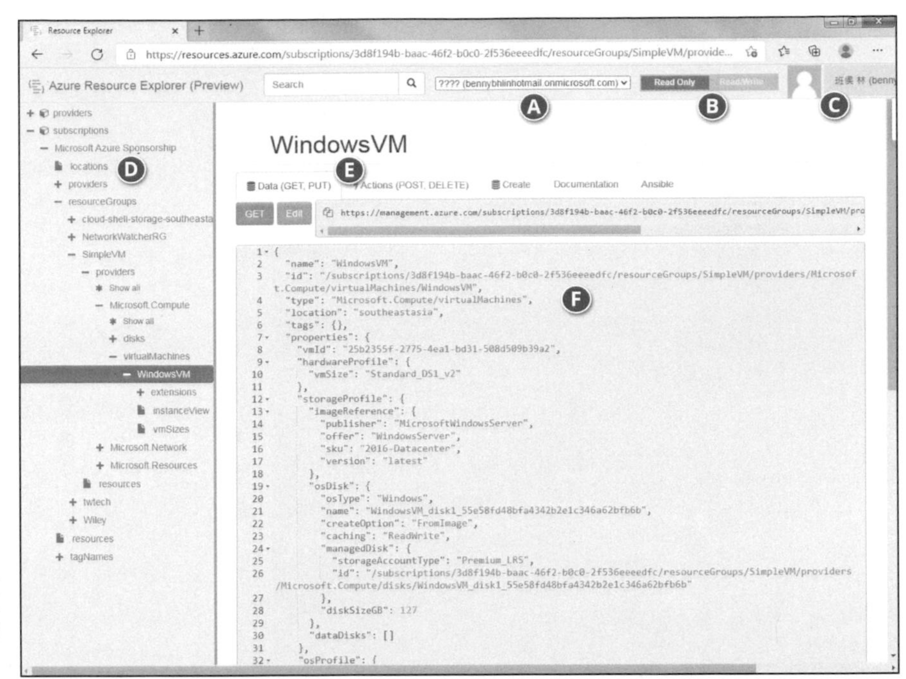

圖 2-7：Azure 資源總管讓你得以直接存取 ARM API

許多人（包括開放原始碼社群的人在內）都同意這句話「能力越強、責任越大」。

大家心中可能會有這樣的疑惑：什麼時候會需要以 REST API 的形式與 Azure 互動呢？為什麼需要這樣做？其實這種互動方式其實比你想像得還要頻繁。也許你正需要為資源的行為問題進行除錯，但卻無法從 Azure 入口網站或其他抽象層取得所需的控制權。抑或是你需要撰寫自己的 API，因此需要參考正式寫法，以便建構你需要運用的 ARM REST API 呼叫方式。

2

在微軟 Azure 上部署運算資源

在這個部份中 . . .

熟練地掌握 Azure 儲存體

在微軟 Azure 上規劃與實作虛擬網路

部署與設定 Windows 伺服器及 Linux 虛擬機器〈VMs〉

分辨 Docker 容器與 VM 的區別，學習如何將它們混合在 Azure 公有雲當中

在本章當中

» 區分各種儲存體資料類型

» 建立和運用儲存體帳戶

» 決定將VM磁碟存放在何處

» 為資料備份打好基礎

Chapter 3 在 Azure 上管理儲存體

儲存大概是微軟 Azure 雲端服務中通用服務的最佳實例。不管你執行的是何種工作負載 —— 虛擬機器、應用程式服務、函式應用程式、機器學習、什麼都不例外 —— 應該都離不開永久物件儲存。

讀完本章後，讀者們就可以確實地掌握 Azure 儲存體帳戶：其本質為何、如何運作、如何部署、以及如何儲存和取得各種資料類型。

了解 Azure 的儲存體資料類型

Azure 儲存體帳戶所代表的，是一種多用途的容器資源，為三種主要資料類型提供高可用性、永久的儲存體。這三種資料類型分別為非結構化、半結構化、及結構化的資料。

非結構化資料

非結構化資料（*unstructured data*）是一種完全沒有結構的資料。你可以將其想像成**二進位大型物件**（*binary large objects, blobs*），諸如檔案、虛擬磁碟、文件檔案以及媒體檔案。這些物件都屬於檔案儲存體物件，可能由任何特定格式和內容所組成。

雖 *blob* 一詞中確實含有 *large*（**大型**）字樣，不過一個 blob 物件其實可以是任意大小的檔案，不管是只有 1KB 的文字檔、還是 120GB 的磁碟檔都一樣。

半結構化資料

半結構化資料（*semistructured data*）不像關聯式資料那樣以行列安排資料，但也不像純粹的二進位非結構化資料那樣全無格式可言。Azure 儲存體帳戶中的資料表服務（table service），代表的就是半結構化資料，屬於一種以成對鍵 / 值儲存資料的格式。

NoSQL 資料庫就是半結構化資料的最佳實例。第九章會介紹 Cosmos DB，這是 Azure 上的一種主要 NoSQL 資料庫產品。

結構化資料

如果你使用過關聯式資料庫系統，就會充分了解何為**結構化資料**（*structured data*）—— 這是一種可以解析成多個表單的資料，而表單的每個欄位都代表一種特定類型的資料。

到此我已經介紹過，Azure 儲存體帳戶可以儲存非結構化和半結構化的資料。那結構化資料呢？

實情是，Azure 儲存體帳戶並未提供結構化資料的儲存選項。相反地，你必須改用微軟的關聯式資料平台即服務（PaaS）產品，或是在虛擬機器中運行資料庫。

在 Azure 環境中的典型結構化資料庫範例，有 Azure SQL Database 及 Azure Database for MySQL Server 等等。

到此讀者們應該已經知道，什麼是非結構化資料的 Azure 儲存體帳戶 blob 服務、半結構化資料的資料表服務又是什麼玩意。但是各位還需要知道另外兩種儲存體帳戶服務內容：

- **佇列儲存體**：支援在應用程式元件之間傳遞非同步訊息。這種服務相對快速、易於調整，而且負擔甚輕。
- **檔案服務**：用於建立像是 Service Message Block（SMB）及 Network File System（NFS）之類的檔案共用機制，可以同時從 Azure 內外取用。

使用儲存體帳戶

現在該來思考如何規劃 Azure 的儲存體了。一個通用型的 Azure 儲存體帳戶會包含幾種配置選項，因此基於成本和安全性等考量，你必須做出正確的選擇。

建立一個儲存體帳戶

在建立第一個儲存體帳戶之前，應該先了解一些實情。首先，你得決定自己所需的是哪一種儲存體帳戶。以下是可用的選項：

- **一般用途 v2 帳戶（General-purpose v2）**：除非你有特殊理由，不然通常這一型就夠用了，因為它是功能最完備的選項。包括了四種儲存體帳戶服務：blob 服務、資料表服務、佇列服務及檔案服務。
- **一般用途型 v1 帳戶（General-purpose v1）**：這個選項存在的目的僅僅是為了要回溯支援傳統的 Azure 部署，其功能也比 v2 要少。
- **Blob 儲存體（Blog storage）帳戶**：這種儲存體帳戶只支援 blob 服務。你偶爾會需要這種儲存體帳戶以便指定存取層（access tiers），不過目前還不用以這類儲存體帳戶來部署新資源。

接下來你必須考慮效能層級（performance tier）的問題。標準的儲存體較便宜、速度也較慢，因為它在 Azure 後台使用的，是傳統的機械式硬碟。高階的儲存體比較貴，速度也快得多，這是因為這一類 Azure 儲存網採用了固態硬碟，完全不使用任何機械式移動元件之故。

至於你是否願意付出較高的代價以取得較快速的儲存體帳戶，端看你打算儲存何種資料而定。如果要把資料庫的資料及日誌檔放在儲存體帳戶中，可能就需要一種效能更穩固的高階儲存體。至於其他的資料，大部份都只需要標準效能層級就夠了。

最後要決定的，是你需要哪一種儲存體帳戶備援選項（replication option）。Azure 的儲存體是具備高可用性的，因為微軟會對你的儲存體帳戶複寫（*replicates*）至少三份（亦即有三份副本）。以下就是從最平價到最高檔的三種選項：

- **本地備援儲存體（LRS）**：微軟會在你所處地理區域的單一資料中心把你的儲存體帳戶複製三份。
- **區域備援儲存體（ZRS）**：三份儲存體帳戶副本會分散在你所處地理區域的不同資料中心。
- **異地備援儲存體（GRS）**：三份儲存體帳戶副本會分散在你所處地理區域的不同資料中心，再加上另外三份儲存體帳戶副本，存放在微軟決定的另一個地理區域（關於配對地理區域的介紹，請參閱第二章）。
- **唯讀異地備援儲存體（RA-GRS）**：這個選項其實和 GRS 相同，但是第二份儲存體帳戶的內容是唯讀的。

至於要選擇何種備援選項，就看你的可用性需求、法規需求而定。

WARNING

Azure 儲存體具備高可用性，亦即你的資料會足夠持久，不容易遺失或被刪除。然而你還是應該妥善備份自己儲存體帳戶轄下的資料。微軟不會代勞這碼事。因為就算 Azure 儲存體帳戶具備高可用性，也不表示資料可以輕易復原回來。[譯註 1]

譯註 1　讀者們可以把這種資料備援想像成是平常在基礎設施中的 RAID，只是範圍會擴大到跨出單一儲存設備；但它只負責防護儲存體本身故障或損壞引起資料離線無法使用的問題，但無法防止資料內容本身損壞。後者必須靠你自己規劃的備份內容來救援。

筆者不打算在此探討 Azure 的資源計價，因為這部份的內容超出本書範圍，而且計價的變動往往比產品更動還要頻繁。計價詳情可參閱 https://azure.microsoft.com/pricing。

表 3-1 總結了每一種儲存體帳戶備援選項所提供的防護等級。

表 3-1　備援防護

備援選項	防護等級
LRS	在你所屬地域單一資料中心的不同磁碟陣列上
ZRS	在你所屬地域的不同單一資料中心裡
GRS	在你的所屬地域

一旦你確知自己需要何種儲存體帳號，就可以到 Azure 入口網站中建立儲存體帳號了。請用你的訂用帳戶登入 https://portal.azure.com，然後遵循以下步驟：

1. **在 Azure 入口網站中找到儲存體帳戶頁面。**

   這個步驟有好幾種作法，但筆者建議你在全域搜尋方框中鍵入**儲存體帳戶**，再點選正確的連結即可。

   不要選到儲存體帳戶頁面 (傳統)（Storage Accounts (Classic)），這是以前的 Azure 服務管理（ASM）在使用的。本書使用資源和服務的都屬於 Azure 資源管理（ARM）

2. **在儲存體帳戶頁面點選新增。**

3. **在基本頁面選擇你的訂用內容，再選一個既有的資源群組，如果沒得選，就新建一個。**

4. **完成以下的詳細訊息（參見圖 3-1），點選下一步繼續。**

圖 3-1：建立一個一般用途的儲存體帳戶

- **儲存體帳戶名稱**：這個名稱必須獨一無二，而且只能由小寫字母和數字組成。最長不得超過 24 個字元。
- **位置**：將這個儲存體帳戶放在最接近需要其資源的使用者所在位置。
- **效能**：標準（Standard）選項是低速儲存體，而高階（Premium）選項則是高速儲存體（比較貴）。除非你需要更穩定的輸入 / 輸出效能，不然標準選項應該就夠用了。
- **帳戶種類**：請選擇一般用途型 v2（General-purpose v2）。
- **複寫**：除非你的業務需要更高等級的可用性，不然本地備援儲存體（LRS）應該就夠入門者使用了。如果你事後想要變更配置，隨時可以到儲存體帳戶的配置（Configuration）頁面去改。
- **存取層（預設）**：存取層選項可能會根據你是否經常（Hot tier）或不常（Cold tier）使用儲存體帳戶資料，而給予不同的計價。本章稍晚筆者會再談到分層的問題。

5. **在網路頁面，點選下一步繼續。**

網路連接頁面可以讓你為儲存體帳戶配置服務端點，這樣就會把儲存體帳戶和 Azure 虛擬網路結合起來。筆者會在第四章時再介紹服務端點。

6. **填完進階（Advanced）頁面所需的資訊（參見圖 3-2）：**

圖 3-2：配置儲存體帳戶的進階選項

- *需要安全傳輸*：請啟用此一選項，確保會使用加密過的 HTTPS 來存取儲存體帳戶資料，而非不安全的 HTTP。
- *允許從何處存取*：暫時讓這個選項留在「所有網路」，你可以事後再用服務端點來整合儲存體帳戶和虛擬網路。[譯註 2]
- *Blob 虛刪除*：啟用此一選項，以便為刪除的 blob 物件設置一個類似資源回收桶的空間。[譯註 3]

譯註 2　這個選項目前已不在「進階」頁面，而是變成「網路」頁面的「連線方法」選項。

譯註 3　這個選項目前也已不在「進階」頁面，而是變成「資料保護」頁面的「啟用 Blob 的虛刪除」選項。

- **階層式命名空間**：將此一選項保持「停用」。（筆者會在第四章時討論 Data Lake Storage）

7. **在標籤（Tag）畫面點選下一步：檢閱 + 建立（Next: Review + Create）。**

   利用分類標籤來分類相關的 Azure 資源，不過目前你還不必考慮分類問題。

8. **如果驗證都過關，點選建立（Create）以便將部署內容提交給 ARM。**

   如果你真的遇上驗證錯誤，請重新檢視配置頁面；發生錯誤的那個分頁應該會有一個點凸顯其存在。

REMEMBER

如果以上步驟和你在 Azure 入口網站所見不符，先不要緊張。理由很簡單：微軟一直都在改寫入口網站，更新使用者介面、或是添加或修改服務和設定。重點在於理解你所配置的內容。

圖 3-3 顯示了 ARM 部署的詳情。

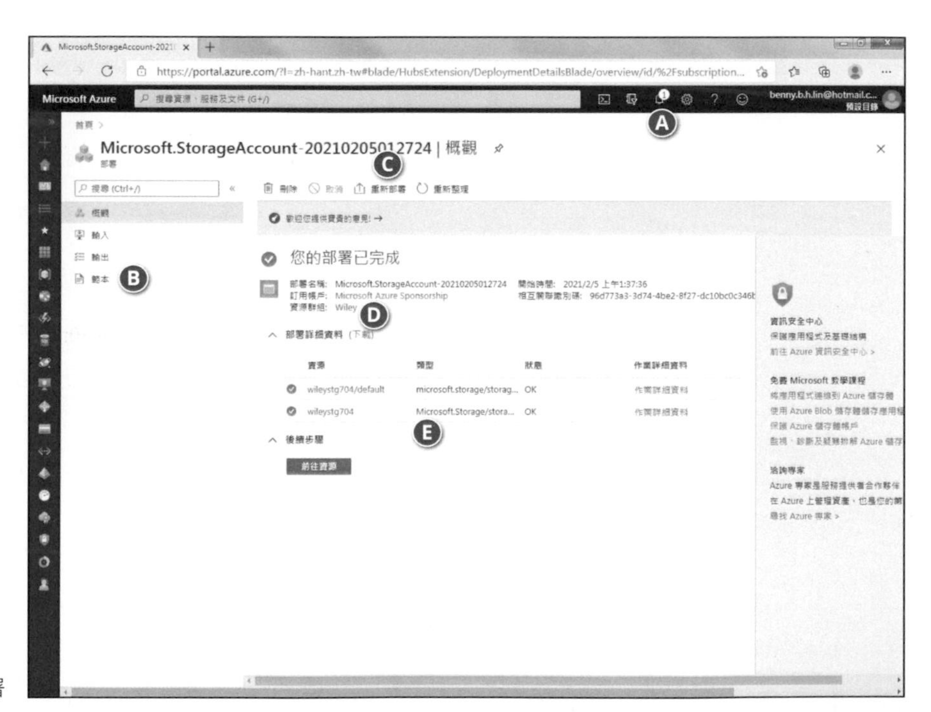

圖 3-3：觀看微軟 Azure 的部署

以下是幾件注意事項：

- 開啟通知選單（A）檢查目前及最近的部署。
- 檢查部署所依據的 ARM 範本（B），這對未來自動化部署會有助益。
- 如果部署失敗，重新部署鍵（C）會很好用；你可以在 ARM 範本中修正錯誤後，再從中斷處重新開始部署。這個重要的部署特質，稱為 *idempotence*。
- 你可以開啟與這個部署相關的資源群組（D），並進入部署頁面瀏覽各種部署、下載範本定義檔等等。
- 部署詳細資料（E），部署失敗時，這裡是絕佳的除錯地點。

使用 blob 服務

雖說一般用途的儲存體帳戶具有四種彼此互異的服務，分別適用不同的資料和物件類型，但本章大部份內容都在探討 blob 服務。

筆者的選擇有兩個面向：

- 本書屬於入門書籍，其他三種服務是為更進階的讀者預備的。
- blob 服務是最常用到的 Azure 儲存體帳戶服務。

安裝 Azure 儲存體總管

Azure 儲存體總管是一個免費的專屬原始碼跨平台桌面應用程式，可以用來操作 Azure 的儲存體帳戶。

請到 `https://azure.microsoft.com/features/storage-explorer`（或是在搜尋引擎搜尋 *Azure Storage Explorer* 字樣），下載安裝程式，然後裝到電腦上。請依照下步驟配置儲存體總管：

1. 在連接 Azure 儲存體對話盒中點選新增 Azure 帳戶，並將來源 Azure 環境設為 Azure，再按下一個。

   如果你初次啟動儲存體總管時對話盒沒有出現，請在儲存體總管側邊點選新增帳戶鍵。（圖示看起來像一個插頭）

2. 用管理帳戶通過 Azure 身份認證。

3. 在顯示訂用內容的資源篩選器中，選好你的 Azure 訂用內容，再點選套用。

   筆者自己管理數個訂用內容，因此我偏好只顯示目前要設定的那一個。

圖 3-4 顯示的就是儲存體總管，包括以下特徵：

- 點選探索鍵（A）以瀏覽你自己的儲存體帳戶。
- 點選管理帳戶鍵（B）以便篩選儲存體總管在瀏覽窗框中顯示的訂用內容。
- 點選新增帳戶鍵（C）以便同時登入其他的 Azure AD 帳戶。
- 展開一般用途儲存體帳戶，以便觀看其服務內容（D）。瀏覽方式就跟一般的檔案傳輸檔案傳輸協定（FTP）用戶端應用程式一樣。
- 檢視現行選擇下的內容（E）。根據預設值，儲存體帳戶為每個服務啟用以下的公共端點 ：
  - Blob 服務：`https://<storage-acct-name>.blob.core.windows.net/`
  - 檔案服務：`https://<storage-acct-name>.file.core.windows.net/`
  - 佇列服務：`https://<storage-acct-name>.queue.core.windows.net/`
  - 資料表服務：`https://<storage-acct-name>.table.core.windows.net/`
- 每種服務皆有自己的工具列（F）。圖 3-4 中所示的 blob 服務工具列是用於容器和檔案上傳 / 下載的，而資料表服務工具列則是用於資料匯入 / 匯出和查詢。
- 這個窗框（G）提供更深入的儲存體帳戶互動。
- 活動窗框（H）會顯示來自儲存體總管的錯誤、警訊、以及資訊。

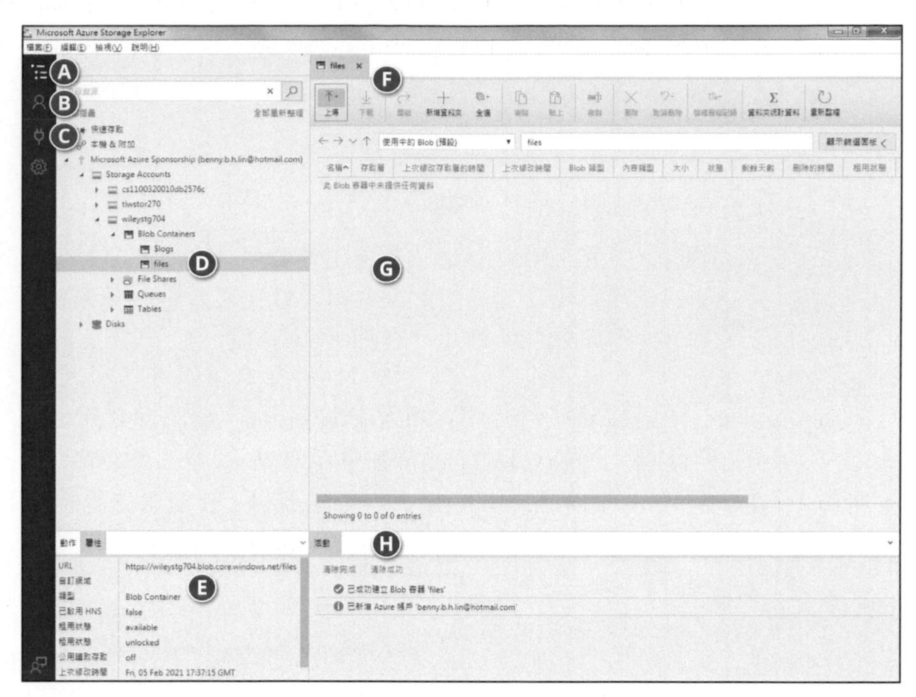

圖 3-4：
Azure 的儲存體總管

儲存體總管也可從 Azure 入口網站操作。請瀏覽自己的儲存體帳戶，再點選儲存體總管即可。[譯註 4]

上傳 blobs

現在該來建立一個 blob 容器，並上傳一些檔案到 Azure 了。請依照以下步驟進行：

1. **展開儲存體帳戶，以滑鼠右鍵點選 Blob 容器節點，再從捷徑選單點選建立 Blob 容器。**

   該容器最直覺化的名稱就是檔案（files）。容器的功能就像電腦檔案系統中的目錄一樣。

譯註 4　目前還在預覽階段。

2. 選擇檔案（files）容器，再點選儲存體帳戶工具列的「上傳」。

你也可以把檔案直接拖放到容器中，筆者不過是故意把步驟弄得複雜一點而已。

3. 在新容器中添加更多檔案。

你可以從 Azure 入口網站直接上傳檔案。瀏覽至容器頁面，點選新建的容器，再從工具列點選上傳。你也可以稍後再瀏覽電腦中的檔案，並將其加入至 Azure 的 blob 儲存體。

隨時以滑鼠右鍵點選儲存體總管中的 **blobs**，藉此檢視捷徑選單中的便利管理選項，包括下載物件和更改其存取層等等。這會是個不錯的好習慣。圖 3-5 顯示的就是以滑鼠右鍵點選 **blobs** 時看到的捷徑選單。

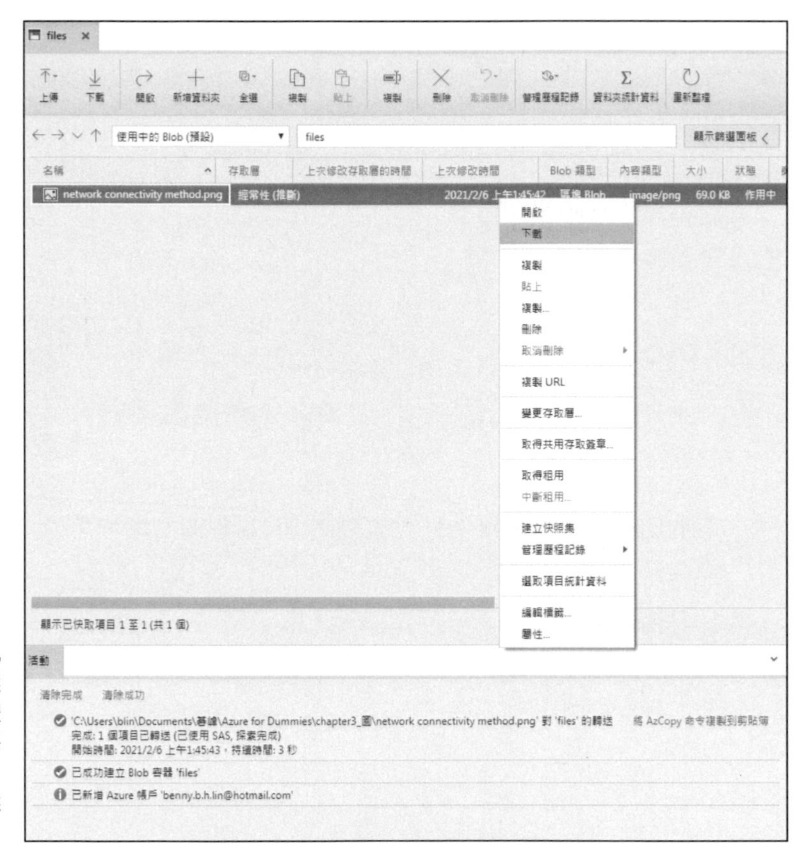

圖 3-5：嘗試以滑鼠右鍵點選 Azure 儲存體總管中的每一個物件，觀察有何選項可用

TIP

除了儲存體總管的選單和工具列系統以外，也請多練習 blob 的上傳、下載及刪除專用快速鍵（可參閱以下網址，但請確認你是以測試資源進行練習。

https://docs.microsoft.com/zh-tw/azure/vs-azure-tools-storage-explorer-accessibility#shortcut-keys

修改 blobs 存取層

本小節會回到 Azure 入口網站，以便修改 blob 物件的存取層。首先，最好先了解一下微軟對標準層儲存體帳戶的收費。以下是收費內容：

- **存放量（storage volume）**：存放量代表你的 blob 服務中的資料量。
- **REST API 交易（REST API transactions）**：每當你與 blob 服務互動時，動作會被轉譯成讀取、寫入、更新、或是刪除等 REAT API 呼叫，每次呼叫微軟都會收費。
- **資料出口網路流量（Data egress network traffic）**：儲存體帳戶的對內流量（像是上傳或入內）是不收費的，但是對外的資料傳輸（像是下載或外出）就要付費。

根據收費的方案，你應該針對使用場合不一的 blobs 存取層進行更改。層級選項有三：

- **經常性（Hot tier）**：適合經常存取的資料。交易計價時會有折扣。
- **非經常性（Cool tier）**：適合不常存取、但至少會儲存 30 天的資料。會對儲存空間提供計價折扣。
- **封存（Archive tier）**：適合極少存取的資料（超過 180 天）。會同時對儲存空間計價和交易計價提供折扣。

如果要對你上傳至檔案 blob 容器的 blobs 之一更改存取層，請依以下步驟進行：

1. **在 Azure 入口網站找出你的儲存體帳戶，選擇容器設定。**

   你會發現 Azure 入口網站往往跟 Azure 文件不太一致。儲存體帳戶的 blob 服務也可稱為容器（Containers）；如果微軟此時已把服務名稱改成容器，你就知道其中緣故了。

2. **瀏覽至方才建立的 files 容器，選擇其中一個 blob，再從工具列點選變更層（Change tier）。**

   選擇 blob 時，Azure 會顯示這個 blob 的中繼資料。

3. **從存取層（Access Tier）下拉式選單點選封存（Archive），再點選儲存確認變更**

   圖 3-6 顯示的就是這個介面。Azure 入口網站應該會顯示一個提示訊息，如果你把 blob 改成封存，就會暫時無法使用它，直到你改回經常性（Hot）或非經常性（Cold）。

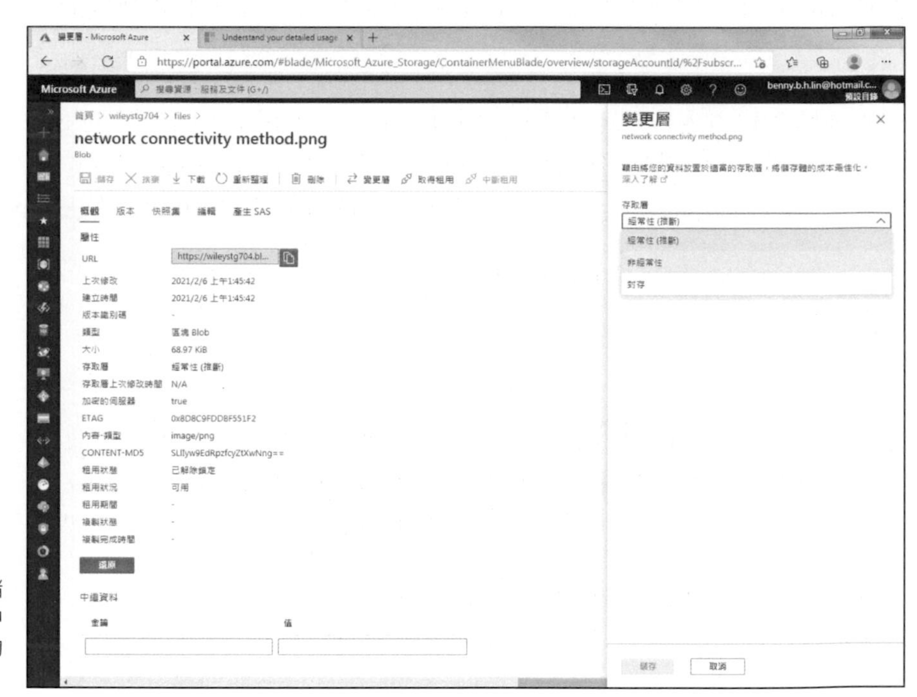

圖 3-6：在 Azure 儲存體帳戶中更改 blob 的存取層

已改為封存的 blob 會無法使用，直到你將其移出封存。微軟替這個解封過程取了一個別名「泡水」。如果要讓已封存的 blob 重新「浸水」，請依照以上步驟進行，但最後請點選「非經常性」或「經常性」做為新的 blob 存取層。

了解檔案服務、資料表服務及佇列服務

本小節會扼要地說明其他三種 Azure 儲存體帳戶服務。

檔案服務

筆者認為，Azure 檔案服務就像軍用瑞士小刀一般，具備多種用途。舉例來說，你可以把自己的 Cloud Shell 家目錄環境設在一個檔案共用裡面。要開始使用 Cloud Shell，請依照以下步驟：

1. **在 Azure 入口網站頂端的瀏覽列，點選 Cloud Shell。**

2. **在「您未掛接任何儲存體」(No Storage Mounted) 儲存對話盒，驗證你的 Azure 訂用內容，然後點選顯示進階設定。**

3. **指定你的雲端磁碟設定。**

   儘管放心運用既有的儲存體帳戶。用一個簡單明瞭的名稱 (例如 cloud-drive) 建立檔案共用。(注意：名稱中不能有空格。)

4. **點選建立儲存後繼續**

5. **載入 Cloud Shell 後，確保使用的是 PowerShell 環境。**

   如果使用的不是 PowerShell 環境，請開啟工作階段選單進行更改。工作階段選單是工具列上的第一個按鈕；它是一個下拉式選單，有兩個選項：PowerShell 和 Bash。

6. **執行 `Get-CloudDrive` 命令。**

7. **在 Cloud Shell 工具列，點選上傳 / 下載檔案按鈕，再從下拉式選單點選管理檔案共用。**

點選上傳按鈕（參見圖 3-7）以便上傳指令稿檔案、網頁檔案、以及其他的專案內容，然後就可以從世界各地用 Cloud Shell 存取它們。

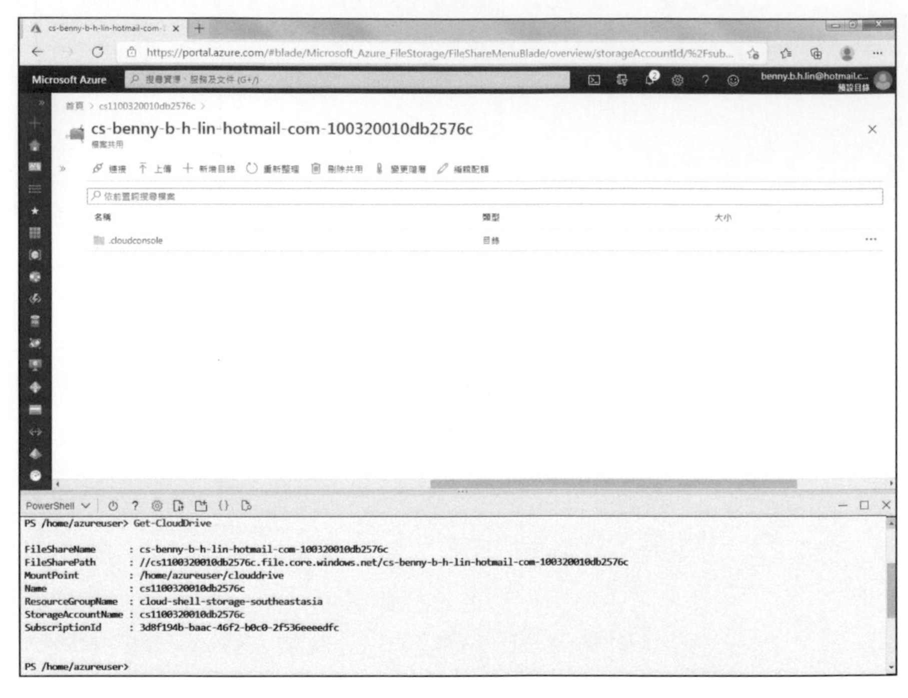

圖 3-7：Azure Cloud Shell 和你的個人雲端共用

資料表服務

Azure 儲存體帳戶的資料表服務，屬於 NoSQL 的鍵 - 值形式，代表這是半結構化的資料。就像本章稍早所提一樣，很多開發人員都喜歡針對資料表儲存體撰寫程式，因為它很容易處理、速度快、易於調節、而且物超所值。

許多 Azure 開發人員都喜歡資料表服務，因為它是一種快速、易於調節、成本又低廉的應用程式資料儲存方式，不論臨時或是永久儲存皆然。

Azure 的資料表儲存體主要是以單一地理區域內的高品質 NoSQL 儲存體為目標。如果你想找一種可以異地複寫、調節範圍遍及全球的方案，請參考 Azure Cosmos DB table API。詳情請參閱以下網址的說明：

`https://docs.microsoft.com/azure/cosmos-db/table-introduction`

佇列服務

如果你並非軟體開發人員，訊息佇列的概念對你來說也許較為陌生。說穿了，就是如果你把應用程式拆分成模組化的服務（又稱為**微服務**軟體架構，*microservices* software architecture），就需要某種機制，可以在這些服務之間以非同步方式收發訊息資料。

基本上，佇列儲存體既快速又易於調節，但仍是相當簡單的訊息平台。如果開發人員需要更先進的功能（例如更高的容量、要能確保訊息送達、支援交易模式等等），請參閱更高階的訊息佇列產品 Azure 服務匯流排（Service Bus）。

Azure 磁碟儲存體簡介

在微軟引入受控磁碟（managed disks）之前，虛擬機器的虛擬磁碟（VHDs）都是在儲存體帳戶的 blob 服務底下運作的。這種方式並不理想，因為：

- 把 VHDs 和其他任意 blobs 混在一起，會難以管理。
- 管理員在清理 blob 儲存體容器時很容易誤刪 VM 磁碟。
- 你可能對所有人開放 blob 容器的匿名操作權限。如果容器中包含 VM 的 VHDs，就有潛在的致命安全問題。
- 儲存體帳戶的操作請求上限，是每秒 20000 次輸入 / 輸出。如果單一儲存體帳戶中放了太多虛擬磁碟，VM 效能就會大受影響。

藉由受控磁碟，VM 作業系統和資料磁碟的儲存和管理都由微軟負責。你可以放手操作你的 VHD，但不用再為儲存體帳戶代管的儲存媒介頭痛。

在受控磁碟面世之前，VM 的磁碟都是伴隨一般用途的儲存體帳戶一起儲存的。這是一切潛在致命問題的根源。筆者曾有個同事，對儲存體帳戶的 blob 容器開放了匿名公開取用的權限，但是好死不死地，偏偏那個容器中不僅含有網站的靜態檔案、還加上 Azure 的虛擬磁碟！

要說明如何操作受控磁碟，請依下列步驟操作 Cloud Shell 和 Azure CLI，建立資源群組與 VM。這裡各位還不用煩惱 VM 的相關細節；筆者會在第五章時詳細介紹 Azure 的 VM。

1. **從 Azure 入口網站開啟 Cloud Shell。**

   這個練習並不拘於使用 Bash 或 PowerShell。

2. **使用 Azure 的命令列介面（CLI）建立新的資源群組。**

   各位練習時不必拘於使用和筆者相同的名稱和地域。儘管發揮你的想像力。此時也不用擔心錢的問題，因為你設置的環境僅僅用於練習而已。練習完畢就可以隨意刪除，就像這樣：

   ```
   az group create --name SimpleVM --location eastus
   ```

   如果看到 Azure CLI 輸出的內容是 JSON（JavaScript 物件表示法）格式，不用覺得訝異，因為這正是預設的輸出格式。

TIP

執行 az configure 就可以更改 Azure CLI 的所有預設值，包括把預設輸出格式從 JSON 改成一般表格。

3. **執行 az vm create 以便迅速建立一個 Windows Server 2016 的 VM。**

   一般來說，筆者不建議這種做法，因為 Azure CLI 不具備足夠的管理彈性。但是對於這裡的練習卻已綽綽有餘了。

以下的程式碼，**myPassword** 屬於預留文字位置；請把它改成你自己的複雜密碼。此外請把所有的指令打在同一行，不用管筆者加上的反斜線字元。因為這裡的反斜線字元不過是為了方便閱讀，而把過長的一行命令拆成好幾行來顯示罷了。

```
az vm create \
--resource-group SimpleVM \
--name WindowsVM \
--image win2016datacenter  \
--admin-username azureuser \
--admin-password myPassword
```

4. 一旦部署完畢，請瀏覽磁碟（Disks）頁面。

在 Azure 的全域搜尋列鍵入**磁碟（disks）**比較快。

5. 從清單中選擇你剛才建立 VM 時自動建立的磁碟，檢視其內容。

圖 3-8 顯示的就是你可以在 Azure 入口網站的 Disks 頁面進行的幾種便利功能：

- 設置磁碟帳戶類型（A）。以快速功能建置 VM 居然會選擇較貴但效能也較好的 SSD，有點令人訝異。
- （B）可將 VHD 匯出下載至你的電腦。
- （C）可以檢視、部署或下載底層的 ARM 範本。
- （D）會製作磁碟的備份副本。

通常只有在相關的 VM 停機並取消配置時，才能進行大部份對 VM 磁碟的操作。如果你要對正式環境中 VM 的 VHD 配置動手腳時，請牢記這一點。

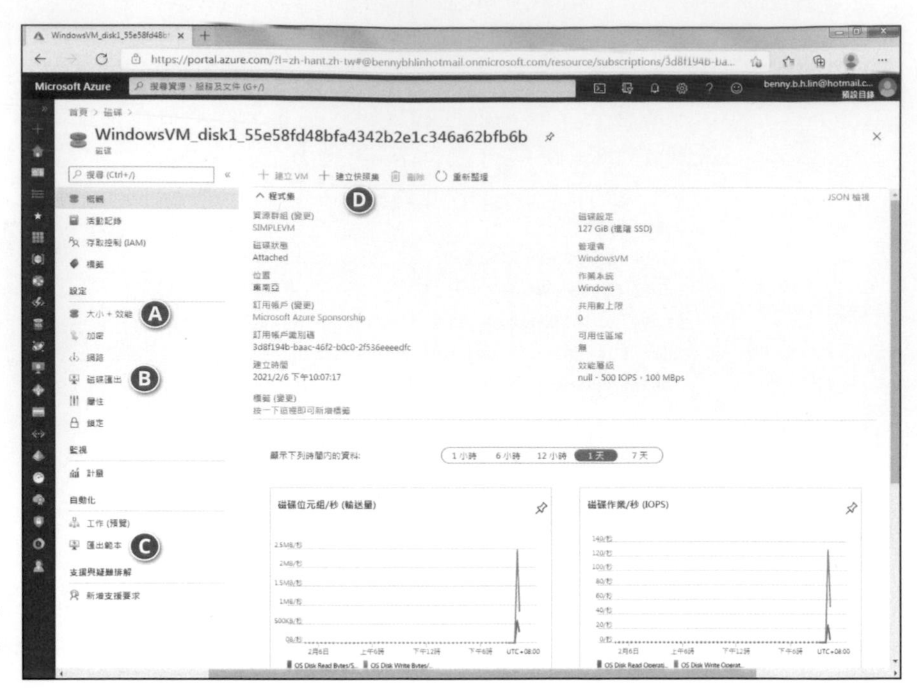

圖 3-8：為你的 Azure 虛擬機器操作受控磁碟

在本章當中

- 區分Azure的虛擬網路建構零件
- 部署和配置虛擬網路
- 連結虛擬網路

Chapter 4 規劃你的虛擬網路拓樸

幾年前曾有微軟的人告訴我，在所有 Azure 的技術支援請求中，網路功能名列前茅。筆者覺得這是其來有自的：

- 乙太網路和 TCP/IP 互聯網是非常博大精深的領域，其深奧之處足夠你終生鑽研。
- Azure 雲端的軟體定義網路（Software-defined networking, SDN），跟企業內部的硬體網路有很大的不同。
- 如果在 Azure 網路中不慎犯錯，其成本與後果是非常高昂的。

在本章中，筆者會帶大家建立 Azure 網路的基礎觀念。我會探討虛擬網路，因為虛擬網路是你的虛擬機器（VM）所在之處，其他的 Azure 服務也可能位居其中。

了解虛擬網路的構成元件

所謂的**虛擬網路**（*virtual network*，VNet），是 Azure 當中的一個嚴格分界線，不但有隔離的效果，網路通訊也會以此為界。初學者常犯的錯誤，就是把各個 VM 放進不同的 VNet，然後就以為這樣就可以讓 VM 彼此自動互相通訊 —— 畢竟所有 VNet 不都是位於同一個 Azure 地域中、屬於同一份訂用內容嗎？

事情沒那麼簡單！雖說單一 VNet 中的所有 VM 確實可以自動互通（如果防火牆的預設拒絕規則都已關閉的話），但如果沒有管理員介入配置，那麼不同的 VNet 之間是無法直接通訊的。

現在筆者就來說明這類網路的各項元件，正式開始探討 Vnet。

位址空間

所謂的**位址空間**，是指一段頂層的私有 IPv4 位址範圍，你可以在其中定義你的 VNet。微軟對此提出的最佳實施建議是，務必確保你的自有網路和 VNet 之間沒有重複使用的 IP 位址。

所有 VNet 內的網路通訊都只限於 Azure 的範圍之內；因此你的位址空間一定是私有的，根據 RFC 1918，這些無法與外界路由互通的 IPv4 位址包括：

- 10.0.0.0-10.255.255.255（遮罩長度 /8）
- 172.16.0.0-172.31.255.255（遮罩長度 /12）
- 192.168.0.0-192.168.255.255（遮罩長度 /16）

關於私有 IP 位址的詳情，可參閱 RFC 1918 的原始文件：`https://tools.ietf.org/html/rfc1918`

子網路

只有當你定義出各個子網路後，你的 VNet 位址空間才有作用。子網路的好處在於，Azure 的系統路由會自動處理單一 VNet 中各個子網路之間的通訊。因此你不必用到路由器。

IPv6

筆者想跟各位很快地介紹一下關於網際網路協定第 6 版（Internet Protocol version 6），亦即俗稱的 IPv6。公用的 IPv4 位址空間長久以來一直有即將耗盡的疑慮，因此全球正逐步地導入 IPv6。大部份已導入 IPv6 的企業都是採用所謂的**雙軌制**配置，也就是同時使用 IPv4 和 IPv6。

簡單地說，Azure 的虛擬網路確實支援 IPv6，但是在本書付梓前，相關功能仍在公開預覽階段（public preview）。由於公開預覽階段的功能是不受服務等級協定所保障、也不保證完全支援，因此目前最好是不要在正式環境的 VNet 內使用 IPv6。相較之下，在 Azure 的公用負載平衡器上使用 IPv6 就沒有問題，因此正式環境的外網部份可以放心使用 IPv6。

最常見的架構，就是把各個應用層放在自己的子網路內 —— 例如一個子網路給網頁前端層、另一個子網路給商務程式層、再一個子網路給資料層等等。藉由這種配置方式，我們就可以輕易地制訂流量規則，因為相同子網路上的 VM，對網路流量的需求都是一致的。

Azure 為每個子網路保留了 5 個 IP 位址給自己使用。假設你的子網路位址為 192.168.10.0/24，以下就是保留的 IP：

- 192.168.10.0 代表整個子網路的識別碼，因此要保留。
- 192.168.10.1 到 192.168.10.3 要保留給 Azure 專用。
- 可以使用的子網路 IP 位址從 192.168.10.4 開始，由 Azure 自己以 DHCP 協定分配。
- 192.168.10.255 必須保留，以遵循協定規範（其實這是整個子網路的廣播識別碼）。

WARNING

Azure 屬於計量服務，因此每一項服務都有預設的容量上限。在單一地理區域的一份訂用內容裡，最多可以定義 1000 個 VNet、而每個虛擬網路可以有 3000 個子網路。乍看之下這樣的數目應該夠用了。但是遲早你都會遇上不夠用的場合，讀者們應該要有心理準備。詳情可參閱以下網址的 Azure 文件：

`https://docs.microsoft.com/azure/azure-resource-manager/management/azure-subscription-service-limits`

建構虛擬網路

圖 4-1 顯示的就是本章要配置的環境。

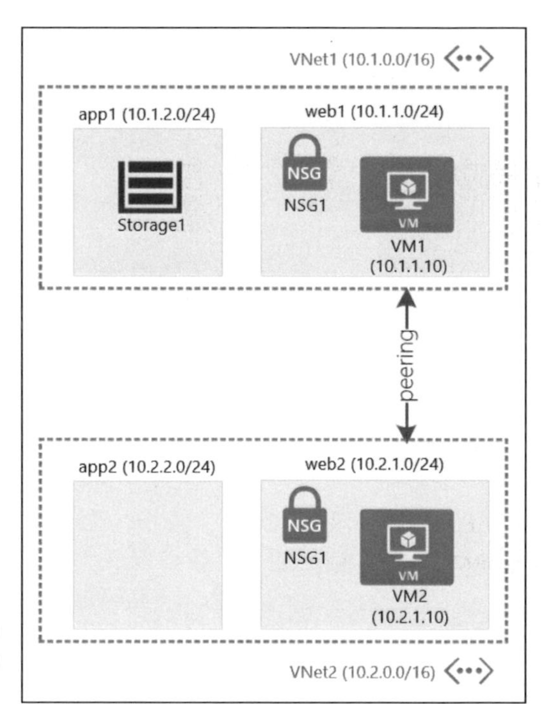

圖 4-1：本章使用的 Azure 虛擬網路基礎設施

以上拓樸具備下列特徵：

- 每個 VNet 會分成兩個子網路，以便分配給對應的應用層。
- 每個 Vnet 都由自己的網路安全性群組（Network Security Group, NSG）所防護。
- 有一個服務端點會把儲存體帳戶連結至 VNet。
- VNet1 和 VNet2 會形成虛擬網路的對等互連關係（VNet peering）。

從 Azure 入口網站部署

一旦你以管理帳戶登入 Azure 入口網站，就可以按照以下步驟部署你的第一個 Azure 虛擬網路：

1. 建立一個新的資源群組、或是利用原有的資源群組亦無不可。
2. 用 Azure 入口網站的全域搜尋列找出虛擬網路頁面所在連結。
3. 點選「建立」。
4. 填寫新建虛擬網路配置頁面所需的一切資訊，然後點選新增及提交部署。

   實際請填入以下資訊：

   - *名稱（Name）*：VNet1
   - *IPv4 位址空間（Address Space）*：10.1 .0.0/16
   - *訂用帳戶（Subscription）*：你的訂用帳戶名稱
   - *資源群組（Resource Group）*：Wiley
   - *區域（Location）*：任何接近你的 Azure 地域（筆者使用 EAST US 2）。[譯註 1]

譯註 1　讀者們可以視自己所在位置選擇東南亞或東亞，或微軟位於亞洲的其他資料中心。

- 子網路名稱（*Subnet Name*）：web1（Azure 總是會把預設的子網路命名為「default」；讀者可以自訂自己容易理解的名稱。）
- 子網路位址範圍（*Subnet Address Range*）：10.1 .1.0/24
- *DDoS* 保護標準（*DDoS Protection Standard* ）：基礎
- *Service Endpoints*：停用
- 防火牆（*Firewall*）：停用

筆者完成的配置顯示在圖 4-2。

一旦 Azure 將新的 VNet 配置完畢，你應該立即檢視其組態設定， 並完成另一個子網路的定義。請依以下步驟完成定義：

1. 瀏覽至 VNet1 的配置頁面。
2. 在 VNet 的設定清單中選擇子網路（Subnets）；然後點選上方的「+ 子網路」(+Subnet) 按鍵。
3. 填寫新增子網路頁面所需的資訊，然後點選建立以完成配置。

   請填入以下資訊：

   - 名稱（*Name*）：app1
   - 子網路位址範圍（*Address Range*）：10.1.2.0/24
   - 網路安全性群組（*Network Security Group*）：無
   - 路由表（*Route Table*）：無
   - 服務端點下的服務（*Services*）：選「已選取 0 項」
   - 服務端點下的子網路委派（*Delegate Subnet to a Service*）：無

圖 4-2：填好的虛擬網路配置

軟體定義網路往往很容易因為抽象而令人迷失。這時可以在 VNet1 的設定清單中點選圖表（Diagram），如圖 4-3 所示。Azure 會用一個向量圖描繪你的虛擬網路；點選圖中各項元件，就會跳到相關的資源設定頁。

筆者認為這些圖的意義非凡，因為從它可以看出我自己的 VNet 佈局。更棒的是你可以做到以下幾點：

- **先前曾提到，點選 Azure 入口網站圖中任何圖像，就會移往相關配置頁面。**
- **點選下載拓樸（Download Topology），即可下載一個可縮放向量（scalable vector graphics, SVG）格式的映像檔，可供架構文件歸檔參考用。**

TIP

如果你手邊沒有一套微軟 Visio 授權，筆者鄭重建議你去弄一套。Visio 可以大幅簡化 Azure 相關的繪圖動作。任何工作上需要 Azure 的人都該花錢買一套 Visio，因為在將雲端資源視覺化時，Visio 非常好用。

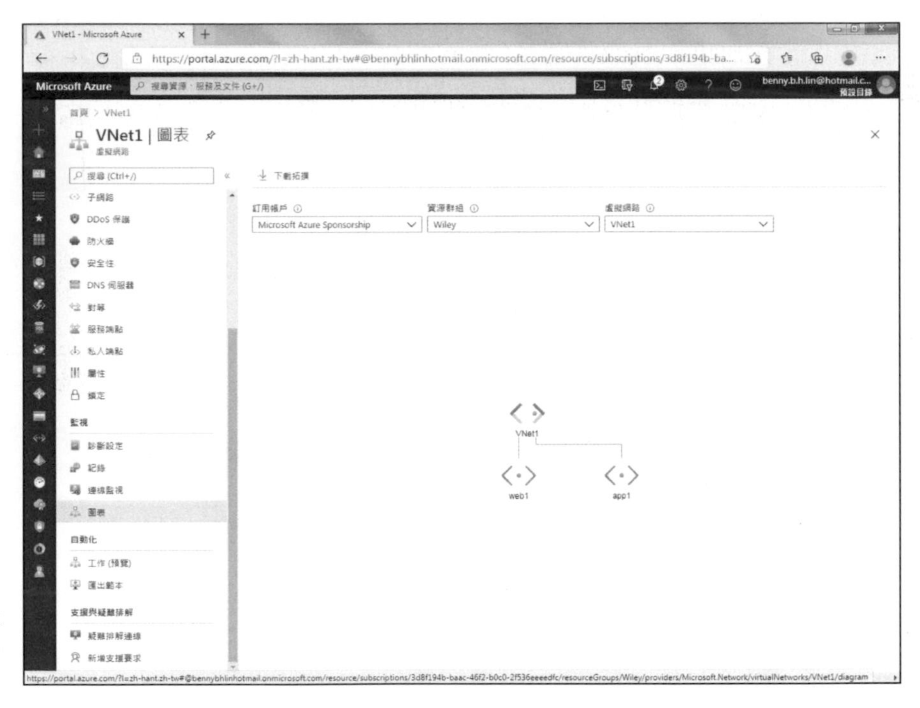

圖 4-3：Azure 為你產製的漂亮網路圖

特別的是，如果把 VNet 的拓樸圖匯入 Visio ，以滑鼠右鍵點選圖面，並從 Visio 的捷徑功能表選擇群組 ➪ 取消群組。現在你可以存取其中所有的圖形了。Azure 特有的 Visio 樣板，可以到以下網址下載：

https://www.microsoft.com/en-us/download/details.aspx?id=41937

用 PowerShell 部署

另一個 VNet 不妨用 Cloud Shell 和 PowerShell 來部署。由於篇幅有限，筆者會在以下步驟中把程式碼拆成幾行來顯示，但讀者練習時應該將程式碼輸入成同一行。我使用反引號（`）來做為換行時的接續字元，這樣比較易於閱讀 PowerShell 的命令，但各位在 Cloud Shell 輸入命令時應予以忽略。請依以下步驟部署第二個 VNet：

1. **在 Azure 入口網站點選 Cloud Shell 以開啟 Cloud Shell 工作階段。**

   如果工作階段開啟後顯示的環境是 Bash，請利用 Cloud Shell 的下拉式選單，將環境切換成 PowerShell。

   如果你的訂用內容不只一份，也許還要執行 Set-AzContext 命令，以確保你的操作對象正確無誤。如果你手中只有一份訂用，就可以繼續做下去。

2. **輸入以下程式碼，以執行 New-AzVirtualNetwork 命令，同時定義 VNet：**

   ```
   New-AzVirtualNetwork `
       -ResourceGroupName Wiley `
       -Location SouthEastAsia  `
       -Name VNet2 `
       -AddressPrefix 10.2.0.0/16
   ```

   注意這裡的反引號（`）字元。它不是單引號，而是位於 Tab 鍵正上方的特殊字元。在 PowerShell 裡，這種字元意指下一行的程式碼跟這一行是連串在一起的。筆者在此引用其實只是為了容易排版和閱讀而已；如果你不在意在 Cloud Shell 裡打入一長串命令，省掉它也無妨。

3. 執行 Add-AzVirtualNetworkSubnetConfig 以便定義 web2 子網路。再利用 PowerShell 的管線寫法，把參數餵給 Set-AzVirtualNetwork 命令，以便提交配置內容。

PowerShell 裡的變數都是以錢號 $ 開頭的，以下是 PowerShell 以變數容納所有命令參數的寫法：

```
$subnetConfig1 = Add-AzVirtualNetworkSubnetConfig `
    -Name web2 `
    -AddressPrefix 10.2 .1.0/24 `
    -VirtualNetwork (Get-AzVirtualNetwork –Name VNet2 )

$subnetConfig1 | Set-AzVirtualNetwork
```

4. 針對第二個 app2 子網路再來一次。

PowerShell 的管線允許你以另一處的輸出直接作為後續命令的輸入值。就像這樣：

```
$subnetConfig2 = Add-AzVirtualNetworkSubnetConfig `
    -Name app2 `
    -AddressPrefix 10.2 .2.0/24 `
    -VirtualNetwork (Get-AzVirtualNetwork name VNet2)

$subnetConfig2 | Set-AzVirtualNetwork
```

TIP

之所以要用這種跡近於寫程式的方式來部署 Azure，是因為這樣比你在 Azure 入口網站中東指西點要有效率得多，可以一次把部署的細節都納入。以上例來說，兩個子網路一下就部署好了。但要是從 Azure 入口網站部署，你一次就只能處理一個子網路。

配置虛擬網路

本章讀到這裡，我們已經替未來的 VM 和 Azure 服務所需的網路互連功能佈置好了基礎。在開放你的 VNet 之前，還需要做一點小小的調節，以便確保網路能如你預期般運作。

選擇一種名稱解析策略

Azure 所提供的名稱解析服務，會在你的 VNet 中自動啟用，這樣就可以保證你的 VM 們可以透過簡短的主機名稱互通，就像使用 IP 位址一樣。問題是，有的企業需要讓他們位於雲端的 VM 能使用自訂的 DNS 網域名稱（例如 company.com）。

如果你需要讓位於不同 VNet 的 VM 能夠彼此解析對方的主機名稱，或是你希望讓自己的雲端 VM 使用自訂的完整網域名稱（FQDN），你就需要設置自己的名稱解析功能。舉例來說，你可以選擇以下之一的做法：

- 部署一套自有的 Azure 網域名稱系統區域（DNS zone），再把該區域綁到你的子網路。
- 在每個 VNet 部署 DNS 伺服器的 VM，並將它們設為彼此可以互相轉送名稱解譯請求。

在你的 VNet 裡瀏覽 DNS 伺服器設定。應該可以找到 Azure 提供的預設 DNS 伺服器。如果你要改成其他 DNS 設定，請改選自訂（Custom）、然後填入一個以上自訂 DNS 伺服器的 IPv4 位址。這些位址可以是：

- 自有的 DNS 伺服器（如果你使用混合雲的話）
- 一套運行在 VNet 之內的 DNS 伺服器
- 一個 Azure 提供的虛擬 IP 位址（168.63.19.16）

TIP

168.63.19.16 是一個務必要牢記的 IP 位址，因為當你的 VM 向自訂 DNS 伺服器做遞迴名稱查詢卻失敗的時候，你可能會需要讓它們回頭向 Azure 的 DNS 求助。

WARNING

絕對不要嘗試在位於 Azure 的 VM 內部調整 TCP/IP 參數。此舉極可能導致你跟 VM 之間的網路連線中斷。記住，你現在處理的都是位於雲端的軟體定義網路，而不再是位於自家機房的實體或虛擬伺服器。所有的 VM 網路功能配置，都應該透過 Azure 資源管理員（ARM）來進行，不論是 Cloud Shell、PowerShell、或是 Azure CLI 都可以。

配置網路安全性群組

網路安全性群組（Network Security Group, NSG）是一種網路流量篩選器，你可以用來跟 VM 的虛擬網卡、或是 VNet 的子網路結合。筆者建議大家把 NSG 跟子網路綁在一起，這樣將來除錯會容易些，同時也可以讓子網路中的多部 VM 套用一致的出入流量規則。

一個 NSG 會包含一條以上的存取規則，都具備以下屬性：

- **優先順序（Priority）**：此數值較低者會優先比對。每當你新增規則時，務必確保各個規則間都要預留一些數值空間，以便未來擴充備用。
- **名稱（Name）**：筆者建議為 NSG 取個一望即知用途的名字，例如 HTTP-In-Allow。
- **連接埠（Port）**：此一屬性會是傳輸控制協定（TCP）或使用者資料包協定（UDP）的指定埠。
- **通訊協定（Protocol）**：TCP、UDP、或兩者皆有。
- **來源（Source）**：代表流量來源。
- **目的地（Destination）**：代表流量目的地。
- **動作（Action）**：許可（Allow）或拒絕（Deny）。

NSG 會把每個通過它的流量都拿來跟流量規則比對，輸出流量就比對輸出安全性規則，反之亦然。只要比對到樣式相符的規則，就會以該條規則的動作放行（或擋下）流量。除非你事先已準備一條特殊規則，藉以捕捉任何前面的規則未能比對出來的流量，不然就會為未經控管的連線類型留下一個後門，這可是對 VM 安全極為不利的。

表 4-1 和 4-2 總結了 NSG 中常見的出入規則。

表 4-1　**預設輸入安全性規則**

規則	Description
AllowVNetInBound	允許來自同一 VNet 或對等互連 VNet 的對內流量
AllowAzureLoadBalancerInBound	允許來自任何 Azure 負載平衡器 IP 位址的對內檢測流量
DenyAllInbound	特殊規則，確保任何前面的規則未能比對出來的對內流量都會被擋下

表 4-2　**預設輸出安全性規則**

規則	Description
AllowVNetOutBound	允許源於此一 VNet 或前往對等互連 VNet 的對外流量
AllowInternetOut Bound	允許此一 VNet 內的 VM 前往任何公共網際網路
DenyAllOut Bound	特殊規則，確保任何前面的規則未能比對出來的對外流量都會被擋下

TIP

雖然微軟確實建立了預設的輸入和輸出用 NSG 安全性規則，方便我們直接引用，但是讀者們最好是不要倚賴它們。筆者以為它們太過寬鬆，因此我自己會另外建立 `DenyAllInbound` 和 `DenyAllOutBound` 規則，預設的特殊規則就摒棄不用。

本章稍早的圖 4-1 中所顯示的 VNet，便使用 NSG1 來篩選流量，它就包含了預設的輸入和輸出規則。

TIP

由於 VNet2 的安全需求相同，因此可以把 NSG1 同時和兩個子網路結合。

若要建立自己的 NSG，並允許對內的 HTTP 流量通過（80 號 TCP 埠），請依下列步驟進行：

1. **利用 Azure 入口網站的全域搜尋，找出網路安全性群組的頁面；然後在工具列點選新增。**

REMEMBER

不要點選網路安全性群組（傳統）(Network Security Group (Classic)) 選項。本書以 ARM 作法為主。

2. **填寫建立網路安全性群組頁面的表格，然後點選建立。**

   使用以下屬性：

   - *名稱（Name）*：NSG1
   - *訂用帳戶（Subscription）*：[你的訂用帳戶]
   - *資源群組（Resource Group）*：Wiley
   - *區域（Location）*：Southeast Asia（請改成你自己所屬的地域；譯者選擇東南亞）

3. **部署後請檢查你的 NSG，瀏覽設定清單中的輸入安全性規則。**

   注意輸入和輸出的安全性規則各有不同的設定內容。預設規則（Default Rule）按鍵會切換所有現存規則的狀態。這時請保留啟用原本的設定。

4. **點選新增。**

5. **在新增輸入安全性規則的頁面填寫內容，點選「新增」。**

   根據預設，Azure 會把你導向進階（Advanced）檢視頁面，這是我們所需的。（你可以點選基本（Basic）檢視看看有何差異。）

   對 NSG1 套用以下內容：

- 來源（*Source*）：Service Tag 的 Internet

  來源可以是一個以逗點區隔的 IP 位址清單、或是一段 IP 位址範圍、一個 service tag、或是一個應用程式安全性群組
- 來源連接埠範圍（*Source Port Ranges*）：任何（以 * 號表示）
- 目的地（*Destination*）：VirtualNetwork
- 目的地連接埠範圍（*Destination Port Ranges*）：80
- 通訊協定（*Protocol*）：TCP
- 動作（*Action*）：Allow（允許）
- 優先順序（*Priority*）：100
- 名稱（*Name*）：HTTP-In-Allow
- 描述（*Description*）：（隨你喜好填入）

6. **為 NSG1 建立新的輸出安全性規則（注意是輸出哦）。**

   此一規則允許由 web1 子網路通往儲存體帳戶的流量，後者位於 app1 子網路。

   - 來源（*Source*）： VirtualNetwork
   - 來源連接埠範圍（*Source Port Ranges*）：任何（以 * 號表示）
   - 目的地（*Destination*）： Service Tag 的 Storage
   - 目的地連接埠範圍（*Destination Port Ranges*）：任何（以 * 號表示）
   - 通訊協定（*Protocol*）： Any（任何）
   - 動作（*Action*）：Allow（允許）
   - 優先順序（*Priority*）100
   - 名稱（*Name*）：Storage-Out-Allow
   - 描述（*Description*）：（隨你喜好填入）

圖 4-4 顯示的便是筆者自己在 NSG1 概覽頁面的 NSG1 完整配置。

圖 4-4：NSG1 的配置

添加安全性標籤及應用程式安全性群組

服務標籤（*service tags*）是一種可以把 IP 網段（prefixes）集中標示的機制，讓我們在編寫 NSG 規則時更方便。常見的服務標籤包括

- **虛擬網路（VirtualNetwork）**：所有的虛擬網路定址空間皆包含在內，包過本地及對等互連的 VNet
- **網際網路（Internet）**：所有公共 IP 位址，不論是 Azure 或外界持有皆然
- **Azure 負載平衡器（AzureLoadBalancer）**：你所部署的 Azure 負載平衡器的虛擬 IP 位址
- **Azure 雲端（AzureCloud）**：Azure 的公共 IP 位址空間
- **儲存體（Storage）**：Azure 儲存體服務的 IP 位址空間

應用程式安全性群組（Application Security Group, ASG），其實是一種使用者自訂的服務標籤。你可以按照管理員自訂的方式，把資源分門別類，以利 NSG 指派規則。例如名為 web-servers 的 ASG，就可以套用在你部署的網頁伺服器 VM 上。

REMEMBER

可惜的是，預設的輸入與輸出規則都只能照原樣搬用：亦即你沒法針對其中個別的出入規則做增刪。因此筆者建議各位不要沿用預設規則，而是自己重寫一組來用。

TECHNICAL STUFF

關於 ASG 的詳情，可參閱 Azure 的「網路安全群組」文件：

`https://docs.microsoft.com/azure/virtual-network/network-security-groups-overview`

把網路安全性群組與子網路結合

遵循以下步驟，將剛定義好的 NSG 和 VNet1 轄下的 web1 子網路、還有 VNet2 轄下的 web2 子網路，都結合在一起：

1. **在 NSG1 的配置頁面，點選子網路（Subnets）。**
2. **在子網路頁面，點選關聯（Associate）**
3. **在關聯頁面，點選你的目標虛擬網路及子網路。**

你需要兩次動作才能完成設定，一次是為 VNet1/web1、另一次為 VNet2/web2。

了解服務端點

服務端點（*service endpoints*）會限制特定 Azure 服務與虛擬網路的連接，藉以保護服務。如果你有一個儲存體帳戶，其中含有敏感資料，只能讓位於特定 VNet 的 VM 取用。這時在相應的虛擬網路上為該服務帳戶建立一個服務端點，就可以達到目的。

其他可以經由端點綁定 VNet 的 Azure 產品，還包括 SQL Database、Cosmos DB、金鑰保存庫（Key Vault）和 App Service 等等。

本小節會帶領大家逐步配置。要在 VNet1 的 app1 子網路上建立一個 Microsoft.Storage 服務端點，請這樣做：

1. 在 Azure 入口網站，瀏覽 VNet1 並點選服務端點（Service Endpoints）設定。

2. 在工具列點選新增（Add）。

3. 在新增服務端點頁面，點選 Microsoft.Storage 作為服務、子網路則是 app1；然後點選新增，完成這部份的配置。

   不過這時還不算結束：你還得結合儲存體帳戶和 app1 子網路。在 VNet 上定義服務端點，只不過是為儲存體帳戶和網路的整合預做準備而已。接下來還需要到儲存體帳戶完成剩下的配置才行。

   在這個案例中，你可以先忽略服務端點的原則（policies），因為該功能在本書付梓前仍屬於公開預覽階段，不受服務等級協定所保障。服務端點原則可以讓你更深入地調整通往 Azure 服務的 VNet 流量。

4. 開啟儲存體總管，確保你可以連接至儲存體帳戶。

   如果你已照第三章所述建立儲存體帳戶，就可以用它來測試。這時你應該還看得到它包含的檔案 blob 容器、以及其中的 blobs。

5. 回到 Azure 入口網站，瀏覽 VNet1 資源，並選擇服務端點（Service Endpoints）設定。

6. 從 Microsoft.Storage 的操作功能選單（context menu，就是該列尾端的三個點圖示；如圖 4-5 所示），點選「在儲存體帳戶中設定虛擬網路」。

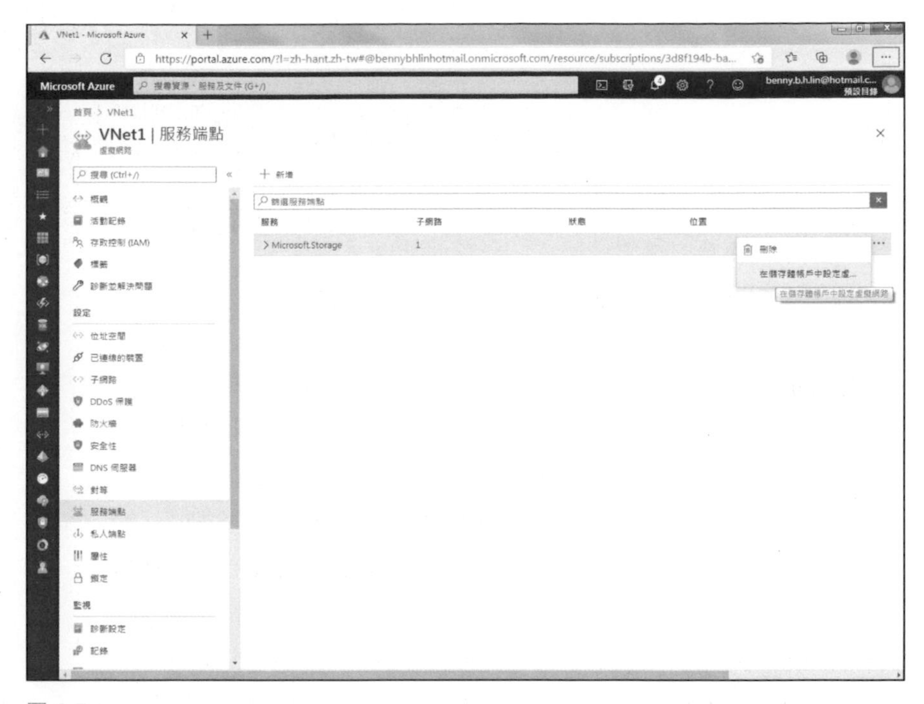

圖 4-5：
在 Azure 入口網站中，大部份的資源都會附有操作功能選單，讓你從中選擇配置選項

7. 在儲存體帳戶頁面，點選你的儲存體帳戶進入、再點選「網路」設定（Networking），然後到右側的防火牆與虛擬網路頁面。

8. 在允許從下項存取（Allow Access From）段落中，點選「選取的網路」（Selected Networks）

9. 在虛擬網路段落，選擇「新增現有的虛擬網路」（Add existing virtual network）。

10. 瀏覽至 VNet1 虛擬網路和 app1 子網路，點選新增。

11. 點選儲存（Save），完成配置。

一旦你啟用服務端點，儲存體帳戶的防火牆和虛擬網路頁面中就會出現一些額外的選項：

- *新增您的用戶端 IP 位址（Add Your Client IP Address）*：如果你沒有選這個選項，就無法從你的工作站存取儲存體帳戶。

- **允許受信任服務清單上的 *Azure* 服務存取此儲存體帳戶**：啟用這個選項，就可以讓其他的 Azure 服務（像是金鑰保存庫（Key Vault）、Azure AD 等等）可以和這個儲存體帳戶雙向溝通。

12. 關閉儲存體總管後再重啟。

13. 測試可否連接至儲存體帳戶。

這時應該看到像圖 4-6 一般的畫面。

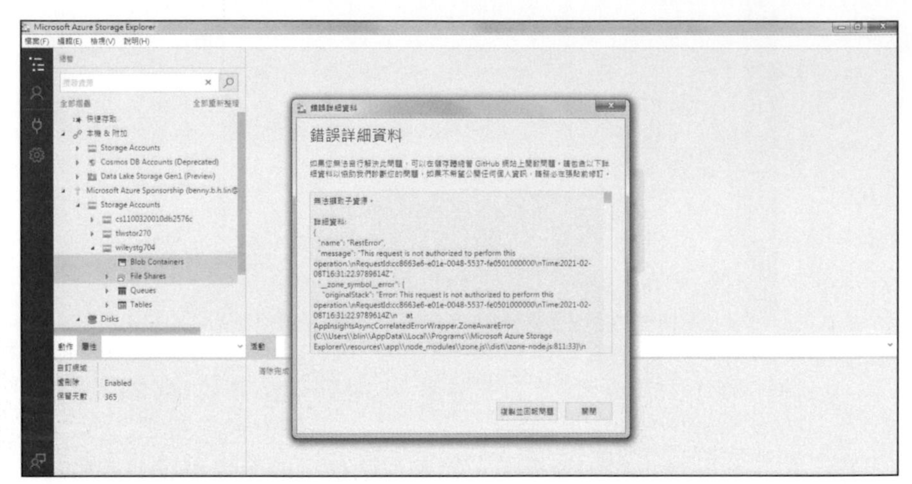

圖 4-6：服務端點可保護 Azure 資源與特定虛擬網路之間的關係

連結虛擬網路

要把 VNet 以邏輯方式連在一起，以便支援需要 VNet 的拓樸，有兩種方式：

» 正式 / 測試用的 VNet，可支援 VNet 間的通訊

» 星狀（hub-spoke）的 Vnet 架構，位於中心的 VNet 擁有通往內部自有環境的鏈結

Azure 提供兩種選項來連結 VNet，筆者接下來就會介紹。

配置 VNet 對等互連

VNet 對等互連（peering）是把兩個 Azure 虛擬網路無縫連接的方式之一。直到 2018 年為止，若要連接位於不同地理區域的 VNet，都需要用到虛擬網路閘道器，或 VNet 對 VNet 的虛擬私人網路（VPN）。如今位於不同地理區域的 VNet，甚至是屬於不同 Azure 訂用內容的 VNet，都可以對等互連。

通過 VNet 對等互連的流量是屬於私有的，它出現在 Azure 網路骨幹之上，使用的是私有的 IP 位址。要使用對等互連功能，不需要多花額外的 VPN 費用、也沒有額外的間接費用，但如果你因安全需求必須完全掌握網路，也可以改為部署 VNet 之間的 VPN。

請依以下步驟，在 VNet1 和 VNet2 兩個虛擬網路之間配置 VNet 對等互連。

1. 在 Azure 入口網站，瀏覽 VNet1，點選「對等互連」（Peering）設定，再點選「新增」。
2. 填寫「新增對等互連」（Add Peering）頁面的資訊，再點選「新增」。

   使用以下配置屬性：

   - 此虛擬網路的「對等互連連結名稱」（*Name of the Peering from VNet1 to Remote Virtual Network*）：vnet1-to-vnet2-peering
   - （*Virtual Network Deployment Model*）：資源管理員（Resource Manager）
   - 訂用帳戶（*Subscription*）：[你的訂用帳戶]
   - （*Virtual Network*）：Vnet2
   - 遠端虛擬網路的對等互連連結名稱（*Name of the Peering from Remote Virtual network to VNet1*）：vnet2-to-vnet1-peering

     （先前你還必須為兩端的 VNet 都配置對等連接；現在則可以在一端的配置頁面同時完成兩端的配置，方便多了。）

- 對遠端虛擬網路的流量（*Traffic to remote virtual network*）：允許（Allowed）
- 從遠端虛擬網路轉送的流量（*Traffic forwarded from remote virtual network*）允許（Allowed）
- 虛擬網路閘道（*Virtual Network Gateway*）：無（None）

3. **點選確定以便將組態提交至 ARM。**

   到最後，VNet1 和 VNet2 的對等連接頁面都會顯示對等連接狀態為已連接（Connected）。現在你在兩個 VNet 之間有路由途徑了，其中只需要用到 Azure —— 毋須公共網際網路（或 VPN）介入。

了解服務鏈結

當你在 Azure 入口網站中選擇對等連接時，可以自訂對等連接關係，以便完成路由的目標。舉例來說，你有一個外圍（spoke）的 VNet 必須透過一個中心（hub）的 VNet、通往自有內部環境（on-premises network）。

重點是，你必須先知道 VNet 對等連接是不允許遞移（transitive）的。圖 4-7 展示的便是常見的星狀 Vnet 拓樸。

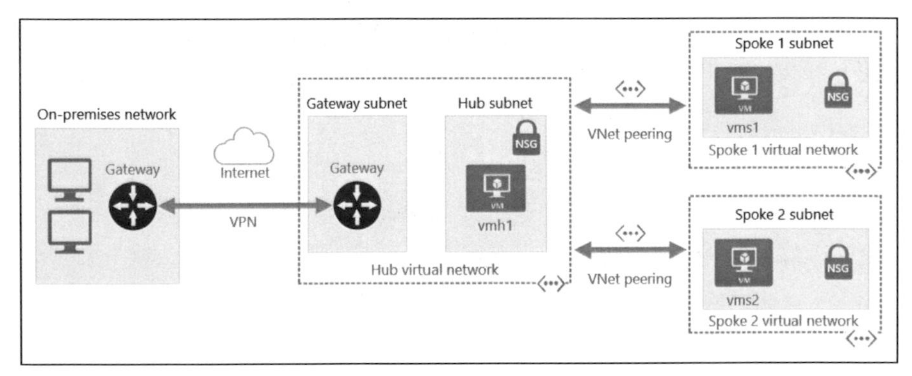

圖 4-7：星狀的虛擬網路拓樸

在圖中，中心的（Hub）虛擬網路功能就相當於 Azure 和企業區域網路環境間的中繼點。（筆者會在第十三章時再介紹 VPN 和混合雲）

圖 4-7 也顯示了兩個對等連接關係，一個通往 Spoke 1、另一個通往 Spoke 2。由於缺乏遞移特質，亦即 Spoke 1 中的 vms1 沒法直接和 Spoke 2 的 vms2 自動開通通訊。要修正這一點，必須做到以下其中一點：

» 在 Spoke 1 跟 Spoke 2 之間建立第三個對等連接。

» 設置一個網路虛擬設備，藉以明確地轉送路由流量。

看得懂嗎？很多企業都需要在 Azure 當中準備一個以上的虛擬網路，而你會經常需要在它們之間配置連線。舉例來說，企業也許會需要利用對等連接方式，把開發用和正式環境的 VNet 串起來。

另一個運用的實例，是把一個虛擬網路設備（例如小型防火牆）放在中心網路，然後讓其他連結的 VNet 流量共用該裝置。嚴格來說，這就是微軟所謂的「服務鏈結」（service chaining）。

當你需要控制 VNet 內部或 VNet 之間的流量走向時，就需要在 Azure 裡準備一個路由表。路由表決定了一個以上的「下一步」目標 IP 位址；如果你的區域網路環境也使用靜態 IP 路由，那麼 Azure 路由表對你來說應該很容易。

遵循以下步驟建立示範路由表，假設 NVA 會在私有 IP 位址 10.1.1.100 傾聽來往的流量：

1. 在 Azure 入口網站使用全域搜尋找出路由表（Route Tables）頁面。

2. 在路由表頁面，點選「建立」。

3. 填好建立路由表頁面的資訊，再點選建立。

   屬性如下：

   - *名稱（Name）*：nva-next-hop
   - *訂用帳戶、資源群組、區域（Location）*：使用你目前用過的已知值
   - *傳播閘道路由（Propagate gateway routes ）*：No

4. 選擇 nva-next-hop 路由表，瀏覽至路由（Routes ）頁面，點選新增。

配置對等連接

但繼續講下去之前，筆者必須先說明，中心的虛擬網路如何把流量從外圍轉往另一個外圍、或是透過 VPN 通道轉往內部自有網路。

對於 Spoke 1 和 Spoke 2 對等連接，你必須啟用「使用遠端虛擬網路的閘道」（Use the remote virtual network's gateway ）選項，告知 Azure 透過中心虛擬網路的 VPN 閘道器，允許來自外圍虛擬網路的流量。注意你必須配置的是對等連接的外圍網路端、而非中心網路端。

在中心虛擬網路的對等連接屬性裡，請啟用「使用此虛擬網路的閘道」（Allow Gateway Transit）選項。該選項會讓 Azure 允許對等 VNet 使用中心虛擬網路的 VPN 閘道器。同時也為 Spoke 1 和 Spoke 2 都啟用對遠端虛擬網路的流量（Traffic to remote virtual network）選項，這樣外圍網路在理論上才可以透過中心網路互相溝通。

你大概會想，為何我只說是理論上？那是因為如果要支援完整的 VNet 中繼通訊，必須仰賴**服務鏈結**，因為這樣才能在中心虛擬網路中部署一個網路虛擬設備，並實作使用者自訂路由。

下圖展示了一個功能為路由器的 NVA 虛擬機器，它可以轉送來自其他 VNet 的 IP 流量。你必須把一個使用者自訂路由（又稱為 Azure 路由表）和每一個外圍的 VNet 綁在一起，這樣才能提供一個 10.1.1.100 的下一站路由位址：也就是網路虛擬設備自身。這樣一來，你就等於用自訂的路由凌駕了 Azure 的系統路由。

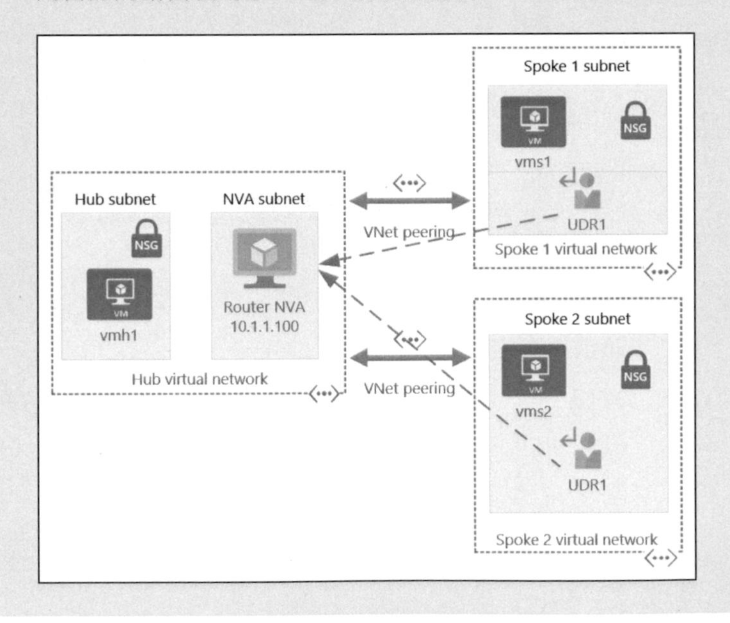

何謂 NVA ？

所謂的 NVA 就是**網路虛擬設備**（*network virtual appliance*），其實是 Azure 上運行的一般 VM，但是跟大部份的 VM 本質都不同。通常 NVA 會具備一個以上的虛擬網路介面卡，並連接至 VNet 當中的多個子網路；它會被設成可以進行 IP 流量轉送；並運行第三方的企業網路流量管理工具。

一流的企業流量平衡器、防火牆、代理伺服器、以及其他的裝置，都會提供已預先設好的 NVA 給 Azure Marketplace。這些 VM 通常都執行在特製的輕量版 Linux 上，而且配置附有網頁式介面。要一覽 Azure Marketplace 上的 NVA，請參閱 `https://azure.microsoft.com/solutions/network-appliances`。

5. **填好新增路由頁面的表單，再點選確定以提交你的配置內容。**

   填入以下屬性：

   - **路由名稱**（*Route Name*）：nva-default-route
   - **位址首碼**（*Address Prefix*）：0.0.0.0/0

     這個特殊 IP 位址又被稱為**預設路由**，適用於所有跟這個路由表相關子網路的全部外出流量。

   - **下一個躍點類型**（*Next Hop Type*）：虛擬設備（Virtual Appliance）

     其他選項包括虛擬網路、網際網路、以及虛擬網路閘道等等。還記得前面學到的服務標籤和網路安全性群組吧？剛剛這些選項全都來自服務標籤。

   - *Next Hop Address*：10.1.1.100

   ARM 會提示你在虛擬設備上啟用 IP 轉送功能。你必須把虛擬設備網路介面卡的性質訂為轉送。

6. **把路由表和正確的子網路結合。**

請開啟路由表設定清單的子網路（Subnets）頁面，並選擇關聯（Associate）。正如本章稍早「配置 VNet 對等互連」一節所述，你必須把新路由表和 Spoke 1 及 Spoke 2 子網路結合，才能迫使它們的外出流量經過位於中心 VNet 內的 NVA。

星狀的 VNet 設計樣式和服務鏈結都並不罕見。筆者身為 Azure 解決方案架構師，看過各式各樣的拓樸。使用者自訂的路由表可以讓你從 Azure 提供的路由（雖然已經設計得很好）改換成自訂路由，並可更精密地調整 VNet 內部、VNet 之間、以及中繼 VNet 和內部自有網路之間的路由。[譯註 2]

別忘了你的 NSG 和出入規範。當你的 VNet 拓樸越趨複雜，不論是服務鏈結還是對等連接，你都可能需要微調既有的 NSG 規則，建立新規則以便因應新的流量。

譯註 2 NVA〔或者說是服務鏈結〕其實就像是一個自訂路由器，它會蓋掉原本 Azure 為 VNet 處理路由的方式，進而讓你自訂路由〔例如 VNe 之間的 t 互通方式〕。

在本章當中

- 規劃在Azure中部署VM
- 部署Linux和Windows伺服器的VM
- 連接並配置你的Azure VM
- 監視VM

Chapter 5 部署和配置 Azure 上的虛擬機器

在筆者擔任 Azure 解決方案架構師期間，我發現客戶自然而然地會在以下兩種情況想到虛擬機器（VM）：

- 當他們想把既有的負載移往 Azure 時
- 當他們想在雲端直接部署負載時

身為雲端顧問的樂趣之一，就是告訴客戶不一定非用 Azure VM 不可。Azure 包括了許多絕佳的平台即服務（PaaS）選項，像是 Azure App Service、Azure SQL Database 等等，它們都具備異地調節及快速的靈活性。

規畫你的 VM 部署

大家應該都耳聞過這句格言：「三思而後行」，這句話充分顯示了動手前做好規劃的重要性。在 Azure 上部署 VM 時，你必須謹慎考量，在第一時間做出正確抉擇；不然就要冒著把 VM 砍掉重練的風險。

但是在開始規畫部署前，各位理當先了解一下 VM 在 Azure 上如何運作。

了解 VM

VM 是一種以軟體呈現電腦硬體的形式。每個 Azure 地理區域都包含了數個資料中心；而每個資料中心又含有數千部刀鋒伺服器的硬體。VM 就是在這個龐大的運算網中運作的。

每部 VM 都會從它寄居的硬體主機分派到虛擬的硬體資源：

- 運算（CPU[中央處理單元] 和 RAM[隨機存取記憶體]）
- 儲存
- 網路

微軟資料中心的伺服器，運行的都是特製的 Windows Server Core 版本，而你的 VM 就寄居在微軟的 Hyper-V 主機身上。相較之下，AWS 使用的 EC2（Elastic Compute Cloud），其 VM 執行個體則是運行在開放原始碼的 XEN hypervisor 上。

本書付梓前，微軟 Azure VM 服務支援以下的 64 位元作業系統版本：

- Windows 7
- Windows 8.1
- Windows 10

- Windows Server 2008 R2
- Windows Server 2012 R2
- Windows Server 2016
- Windows 2019

微軟在 Azure 上支援 Windows 用戶端的 VM 映像檔，但僅限開發用途。其立意為，開發人員會需要部署 Windows 用戶端的 VM 做為測試對象，以便測試雲端的業務用應用程式。

Azure 也支援以下經認可的 64 位元 Linux 發行版本：

- CentOS
- CoreOS
- Debian
- OpenSUSE
- Oracle Linux
- Red Hat Enterprise Linux
- SUSE Enterprise Linux
- Ubuntu

從 Azure Marketplace 開始部署 VM

若要在 Azure 上部署 VM，最快的方式應該是從 Azure Marketplace 著手。Azure Marketplace 是一個線上大賣場，其中含有數千種微軟及非微軟的 VM 映像檔，包括所有剛剛提過的原生作業系統映像檔。圖 5-1 就是 Azure Marketplace 的畫面。

你可以在 Azure 入口網站的全域搜尋框內輸入 **marketplace** 字樣，就可以找到 Azure Marketplace。

從內部自有網路開始部署 VM

在第十三章時，筆者會說明如何利用 Azure Migrate 工具，把你的內部自有實體及虛擬伺服器搬上 Azure。亦即你可以把廣義的 OS 映像檔送上 Azure。只要有高速網際網路連線、或是通往 Azure cloud 的私人連線即可。

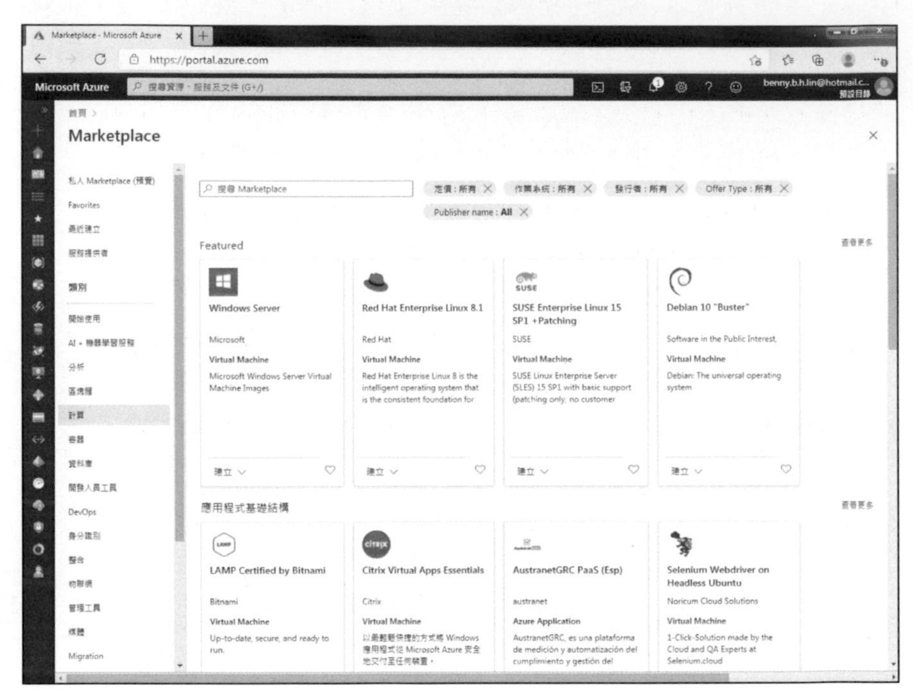

圖 5-1：Azure Marketplace 是多款 VM 類型的一次購足大賣場

WARNING

筆者在此提供的指示都僅供參考，並不算是詳盡的說明。當你在規畫內部自有的 Linux 和 Windows Server VM 要如何上傳至 Azure 之前，完整的逐步操作說明請參閱 Azure 文件。

以下是一般的過程：

1. **準備上傳至 Azure 所需的 VM 磁碟。**

   如果你的自有內部 VM 並非使用 Hyper-V 平台，就必須借助特定的工具來做轉換。雖然 Azure 支援使用 Hyper-V Generation 2 的虛擬硬碟（VHD），卻必須是 **.vhd** 格式的虛擬硬碟（而非 **.vhdx**），才能在 Azure 中使用。

要把一個 **.vhdx** 檔案轉換成固定大小的 **.vhd** 格式硬碟，請在你自己的 Hyper-V 主機執行 Convert-VHD 這個 PowerShell 命令：

```
Convert-VHD -Path d:\dev\vm1-gen2.vhdx -DestinationPath d:\dev\vm1-
    gen1.vhd -VHDType Fixed
```

TIP

順便一提，PowerShell 把所有的命令都統稱為「cmdlet」。

注意你的 OS VHD 內容必須經過一般化（generalized）。一般化的過程會將所有獨特的資訊從 VM 磁碟映像檔中去除，例如安全識別碼、靜態 IP 位址、主機名稱等等。在 Windows Server 裡，你可以用內建的 Sysprep 來完成此一動作。

2. **將經過一般化的 OS 映像檔上傳至 Azure 儲存體帳戶的 blob 服務。**

   關於儲存體帳戶及 Azure 儲存體總管等工具的使用，請參閱第三章。

3. **用 PowerShell 把上傳的 VHD 新增至 Azure 的受控儲存體服務。**

   (a) 先訂好若干變數，讓程式碼清爽一些：

```
$vmName = "vm1"
$rgName = "myResourceGroup"
$location = "EastUS"
$imageName = "myImage"
$osVhdUri = "https://mystorageaccount.blob.core.windows.
  net/vhds/vm1-gen1.vhd"
```

   (b) 建立微軟所謂的受控映像：

```
$imageConfig = New-AzImageConfig -Location $location
$imageConfig = Set-AzImageOsDisk -Image $imageConfig
  -OsType Windows -OsState Generalized -BlobUri $osVhdUri
$image = New-AzImage -ImageName $imageName
  -ResourceGroupName $rgName -Image $imageConfig
```

4. **將受控映像用來部署你的 VM。**

辨識 Azure VM 的元件

從高階抽象觀點來看，Azure 的虛擬機器其實不過是一個由以下三種子系統構成的雲端資源：

» 運算
» 儲存
» 網路

在筆者解釋如何部署和配置 VM 前，我要先說明一下 Azure VM 如何實作以上的三種子系統。

運算

凡是微軟分配給我們運行的 Azure VM，每一分鐘的用量都會收費。所謂的**分配**（*Allocated*）就是指微軟為 VM 保留的硬體運算資源 —— 主要是 CPU 和 RAM 等資源。

VM 執行個體可用的容量規格，大致分為幾個系列。表 5-1 就列出了 Windows Server VM 的容量等級，以及每種等級適用的工作負載類型，可以讓我們大致體會出不同系列 VM 等級間的差異。相關的 Linux VM 容量等級可參閱以下網址的 Azure 文件。

（https://docs.microsoft.com/azure/virtual-machines/linux/sizes）

表 5-1　Azure 當中的 Windows Server VM 容量

系列	容量規格	建議用途
一般用途	B, Dsv3, Dv3, Dasv3, Dav3, DSv2, Dv2, Av2, DC	測試與開發
運算最佳化	Fsv2	網頁伺服器
記憶體最佳化	Esv3, Ev3, Easv3, Eav3, Mv2, M, DSv2, Dv2	資料庫伺服器
儲存最佳化	Lsv2	大數據工作負載

系列	容量規格	建議用途
GPU	NC, NCv2, NCv3, ND, NDv2, NV, NVv3	大量繪圖作業
高效能運算	HB, HC, H	高效能運算

TIP

如果你並不會因法規因素受限於只能使用特定的 Azure 地域，請試著在部署 VM 前四下比較一番，因為在不同的地理區域運行 VM，成本其實會有很大的差異。價差主要源自當地電價、實體設廠成本等等，這些都會視 Azure 資料中心所在地理區域而變動。

適應一段時間之後，你應該就可以從 VM 的識別碼辨識出它屬於哪一系列的容量規格。例如 D 系列的 VM，就屬於一般用途，因此 Azure 客戶最常用到這一種。注意容量是有分版本的；例如一個 v3 的映像檔一定會擁有一些 v2 映像檔沒有的功能。

TIP

如果你部署的 VM 選錯容量，導致不論是成本或效能方面不敷所需，也別擔心。VM 的容量是可以依你的需求更改的。

儲存

Azure 使用一種稱為受控磁碟（Managed Disks）的功能來儲存你的 OS 和資料 VHD。最棒的是，你不需要擔心底層的儲存體帳戶基礎設施，舊有的 ASM 才會如此。

VM 磁碟儲存最主要的問題在於效能。以下是你的選項：

- **標準 HDD（Standard HDD storage）**：低速、廉價的機械式磁碟儲存。提供每秒最高 2,000 次輸入 / 輸出操作（IOPS）。
- **標準 SSD（Standard SSD storage）**：在成本及速度之間的妥協；使用固態硬碟。最高 6,000 IOPS。
- **進階 SSD（Premium SSD storage）**：高速、價格也較貴的固態磁碟儲存。最高 20,000 IOPS。
- **Ultra 磁碟（Ultra disk storage）**：超高速、最高效能的固態磁碟儲存。最高 160,000 IOPS。

哪一種磁碟層適合你的 VM 工作負載，要看你對於速度和高可用性的需求而定。例如說，測試與開發用的 VM 通常只需用到標準 HDD。但話說回來，正式環境的資料庫伺服器 VM 可能就需要進階 SSD 所提供的速度和穩定效能。

網路

筆者要在這裡強調，你的 VM 網路功能配置，跟 VM 資源本身是兩回事。VM 的網路功能堆疊以下列元件組成：

- VM 資源
- 虛擬網路介面資源
- （選用）公共 IP 位址資源
- （選用）網路安全群組資源

你配置 TCP/IP 協定屬性的對象是虛擬網路介面卡（vNIC），而不是 VM。這是一個很棒的功能，因為你不僅可以把 vNIC 從某個 VM 取下、甚至還可以再掛到另一個 VM 上，也就是具備可移植性的意思！

架構的考量

在 Azure 部署 VM 的過程涉及很多動作，因此在登入 Azure 入口網站動手前，應該好好思考其中最重要的部份 —— 高可用性和調節性。

高可用性

你部署的 VM 中當然不想要有單一咽喉點（single point of failure）存在。如果你的工作負載有前端網頁層，也許你會想要配置至少兩個相同的 VM 執行個體，這樣每當其中一個節點離線時（不論是有意或意外），服務也能保持不中斷。

如果你把兩個以上匹配的 VM 節點放在分開的可用性區域（availability zone），微軟提供 99.99% 的高可用性服務等級協定（SLA）。如果兩部以上的同等 VM 執行個體放在同一個可用性設定組（availability set）裡，SLA 就會降到 99.95%。如果你只有單獨一台 VM 執行個體、但使用進階儲存，SLA 還會再降到 99.9%。

你必須自行負責配置匹配的 VM 節點。Azure 不會自動為你複製額外的相同 VM 節點，但是像 Azure App Service 之類的服務則會自動為你做到這一點。要複製 VM 的方式很多：你可以從 Azure 入口網站手動進行、或是使用 ARM 範本自動進行。

請看圖 5-2，以便理解可用性設定組和可用性區域的差別。

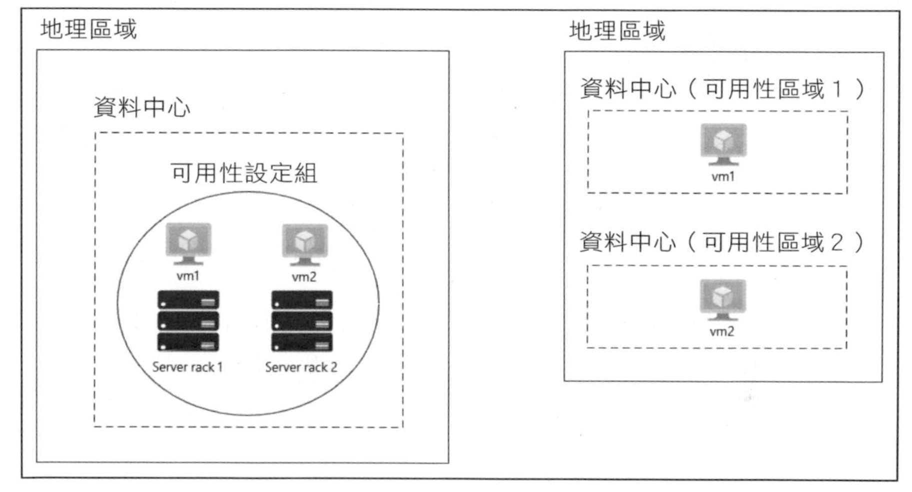

圖 5-2：左邊是可用性設定組、右邊是可用性區域

可用性設定組（*availability set*）是一個容器物件，你可以將它和 VM 執行個體放在同一地理區域內。可用性設定組會保護你的 VM 層，不受所在地理區域單一資料中心內局部故障影響。你的 VM 會被分散至位於其他機櫃的不同硬體主機；因此如果微軟內單一機櫃發生電力或交換器故障，或是你的硬體主機因故必須離線，你的服務都不受影響，因為至少還有一個成員寄居在他處。

相較之下，**可用性區域**（*availability zone*）預防的就是你所在地理區域內的單一資料中心問題。你的 VM 被分別放在同一地理區域內的不同資料中心。這時你不必擔心連線延滯問題，因為微軟在地理區域資料中心的叢集之間都備有額外的電力、冷卻和網路連結設施。

如果你在部署時忘記把 VM 放進一個可用性區域或可用性設定組，就必須重新部署才能得到保護效果。是的，打掉重練很痛苦，因此一開始務必記住要做這件事。

讀者也許心中嘀咕「那麼為何不自動啟用可用性區域？」答案很簡單：微軟尚未在所有已公開的地理區域啟用可用性區域功能，因此你所在的地理區域也許根本沒這功能可用。但假以時日，筆者相信這功能會在全球都普及。

因此微軟的建議是，如果你所在的 Azure 地理區域支援可用性區域，就啟用它。不然至少也要啟用可用性設定組，以確保 Azure VM 的高可用性。

可調節性

可調節性（*scalability*）代表你可以重新設定 VM 容量的能力。也代表你可以部署額外的執行個體來調節 VM。像 Azure App Service 這樣的 PaaS 服務就會自己處理自動調節的動作；這個功能是 PaaS 和 IaaS 之間的重大差異。

目前 Azure VM 中最接近水平自動調節的功能，是虛擬機器擴展集（Virtual Machine Scale Sets, VMSS）。VMSS 可以建立 VM 叢集，並告訴 Azure 根據你指定的 CPU 負載、時間表等等進行自動調節。

但是 VMSS 仍有一些缺點：

- 很貴，因為叢集中每一部 VM 你都必須付費。
- 你必須具網路技術知識，因為它會用到 Azure 負載平衡器。
- 你必須自行手動配置和同步工作負載。

無論你是否要建立擴展集、或是自行建置相同的 VM 副本，端看你對部署和配置 VM 的感受而定。擴展集的用意在於以抽象方式把許多底層的基礎設施複雜性和你分隔開來。

從 Azure Marketplace 部署 VM

筆者可以感覺得到各位急於進行以下的步驟，接下來我會說明如何直接運用 Azure 技術。感謝大家耐心等到現在。

部署 Linux 的 VM

筆者會先從 Linux 開始介紹，因為我絕不會放棄任何可以強調微軟在 Azure 中已經完全支援 Linux 的事實。我從 1997 年起便成為微軟專家，但是不可思議地，直到最近幾年我們才能以微軟技術運行非 Windows 的 VM。

在這一小節中，筆者會說明如何在新的虛擬網路中部署一部簡單的 Linux 網頁伺服器，來源則是 Azure Marketplace 提供的 Ubuntu Linux 18.04 Long-Term Support（LTS）VM 映像檔。

從 Azure 入口網站部署

請依以下步驟在 Azure 入口網站部署一套 Linux 的 VM：

1. **點選我的最愛 ➪ 建立資源，並選擇** Ubuntu Server 18.04 LTS。

   或者也可以瀏覽至虛擬機器頁面，點選新增以便部署新資源。

   TIP

   如果你的 Azure Marketplace 清單裡沒有 Ubuntu 可選，可以輸入其名稱，在 VM template gallery 裡尋找看看。

2. **在建立虛擬機器頁面，填好基本資訊。**

   圖 5-3 顯示的就是建立虛擬機器頁面。當你看到那麼多的子頁面大概很難不頭痛：基本（Basics）、磁碟（Disks）、網路（Networking）、管理（Management）、進階（Advanced）、標籤（Tags）跟「檢閱 + 建立」（Review+Create）等等。

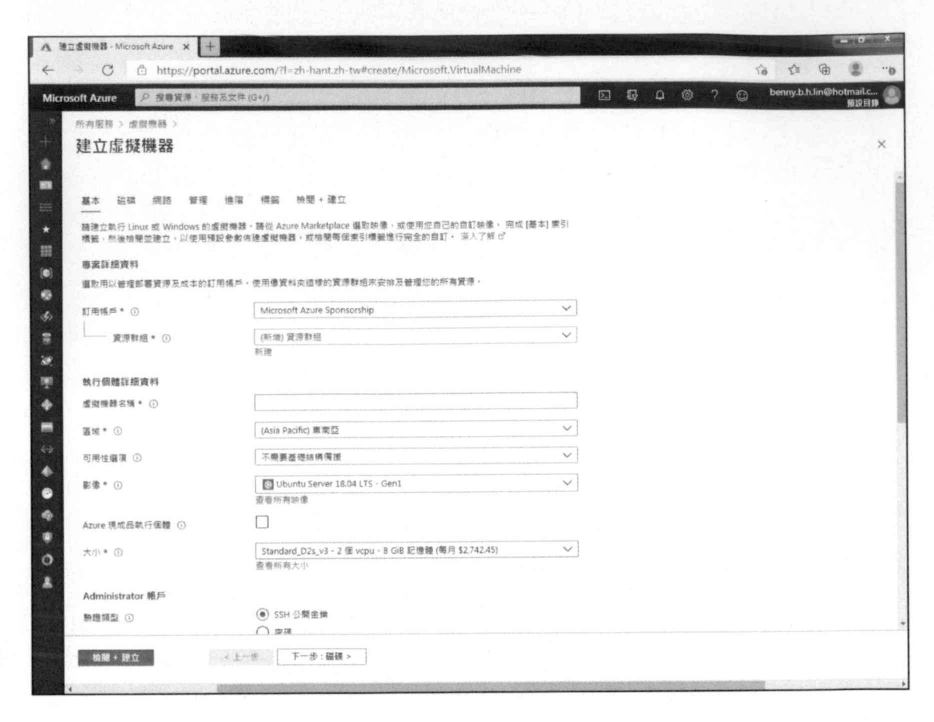

圖 5-3：建立虛擬機器的頁面

從現在開始，當筆者對你在部署頁面的抉擇提出建議時，將不再強調你已經熟悉的欄位，像是訂用帳戶、資源群組、和地理區域等等。請以下列資訊填完其他欄位：

- **虛擬機器名稱（*Virtual Machine Name*）**：在你的資源群組中，這個名稱必須獨一無二。請格外注意你的游標滑過某一欄位時跳出的驗證說明訊息。
- **可用性選項（*Availability Options*）**：如果你沒有在下拉式選單中同時看到可用性區域和可用性設定組，請換一個地域試試。（East US 2 是不錯的選擇）由於這裡只是練習，你也可以選擇「不需要基礎結構備援」。
- **影像（*Image*）**：你已在第一步時選了 Ubuntu，但如果你對其他選項有興趣，可以點開下拉式選單，看看有那些最受歡迎的 VM 映像檔。也可以點選「查看所有映像」，以便檢視 Azure Marketplace 上的所有範本。

- **大小（*Size*）**：目前只須接受微軟預設建議的 VM size 即可。[譯註 1]
- **驗證類型（*Authentication Type*）**：Linux 的 VM 與 Windows 不同，因為它支援以金鑰認證的 SSH、也支援密碼認證。本例採用密碼認證。

  REMEMBER

  你應該選一個有創意一點的管理帳戶名稱。ARM 不會讓你取一個容易猜到的管理員帳戶名稱，像 root 或 admin 之類。

- **公用輸入連接埠（*Public Inbound Ports*）**：基於測試目的，請把公共 IP 位址綁定給 VM，然後用 SSH 連接該執行個體。
- **選擇輸入連接埠（*Select Inbound Ports*）**：選 SSH。

3. **填完「磁碟」頁面。**

   這個頁面是你初次為 VM 選定 OS 與資料磁碟之處。請選擇標準 HDD 比較划算。（儲存選項詳情請回頭參閱本章稍早的「儲存」一節。）

   你可以建立的資料磁碟數目，要看你選擇何種 VM 執行個體容量而定。當然事後隨時都可以添加資料磁碟，因此現在可以先進行到下個頁面。注意，Azure 為新的 VM 提供的預設資料磁碟數量是零；你身為管理員，可以決定是否要使用它。

4. **填完網路頁面。**

   關於將 VM 置於何處、以及如何配置其連接，這裡有一些關鍵決策要做。以下是配製選項：

   - **虛擬網路（*Virtual Network*）**：範本預設會部署一個新的虛擬網路。我們原本就希望這樣做，所以設定不用改。

WARNING

如果你把 VM 放到錯的虛擬網路，就只有重新部署才能移動它，這實在很麻煩，因此一開始就請做好決策。

譯註 1　真的很計較測試費用、又不在意 VM 效能的話，不妨點開欄位下方的「查看所有大小」，從最右邊的「成本 / 月」排序，找出最便宜的費率。注意 Linux 和 Windows 虛擬機適用的最便宜類型並不一致。

- 子網路（*Subnet*）：保留預設值。
- 公共 *IP*（*Public IP*）：請保持預設值。因為我們確實需要公共 IP 位址，至少一開始就要用到。
- *NIC* 網路安全群組（*NIC Network Security Group*）：選擇基本（Basic）。
- 公共輸入連接埠（*Public Inbound Ports*）：允許選取的連接埠。
- 選取輸入連接埠（*Select Inbound Ports*）：選擇 SSH。
- 加速的網路（*Accelerated Networking*）：不是所有的 VM 範本都支援此一功能。但是若有支援，加速網路會允許 VM 直接使用 Azure 的網路骨幹，讓 VM 的網路速度大幅提升。
- 負載平衡（*Load Balancing*）：不要勾選。

5. 填完「管理」頁面。

確認開機診斷（Boot Diagnostics）是啟用的，而其他選項都可停用。如果要用到 VM 的串列主控台，開機診斷是不可或缺的選項，所以趁早把它打開。

6. 檢視「進階」與「標籤」等頁面。

現在這裡的選項都還用不到，但是它們都值得一看。延伸模組（Extensions）可以讓你將代理軟體或管理用指令碼放進 VM 當中。但你還是可以等到部署完畢後再來處理配置部份。

分類標籤則是在各個訂用內容之間追蹤資源的辦法，便於帳務參照。

7. 提交部署，並監看整個過程。

點選「檢閱 + 建立」（Review+Create）頁籤；一旦 ARM 通知你所有選項驗證都成功後，點選「建立」。如果驗證發現有錯，ARM 就會在設定無效的配置頁面旁標上紅點。

連接 VM

使用 Azure Cloud Shell 來操作 SSH，以便連接 VM。步驟如下：

1. 在 Azure 入口網站瀏覽新建 VM 的概觀頁面，記下它的公共 IP 位址。

   讀者可參閱圖 5-4 中的 VM 配置。

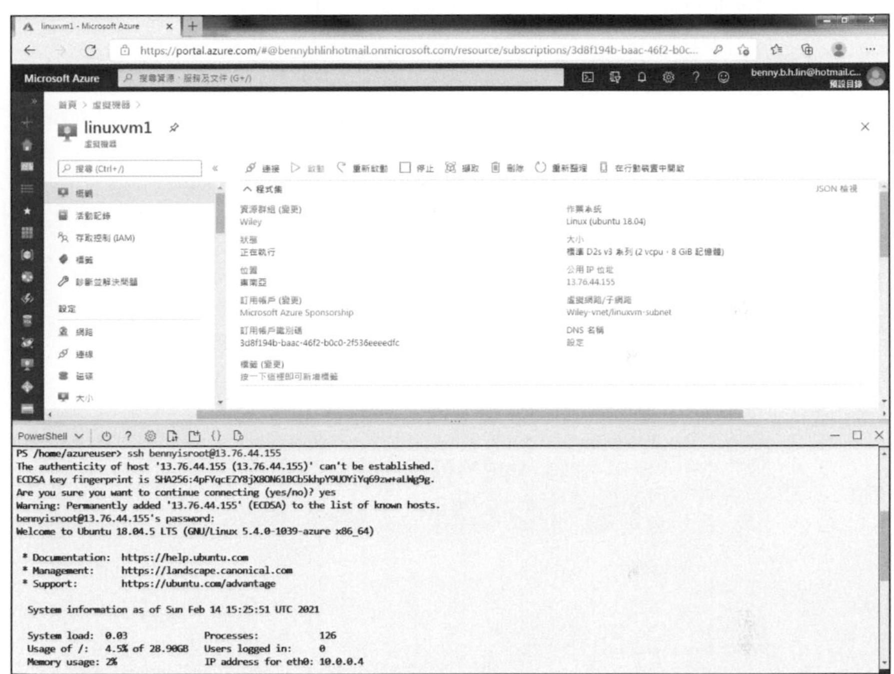

圖 5-4：大部份管理員都使用 SSH（但不一定搭配 Cloud Shell）來管理 Azure 的 Linux VM

2. 開啟 Cloud Shell，指定你的管理員帳戶名稱和 VM 的公共 IP 位址，以便連接你的 Linux VM。

   譯者的 Linux VM 位於 13.76.44.155，管理帳戶是 bennyisroot，所以輸入

```
ssh bennyisroot@13.76.44.155
```

   按下 **yes** 接受 VM 的公開金鑰，然後鍵入你的密碼，進入 SSH 工作階段。現在你已可以直接操作 Linux VM 了。

TIP

任何 Linux 指令的說明，都可以輸入 **man <command-name>** 求助。請用方向鍵捲動說明文件頁面，按 Q 即可退出說明文件。

部署 Windows Server 的 VM

這一小節筆者要來說明如何使用 Visual Studio 2019 Community Edition 和 ARM 範本來建立 Windows Server 的 VM。

Visual Studio 2019 Community Edition（`https://visualstudio.microsoft.com/vs/community`）是一套免費版的 Visual Studio，你可以用它來開發和測試，也可用於開放原始碼環境。

TIP

雖然本書使用 Windows 作業系統的工作站，但微軟其實也提供了 macOS 版本的 Visual Studio。詳情請參閱 `https://visualstudio.microsoft.com/vs/mac`。

這個過程對於你的理解相當重要，原因有二：

- ARM 範本會構成管理自動化、開發和運作的基礎。
- 各位會需要以 ARM 範本來完成讀者在本書中介紹的任務。

設置你的部署環境

遵照以下大略的步驟設置 Visual Studio：

1. **下載 Visual Studio 2019 Community Edition，執行安裝檔。**

   你需要 Windows 10 工作站的管理權限才能安裝軟體。

2. **點選 Azure 工作負載。**

   這是最重要的一部。Visual Studio 是一種整合開發環境，支援多種開發用程式語言和框架。要能部署 Windows Server VM，必須安裝微軟的 Azure software development kits and tools。

   圖 5-5 顯示的就是使用介面。Azure 工作負載的元件可以只照預設值安裝就好。

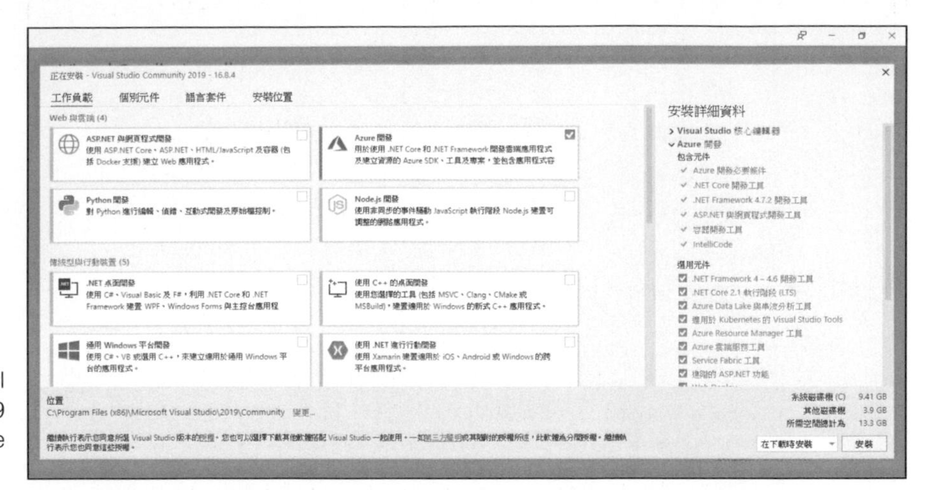

圖 5-5：在 Visual Studio 2019 中安裝 Azure SDK

3. 裝好後，開啟 Visual Studio，以你的 Azure 管理帳戶登入。

啟動 Visual Studio 2019 時，會有一個開始使用（Get Started）畫面。請按不使用程式碼繼續（Continue without Code）；然後點選檢視（View）➪ Cloud Explorer 以開啟 Cloud Explorer 延伸模組。通過 Azure Active Directory 的認證，再點選你要處理的 Azure 訂用內容。

部署 VM

假設你手邊已開啟了 Visual Studio，也已登入 Azure 訂用內容，一切都已備便。這一小節我們要從 Azure Quickstart Templates gallery 部署一套 Windows Server VM，來源環境在 `https://azure.microsoft.com/resources/templates`。筆者會使用含有受控磁碟的範本。步驟如下：

1. 在 Visual Studio 中點選檔案 ➪ 新增 ➪ 專案。

這時會開啟建立新專案對話框。

2. 在 Visual Studio 的 template gallery 中搜尋 Azure 資源群組，點選它、並按下一步。

3. 命名及儲存你的專案。

選擇一個一望即知含意的專案名稱，例如 Simple Windows VM，選擇你喜好的目錄位置，然後點選建立。

4. 在 Azure Quickstart Templates gallery 中選擇 101-vm-with-standardssd-disk 範本，並點選確定。

圖 5-6 顯示此一介面。

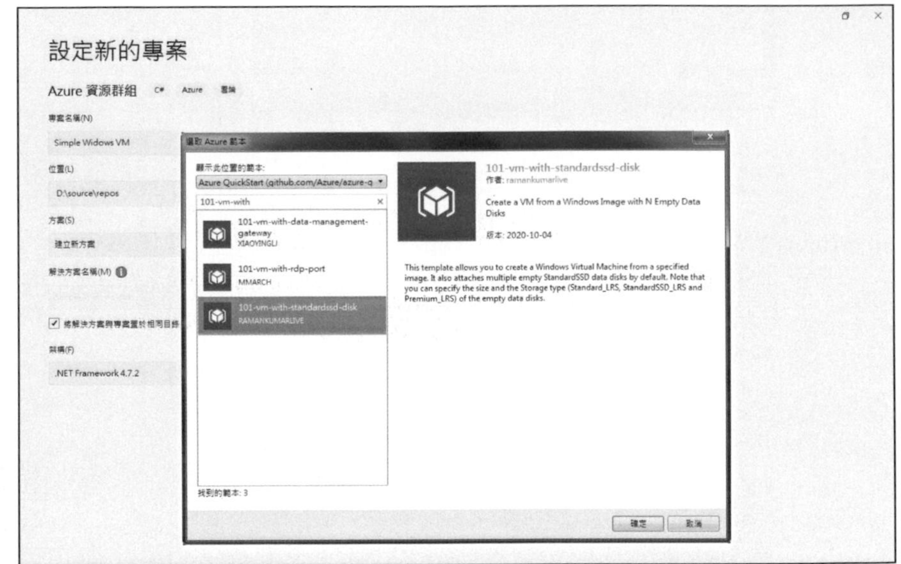

圖 5-6：在 Visual Studio 2019 中建立一個資源群組部署專案

5. 雙擊你的 azuredeploy.json 範本檔案。

這樣就會把 Javascript 物件表示法（JSON）檔案載入至你的程式碼編輯器。請特別注意 JSON 輸出窗框，如圖 5-7 所示。

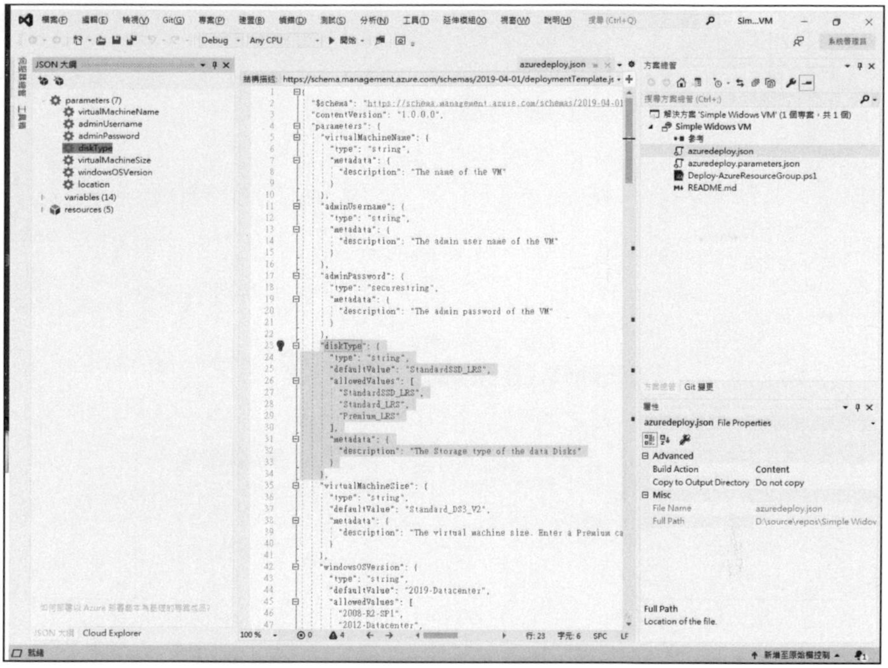

圖 5-7：程式碼編輯器眼中的 ARM 範本

6. **瀏覽 ARM 範本的內容。**

JSON 的大鋼共有三個元素

- *parameters*：這些資料都是在部署時提供給範本的。注意第 26 到 30 行的 `allowedValues` 元素；範本作者已經把 VM 磁碟類型先放進來，以簡化驗證和部署。
- *variables*：這些值代表範本內參照的各種固定或動態資料。
- *resources*：在這項部署中，你會建立四種資源類型：虛擬機器、虛擬 NIC、虛擬網路、以及公共 IP 位址。

7. **在方案總管（Solution Explorer）中以滑鼠右鍵點選專案，然後從功能列點選驗證（Validate）。**

這時會開啟驗證資源群組對話盒。

8. 填寫對話盒中的欄位，然後點選編輯參數（Edit Parameters）以便鍵入參數值。

譯者的環境如圖 5-8 所示。

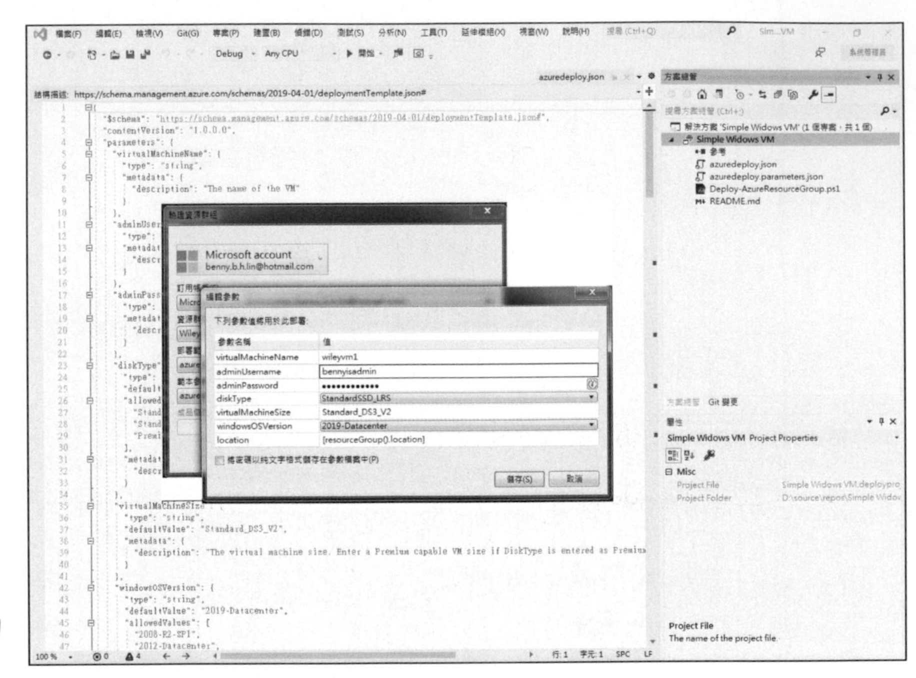

圖 5-8：驗證我們的 ARM 範本

Visual Studio 允許你在部署至 Azure 之前先驗證範本。資源群組是 Azure 當中的基本部署單位。因此你的部署必須指明新的資源群組、或是一個既有的資源群組。

9. 點選驗證，然後切換至輸出視窗，檢視狀態訊息。

務必要檢視 Visual Studio 應用程式背後的畫面；Azure 會衍生一個 PowerShell 主控台的工作階段，然後提示要你確認 admin 密碼[譯註 2]。

譯註 2　如果你跟譯者一樣在 Visual Studio 裡驗證後只看到 The term 'Get-AzureRmResourceGroup' is not recognized as the name of a cmdlet, function, script file or operable program 的錯誤訊息，是因為你還未在 PowerShell 裡安裝 AzureRM 模組；請在本機的 PowerShell 執行 Install-Module AzureRM，然後再驗證一次即可。

你需要看到的回應是

```
Template is valid.
```

如果範本沒通過驗證，Visual Studio 會很熱心地告訴你，哪一行的範本程式碼是問題所在。你可以排除錯誤後再度驗證，多少次都沒關係，直到範本通過驗證為止。

你說什麼 IDEM ？

Azure 資源管理員範本使用宣告式語法，其描述為 idempotent 的。在 ARM 裡，*idempotency* 可以讓你一再地重複執行同樣的部署，但不必擔心任何既有資源被刪除。

首先，宣告式的程式碼會描述你希望的最終狀態。範本程式碼會把部署方式交給 ARM 平台去操心。宣告式程式碼在本質上就跟 C# 之類的命令式程式碼不同，後者的程式設計師必須精準地告訴 .NET framework，要做什麼、以及何時（還有如何）去做。

按照預設，ARM 部署會以遞增模式（incremental mode）進行，此時 ARM 運作的前提是：「確認資源群組含有所有的範本資源，但不要移除任何範本中沒有定義、但已存在的既有資源。」

你也可以用完成模式（complete mode）執行部署。在這個模式下，ARM 運作的前提是：「這個資源群組中該有的資源，僅限範本中有定義者。」任何未曾參照的資源這時都會被刪除。

10. **以滑鼠右鍵點選方案總管中的專案，並在功能選單中點選部署（Deploy）和目標的資源群組以部署 VM。**

功能選單包含了對你的驗證配置的參照。

11. **監看過程[譯註 3]，並檢查 VM 確實已出現在 Azure 入口網站中。**

譯註 3　同驗證過程，部署時 Visual Studio 應用程式背後也會另有一個 PowerShell 工作階段要求驗證。

當你在輸出視窗看到以下狀態，就知道部署已成功：

```
成功將範本'azuredeploy.json'部署至資源群組'Wiley'.
```

連接 VM

我們通常使用遠端桌面通訊協定（Remote Desktop Protocol）從遠端管理內部自有的 Windows 伺服器，而 Azure 也不例外。請瀏覽你的 VM 概覽頁面，點選連接。這時會出現遠端桌面連線對話盒（參見圖 5-9）。你可以下載 `.rdp` 檔案並在此開啟。

如圖 5-9 所示，以 RDP 連線的步驟是

1. **從概觀頁面的工具列點選連接。**
2. **將 RDP 連線檔案下載至你的電腦。**
3. **用你偏好的 RDP 用戶端軟體開啟連線。**

圖 5-9：遠端桌面連線操作 Azure VM 的方式，與操作內部私有 VM 無異

TIP

微軟也有為 macOS 設計原生的遠端桌面通訊協定用戶端；可以從 Mac App Store 取得。

配置你的 VM

在 Azure cloud 管理配置，基本上跟在私有環境一樣。你必須在 VM 初期成型階段就儘早把配置弄好。

首先筆者會說明如何微調網路，這是 VM 中最關鍵的、可能也是最脆弱的子系統。

WARNING

不要試著在 VM 內部配置 Azure VM 的網路設定。此舉可能導致你自己被擋在 VM 門外。相反地，你應該改在 ARM 中配置所有的 TCP/IP 設定。

含有機器 IP 配置資訊的資源並非 VM 本身，而是 vNIC。請依下列步驟配置 Windows Server VM 的 TCP/IP 資料：

1. **開啟 Windows Server VM 的設定頁面，點選網路。**

   網路頁面可以讓你一睹全部的 TCP/IP 配置內容，它們都有直接的超連結通往相關的網路資源。

   - vNIC
   - 虛擬網路
   - 公共 IP 位址
   - 網路安全群組

   圖 5-10 就是筆者的 vNIC 介面。如果你是用剛剛練習的 Simple Windows VM template 部署了 Windows Server VM，就會很失望地發現，沒有任何 NSG 保護這個 VM。但你可以修正這一點。

2. **在 Azure 搜尋框中瀏覽網路安全性群組〔Network security groups〕頁面，然後點選「建立」。**

務必把任何外加的 NSG 跟你的 NSG 放在同一個地域內。不然 VM 和 VNet 都沒法使用它。

如果你是照順序從頭讀這本書（希望如此），你應該已經知道 NSG 是如何建立的了。

3. **加上一個新的單一輸入規則，允許遠端桌面通訊協定流量進入。**

第四章時已經學過 NSG 的建置方式了。

4. **瀏覽 VM 的網路頁面，點選其中的 vNIC。**

你必須把 NSG 和 VM 的 vNIC 綁定，以便保護 VM 不受網際網路任意存取其他通訊埠服務。[譯註 4]

5. **從網路設定選單點選網路安全群組，再選擇新的 NSG 後按儲存。**

這才對嘛！這簡單的一步便大為減少新 VM 遭受攻擊的機會了。

6. **進入 vNIC 網路介面、點選 IP 組態，再點選 ipconfig1。**

一個 vNIC 會擁有一個 IP 配置內容，稱為（有夠沒創意的）ipconfig1。你可以在 IP 配置中指定私人及公共 IP 位址。

圖 5-10 會引導你依序找出 Azure 中儲存 IP 位址的地方：

a. 在 vNIC 網路介面的設定選單中點選 IP 組態。

b. 點選 ipconfig1，即預設的 IP 配置。

c. 必要時調整公用和私人 IP 位址。

譯註 4　請參照剛剛驗證的範本檔案 azuredeploy.json，就會看到這些資源是怎麼一口氣設定的。然後你可能會發現其實以上範本的確有建立一個 NSG（名稱是虛擬機器名稱加上 -subnet 再加上 -nsg 字樣），並且也加上預設的遠端桌面專用（連接埠 3389）輸入安全規則了。只不過它這時沒有跟 vNIC 關聯，而是只附掛在子網路上。這時只要把它找出來跟 vNIC 綁在一起就好。

圖 5-10：Azure 入口網站中 Azure VM 的 TCP/IP 設定

以下是關於 Azure VM IP 位址的幾項考量：

- 記住，讓 VM 擁有公用 IP 位址可能沒什麼必要，甚至不是什麼好的做法。要從網際網路存取該 VM 的選擇很多，像是 Azure 防火牆、手動配置的跳板、負載平衡器、或虛擬私人網路等等。
- 私人 IP 位址源於 VM 所在的子網路和虛擬網路。你也可以指定一個靜態的 IP 位址，而不使用 Azure 動態分配的位址。

7. **重新檢視 VM 的網路頁面，驗證你的變動內容。**

應該至少會看到 NSG 對於遠端桌面通訊埠入內連線的規則存在。好極了！

VM 的啟動、關閉和重訂規格

REMEMBER

在筆者開始說明如何啟動和關閉 VM 前，必須先提醒大家，微軟會針對 VM 運行的每一分鐘收費，只要它處於已分配（allocated）狀態，還是會計費。筆者先前提過的一條鐵則仍然適用：盡量在 VM 外部進行與 Azure 相關的 VM 管理動作。

如果你是從 Azure 入口網站、PowerShell、或是 Azure CLI 關閉 VM，Azure 會根據你給的參數，將 VM 關閉並解除分配，亦即停止計費。

要知道，解除 VM 的分配，亦即釋出任何指派給它的動態資源，像是公用 / 私人 IP、暫存內容等等。

啟動和關閉 VM

讀者可能已經注意到 Azure 入口網站的 VM 概觀頁面上方，有啟動、重新啟動和停止等按鈕。這些按鈕可以用來控制 VM 的分配狀態（也就是收費），但是筆者要告訴大家如何用 PowerShell 來停止和啟動 VM。圖 5-11 顯示的就是 Azure 入口網站的操作介面。

圖 5-11：在 Azure 入口網站上，從工具列啟動、停止或重啟 VM

使用 Cloud Shell 時，Azure 會自動與 Azure Active Directory 認證你的使用者帳戶。相較之下，如果你用的是自己電腦中的 Azure PowerShell，就必須先手動認證才能繼續使用。

遵循以下步驟，以 Windows 10 工作站的 PowerShell 停止再啟動特定的 VM：

1. **開啟管理用 PowerShell 主控台，並登入 Azure。**

   要登入 Azure，請執行 `Connect-AzureAccount`，並完成認證。

TIP

如果你的訂用內容不只一份，而 Azure 把你的工作階段帶到錯誤的訂閱內容，，請以下列指令切換：

```
Set-AzContext -SubscriptionName 'MySubscription'
```

2. **列出資源群組中的 VM。**

   你可能一時想不起自己的 VM 名稱，但如果你還記得資源群組名稱，就這樣下指令：

```
Get-AzVM -ResourceGroupName 'Wiley'
```

TIP

在 PowerShell 裡，名稱的字串（字元）資料可以用單引號或雙引號包覆。PowerShell 的設計是可以讓你不用為這種小細節操心的。

3. **以命令停止 VM：**

```
Stop-AzVM -Name 'vm-win-test' -ResourceGroupName 'Wiley' -Force
```

確定要加上開關參數 `-Force`，確保 VM 不但會停止、也會解除分配。[譯註 5]

譯註 5　如果你剛剛建立的 Windows Server vm 名稱不同，請把 -Name 參數內容改成你自己的 vm 名稱。

4. **再次啟動 VM。**

再來學一個技術：

```
Get-AzVM -Name 'vm-win-test' -ResourceGroupName 'Wiley' | Start-AzVM
```

管線字元（|）會將前一個命令的結果（取得目標 VM 資訊）轉給第二個命令處理。這種技術稱為**管線傳遞**。

重訂 VM 規格

筆者先前提過，相較於維護內部自有硬體，VM 規格可以動態重訂，堪稱是一大進步。

WARNING

但是 Azure 重訂 VM 規格仍有一個缺點：必須重啟 VM。因此這個操作務必要在既定的維護時段才能執行。

要重訂 VM 規格，請依下列步驟進行：

1. **在 VM 設定選單中點選大小（Size）。**

   大小頁面中含有一個清單，列出你所在地理區域可用的 VM 規格。注意並非所有的 VM 規格都在每一個地理區域通行。

2. **編輯「加入篩選」功能，篩選出你要的 VM 規格。**

   你可以任意組合以下屬性進行篩選：

   - **大小（*Size*）**：選擇小（Small）、中（Medium）或大（Large）。
   - **世代（*Generation*）**：選擇目前的（Current）、上一個（Previous）或較舊（Older）。
   - **系列（*Family*）**：可用選擇包括一般用途、GPU、高效能計算、計算最佳化、記憶體最佳化、儲存空間最佳化。
   - **進階磁碟（*Premium Disk*）**：只有支援與不支援可選。

- *vCPUs*：可選擇 1 到 64 個 vCPU 核心。
- *RAM*：可選擇 2 到 432GB[譯註 6]。

3. 選好你要的 VM 規格，然後點選調整大小（Resize）。

   你的 VM 重啟後便會取得新訂的虛擬硬體資源。以前為了自家資料中心的新裝機器，就得提採購申請、下訂單、親自安裝硬體，比較起來，在雲端重訂規格簡直像在享福。

延伸 VM 功能

隨著本章進入最後衝刺階段，筆者想向大家介紹一下，如何為 Azure 的 Windows Server 和 Linux VM 配置基本的診斷記錄。

啟用診斷紀錄

微軟為 Linux 和 Windows Server 的 VM 提供三種日漸精細的監視選項：

- **主控件層級計量**：從 Azure 平台擷取的 CPU、磁碟及網路使用量基本資料，無須仰賴代理程式（agent software）
- **來賓層級監視**：更詳盡的監視；這會需要 Azure 診斷代理程式介入
- **Azure 監視紀錄分析判讀（Log Analytics）**：最紮實的監視方式；需要置入日誌分析代理程式，以及相關的 Azure Monitor Log Analytics 工作區

在本章中，筆者會使用來賓層級監視。要使用該功能，請先開啟診斷設定頁面，點選「啟用來賓層級監視」（Enable Guest-Level Monitoring）。

譯註 6　譯者在東南亞地理區域可以選到 416 個 vCPU 和 11400GB 的 RAM。

來賓層級監視會從 Windows Server 的 VM 挑出以下資料：

- **精選過的效能監視計數器**：CPU、記憶體、磁碟與網路。
- **事件記錄檔的訊息**：應用程式、安全性及系統。
- **CPU 核心當機後的傾印資料**：微軟支援人員會需要這類資料，以便深究你的 VM 問題。

Linux VM 的來賓層級監視，包含以下計量和日誌：

- CPU、記憶體、網路、檔案系統與磁碟等計量
- Syslog 資料中關於認證、任務排程、CPU 及其他設施的資料

TECHNICAL STUFF

在 Azure 的監視命名慣例中，計量（*metric*）意指一系列隨時間變化的測量值，會記錄下來以便事後分析。

在 Azure 監視中檢視診斷資料

假設你需要替剛建置好的 Linux 和 Windows Server VM 繪製 CPU 使用率資料，以便建立主管需要的基準線資料。

請依以下步驟，在 Azure 監視中建立圖表：

1. **在 Azure 入口網站中開啟監視（Monitor），然後瀏覽計量（Metrics）頁面。**

   圖 5-12 顯示的就是該介面。

2. **在圖表標題欄位填上易懂的新圖表名稱。**

   為練習起見，筆者把標題訂為 Windows Server vs. Linux CPU Comparison。

3. **配置起始計量列，以便繪製其中一部 VM 的 CPU 資料。**

以下是筆者為 Windows Server VM 指定的屬性：

- 範圍（*Scope*）：wileyvm1
- 計量命名空間（*Metric Namespace*）：虛擬機器主機
- 度量（*Metric*）：Percentage CPU
- 彙總（*Aggregation*）：平均（Avg）

圖 5-12：Azure Monitor 是監視基礎設施及應用程式的中心

4. **點選「加入計量」，並配置計量列以便繪製其他 VM 的 CPU 計量。**

能同時繪製多種 Azure 資源的計量圖表，對於監視會極為有用。

5. **在 Azure 監視中試驗其他計量控制。**

檢查以下控制：

- **新圖表**（***New Chart***）：你可以建立各種內容的圖表，例如 Azure 儲存帳戶的讀取交易動作。
- **折線圖**（***Line Chart***）：請嘗試切換繪圖式樣，觀察不同的繪製方式如何影響資料呈現的外觀。
- **新增警示規則**（***New Alert Rule***）：你可以根據自訂的計量門檻來產生警示、提示和因應動作（例如當 Linux VM 的 CPU 使用量超過門檻時，便觸發警示）。
- **釘選至儀表板**（***Pin to Dashboard***）：你可以藉此將 Azure 看板製作當成業務情報看板。

在本章當中

» 了解Docker與容器

» 檢視Azure對Docker和容器的支援

» 實作Azure容器執行個體與容器登錄所

» Azure的Kubernetes服務之旅

» 在Azure App Service網路應用程式中部署一個Docker容器

Chapter 6

在 Azure 上推出 Docker 容器

Docker 容器正在席捲全世界！

好吧，也許我誇張過頭了一點。很多企業都已體認到，在開發與正式環境中運用 Docker 容器的成本優勢。簡單來說，Docker 容器讓開發人員得以更迅速便捷地建構軟體產品。

微軟在雲端以各種方式支援 Docker 容器。當你讀完本章時，雖不見得會成為 Docker 專家，但筆者有信心能讓你全盤掌握容器概念，以及在 Azure 上運用 Docker 的可能性。

了解 Docker

如果你確實讀完了第五章，應該就已經十分清楚何謂虛擬機器（VM）、以及其運作原理。對筆者來說，Docker 容器代表的是一種更靈巧的虛擬化方式。開發或管理人員可以將應用程式和所有相依元件封裝成一個單獨的模組化單元，用於迅速部署。

REMEMBER

Docker 容器是一個虛擬化的應用程式，但不是完整的虛擬機器。你可以建立和運行多個 Docker 容器，每個容器執行不同版本的資料庫，以便用來測試應用程式。這些容器只含有資料庫引擎二進位檔案、及相依元件 —— 僅此而已。

然而，一套 VM 動輒大到數百個 Gigabytes，而且還需要更新、備份、監視和維護，容器卻可以精簡到只有 100MB 或幾個 Gigabytes 而已。

但容器跟 VM 一樣，都是和宿主主機共享硬體資源。但容器與 VM 不同之處，在於前者可以用純文字檔 Dockerfile 加以定義，該檔案包含了所有建置容器所需的指令。

觀念在於將所有會構成容器的零件（assets）集中在單一目錄下，然後建立一個 Dockerfile，用它來調度容器的組成方式。然後將 Dockerfile 編譯成一個二進位映像檔，這就是你的部署單元。最後，你只需將範本映像檔部署成執行個體，要建立多少個容器都可以。圖 6-1 便展示了 Docker 的部署過程

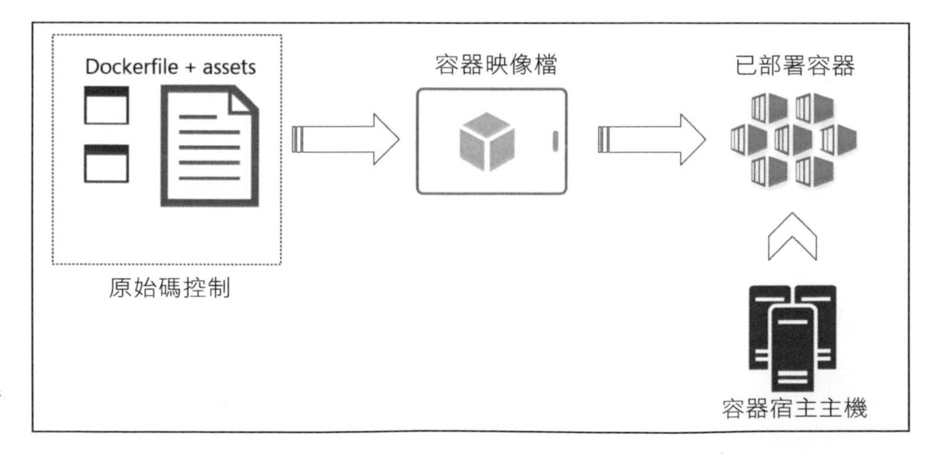

圖 6-1：Docker 容器的部署過程

Linux 上的應用程式虛擬化早已行之有年，遠比 Docker 要早得多。Docker 只不過是把原本就有的技術加以標準化和擴充。微軟與 Docker 合作，將 Docker 容器引進至 Windows Server，而本章會完全專注在 Windows Server 版本的容器上。

運用 Docker 容器

開發人員之所以熱愛 Docker 容器，是因為它敏捷的特性。筆者剛剛提到，Dockerfile 是純文字文件，亦即開發團隊可以將這種檔案放進原始碼版本控制系統，並追蹤它的變化。

設想，開發人員 Jane 需要對三種版本的 MySQL 資料庫測試她負責的業務應用程式。然而，如果要啟動三套個別的 VM，顯然會是一個既緩慢又費工的過程。如果她還需要為每一套 VM 上的 MySQL 啟動多個執行個體，那更是雪上加霜。萬一 VM 寄居的作業系統或 MySQL 本身需要更新，噩夢會沒完沒了。

相較之下，Jane 可以改用 Docker 的命令列介面、或是容器託管平台，一下子便可啟動任意數量的 MySQL 容器，而且各自有不同的軟體版本。當她完成測試後，只需一道命令就可以把容器棄置。如果 MySQL 需要更新，她或同組的同事都可以編輯 Dockerfile，重新編譯一個新版的映像檔即可。

容器的另一個強大優點，是它的可攜性。微軟的 Azure 使用的是 Hyper-V 環境。如果你想把 VM 從 Google Cloud Platform 移植過來，該怎麼辦？對方的 hypervisor 根本不一樣啊。

筆者已經花費了太多的時間重新配置虛擬機器，以便讓它們適應不同雲端供應商的環境。但是有了 Docker，虛擬化的格式便可統一，只要是支援 Docker 的雲端，容器在哪都可以用。

只要是裝有 Docker 精靈（daemon，等同於伺服器的服務）元件的地方，就可以運行容器，完全不必修改。

在你的工作站上設置 Docker

Docker 的執行階段環境相當輕盈、而且易於轉移。在這個小節裡，筆者要教各位如何在 Windows 10 工作站上安裝 Docker Desktop。

REMEMBER

為方便練習起見，筆者假設各位使用 Wndows 10 的電腦。但是 Docker Desktop 和相關工具其實也有 macOS 和 Linux 的版本。而且 Docker 在使用介面標準化方面做得很好，因此就算你用的是 macOS 或 Linux，以下的步驟應該也適用。

安裝 Docker Desktop

遵循以下步驟，在你的 Windows 10 系統上設定 Docker：

1. **在 Docker Hub 登錄一個免費帳戶。**

   Docker Hub（`https://hub.docker.com`）是 Docker 容器最主要的公開存放庫。

2. **從 `https://www.docker.com/products/docker-desktop` 下載和安裝 Docker Desktop。**

   網站會鼓勵你利用互動式教學來熟悉過程。有時間不妨這樣做。

3. **使用預設值安裝即可。**

   唯一的例外是當安裝程式問你要使用 Windows 容器還是 Linux 容器的時候。請選擇 Windows 容器。但是在 macOS 或 Linux 電腦安裝時沒有這個選項。

4. **重啟電腦。**

   安裝程式會要求你登出並重啟，以便安裝 Hyper-V 和 Containers 這兩種 Windows 10 的功能。

5. **驗證 Docker 服務是否正在執行中。**

   Docker Desktop 會以一個圖示的形式出現在 Windows 的通知區域（見圖 6-2）。

以滑鼠右鍵點選 Docker 圖示，你會在功能選單中看到所有選項（包括切換至 Windows 容器，萬一你安裝時選錯，這就很方便）。圖 6-2 顯示的是切換至 Linux 容器，這是因為你的 Docker 已經設成使用 Windows 容器之故。

REMEMBER

Docker 服務必須以較高權限執行。如果你發現 Docker 圖示沒出現在通知區域，請從桌面或開始選單的 app 捷徑再執行一次，但要選擇以管理員身份執行。

執行 hello world 容器

Docker 的 hello-world 參考用映像檔，可以讓你初步體驗一下如何從用戶端的角度使用 Docker。請遵循以下步驟：

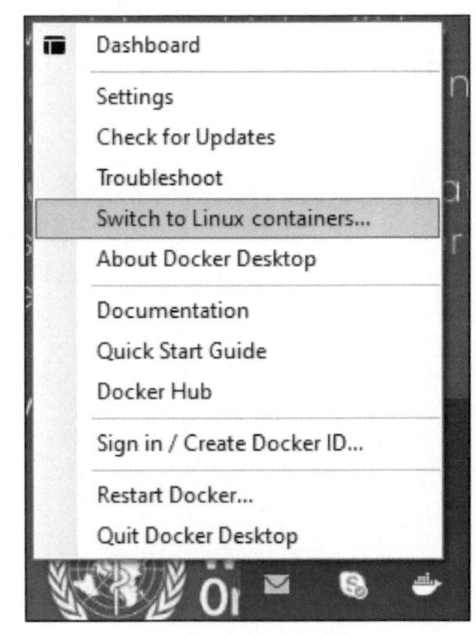

圖 6-2：你可以輕易地從 Windows 的通知提示區域操作 Docker Desktop

1. **開啟一個以較高權限執行的 PowerShell 或命令提示字元主控台。**

   請到開始選單或工作列，以滑鼠右鍵點選 PowerShell 或命令提示字元的圖示，然後點選功能選單中的「以管理員身份執行」。

2. **執行 `docker -version` 檢視 Docker 版本。**

   這是一個健全性檢查步驟，確保 Docker 的命令列介面和伺服器元件都運作無虞。

3. **執行 `docker images` 檢查有無本地端的容器映像檔。**

你應該只會看到一列 Repository、Tag、Image ID、Created 和 Size 等屬性字樣，但沒有映像檔。（步驟 4 會改變這個現況）你還可以用 `Docker info` 檢視更多濃縮的中介資料。

4. **從 Docker Hub 下載並運行 hello-world 映像檔。**

下達 `docker run hello-world` 命令，觀看 Docker 的動作：

(a) *Docker* 會檢查本地端是否有該映像檔存在，結果是沒有。

(b) *Docker* 會發出一個 *pull* 命令，從 *Docker Hub* 下載最新版的 *hello-world* 映像檔。

(c) *Docker* 會運行該映像檔。*hello-world* 會顯示 *Hello from Docker!* 的字樣，確認映像檔執行無誤。

5. **執行 `docker ps -a` 以檢視容器執行狀態。**

Docker 會告知你，它已經用 hello-world 映像檔執行過容器，而且執行完畢後立即退出。在現實中，你也許會想讓容器執行得久一點。你也可以隨時掛載（attach）進入容器、或卸載（detach）從容器脫離。

6. **執行 `docker container prune` 以便移除所有已停止的容器。**

此時你只有一個容器。若再執行一次 `docker ps -a`，就會發現容器已經消失無蹤。

7. **驗證 hello-world 容器映像檔是否已有本地端副本。**

執行 `docker image` 命令，你應該會看到清單中有 hello-world 映像檔。

太好了！這樣的旋風式 Docker 體驗之旅過後，各位應當已經見識到一般使用者的容器工作流程：

1. 必要時從中央存放庫下載容器映像檔。

2. 以映像檔運行新容器。

3. 如果容器不再需要，就予以棄置。

TECHNICAL STUFF

當你在 Windows 10 系統中安裝 Docker Desktop 時，其實已同時安裝了 Docker daemon 和 Docker CLI（用戶端）。如果你以滑鼠右鍵點選通知區域的 Docker 圖示，可以從功能選單點選開啟 Kitematic（一個圖形介面的 Docker 前端 ）。Kitematic 對於 Docker 初學者很有用，因為初學者往往還不適應從命令列下達 Docker 命令之故。

在 Azure 上運行容器

這時你大概又在嘀咕「好吧，這一切 Docker Desktop 的東西都很棒，但是什麼時候才會跟 Azure 有關？」莫急，現在正要講到。

TECHNICAL STUFF

WINDOWS 的 HELLO-WORLD 容器

如果你還在想 Windows 的 hello-world 容器到底在搞什麼把戲，聽我娓娓道來。容器本身源於 Windows Nano Server 映像檔（Nano 是一種極度精簡的 Windows Server 版本）。該容器會啟動一個 `cmd.exe` 主控台程序，它會接手顯示一個文字檔 hello.txt 的內容。這個文字檔所包含的就是容器自動結束後，你在 Docker CLI 工作階段中看到的輸出資訊。

以下的 Azure 資源直接支援 Docker 容器：

- 以 VM 設置的容器宿主主機
- Azure 容器執行個體
- Azure 容器登錄所
- Azure 的 Kubernetes 服務
- Azure App Service 的容器專用 Web App

筆者會逐一介紹每種選項，然後再讓大家動手實驗。

以 VM 設置的容器宿主主機

這種資源其實就是在 Azure 的虛擬網路上啟動一個 Linux 或 Windows Server 的 VM，然後再在 VM 裡安裝 Docker daemon，然後藉以啟用容器。雖說這是可行的，但對筆者而言有點多此一舉，因為 Azure 上已經有平台即服務（PaaS）型態的容器資源，何不直接使用那個就好？

Azure 容器執行個體

Azure 容器執行個體（Azure Container Instances, ACI）是專為需要快速運行 Docker 容器的 Azure 專家設計的，如此一來便無需操心安裝及維護 Docker daemon 與用戶端等瑣碎問題。

Azure 容器登錄所

目前我們已經聽過 Docker Hub 這個公開的映像檔存放庫，它是由 Docker 管理的。微軟也會將大量的自家容器映像檔上傳至 Docker Hub 供公開取用。但另一方面，Azure 容器登錄所（Azure Container Registry, ACR）則是為了需要私有登錄所的團隊而設計，ACR 可以作為集中映像登錄場所，便於團隊操作自製的 Docker 映像檔。

Azure 的 Kubernetes 服務（AKS）

Azure 的 Kubernetes 服務，簡稱 AKS，是一套由 Google 開發的 Docker 容器調度平台。你可以靠它建立一個運算叢集，為容器工作負載提供強大的集中式管理。

AKS 之所以大受歡迎，是因為許多企業都使用 Docker 來建構多層式的應用程式，這類應用程式通常包含多個容器，因而需要集中成群管理。AKS 還兼具高可用性、可排定行程的應用程式升級、以及大幅平行調整規模（scaling）等特質。

Azure App Service 的容器型 Web App

Azure App Service 是一種託管在 Azure 上的網頁應用服務，可以與 Docker 容器化的 app 整合。筆者會在第七章時介紹 App Service，其特性包括：

- 將你的應用程式整合至建置 / 發行管線
- 自動調節應用程式規模，因應突發用量
- 讓微軟去操心修補、備份、以及底層主機環境的維護等事項

所以，容器型 Web App 等於結合了容器的敏捷性和 App Service 這樣的 PaaS 平台。

實作 Azure 容器執行個體

是時候來登入 Azure 入口網站，並深入觀察與 Docker 相關的 Azure 資源了。本小節涵蓋以下任務：

- 從 Docker Hub 取得微軟公開的 IIS 網頁伺服器容器，並據以定義新容器執行個體
- 將公用 IP 位址資源綁到容器上，以便從你的工作站連線至容器
- 以瀏覽器測試網頁連線功能
- 移除容器

要完成以上工作，必須以管理帳戶登入 Azure 入口網站。

部署一份 Azure 容器執行個體

遵照以下步驟，部署一套含有 IIS 的 Windows Server 容器，並加上公用 IP 位址：

1. **瀏覽至容器執行個體（Container instances）頁面，點選「建立」。**

   你也可以在全域搜尋列鍵入 **container** 來找出容器執行個體頁面。

2. **填寫基本（Basic）頁面，圖 6-3 顯示的是頁面及預設資料。請按下一步繼續。**

圖 6-3：使用 Azure 容器執行個體服務部署 Docker 容器

你必須填入以下資訊：

- **訂用帳戶（*Subscription*）與資源群組（*Resource Group*）**：選擇符合你需求的選項。
- **容器名稱（*Container Name*）與地理區域（*Region*）**：你選擇的名稱必須是同資源群組中獨一無二的名稱。地理區域請選擇最接近你的那一個。
- **映像類型（*Image Type*）**：以本例來說，如果你要從 Docker Hub 下載 IIS 映像檔，選「公用」最合適。如果改選私人，就必須通過私人映像存放庫的認證才能操作。

- **影像**（*Image Name*）：鍵入映像檔名稱 —— 亦即 **microsoft/iis**，這是很受歡迎的容器映像檔。
- ***OS* 類型**（*OS Type*）：選擇你使用的 OS。
- **大小**（*Size*）：使用預設值即可。你的容器會在底層的宿主 VM 上運行，即使你永遠都不會直接觸及那台宿主虛擬機器。

3. **填完網路頁面。**

   完成以下內容：

   - **網路類型** （*Networking Type*）：你需要一個公用 IP 位址，以便從網際網路連線到這個容器。
   - **連接埠**（*Ports*）：由於你正要部署一個網頁伺服器的容器，你必須要存取它的 TCP 80 連接埠。
   - ***DNS* 名稱標籤**（*DNS Name Label*）：這個不是必填欄位，但因為綁給容器的公用 IP 位址可能會變動，如果加上名稱標籤，就會比較容易找出你的容器。

4. **提交部署。**

   點選「檢閱 + 建立」，然後點選「建立」。

5. **監視部署過程。**

驗證與棄置容器執行個體

請依循以下步驟，熟悉 Azure 入口網站的 ACI 頁面，並驗證 IIS 容器可供連線：

1. **在容器執行個體（Container Instances）頁面，選擇你的容器執行個體。**

   可選擇剛剛建立的 IIS 容器。這會立刻把你帶往容器的概觀頁面。

2. **在概觀頁面驗證容器的狀態與 IP 位址等欄位。**

   容器狀態會是「正在執行」。請記下這裡的公用 IP 位址，下一步連線就會用到。

3. **抄下容器的 IP 位址，然後貼到瀏覽器新分頁的網址列，按下 Enter 鍵。**

如果一切無誤，這時你應該會看到 Windows Server 的藍色 IIS 測試頁面。這代表你已擁有一個可從網際網路連線的容器了。

4. **回到 Azure 入口網站的容器執行個體頁面，點選「容器」（Container）設定。**

5. **在容器頁面點選「連線」（Connect）。**

現在你要以終端機連入這個容器。

6. **在選擇啟動命令（Start Up Command Window）的視窗，請選擇第三個 Custom 欄位並鍵入 cmd ，然後點選 Connect。**

當你看到命令提示字元時，就可以使用命令列工具執行任務，像是將檔案複製到容器中、或是下載配置檔案等等。圖 6-4 顯示的便是在 Azure 入口網站中正在運行容器的 ACI 執行個體中介資料。

TIP

你可以透過 Azure 入口網站輕易地附掛進入容器。但請注意，這不是唯一的進入方式，透過你工作站上的 Docker 指令列介面或是 Azure PowerShell 也都作得到。

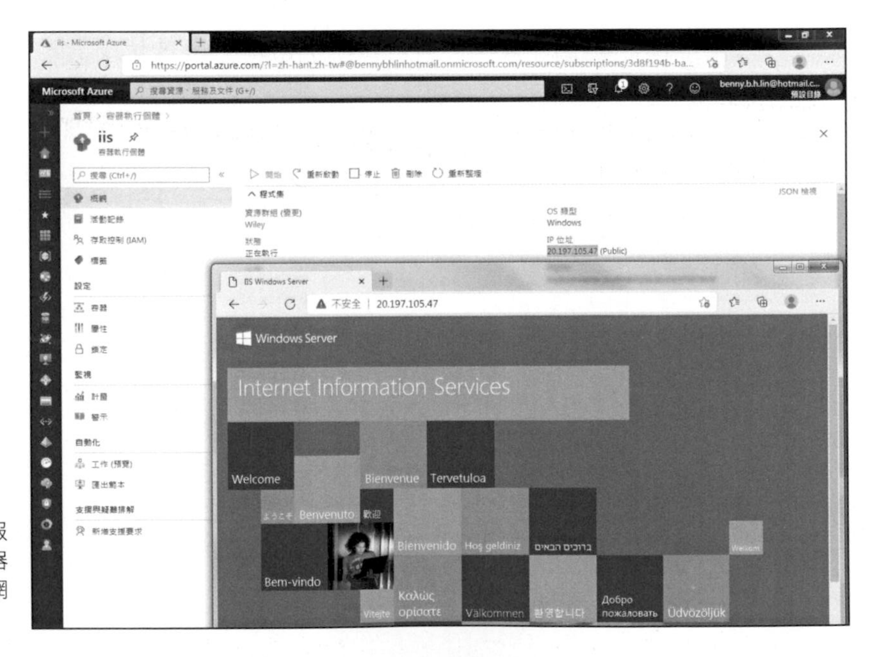

圖 6-4：透過 ACI 服務，以容器運行 IIS 網頁伺服器

7. **瀏覽容器執行個體的概觀頁面，點選刪除（Delete）並確認。**

概觀頁面的工具列上有重新啟動、停止即刪除等控制鍵。雖然 Docker 容器原本就被視為短期使用、可隨時棄置的，但你日後也可能會想要停止和重啟容器。現在因為你已不需要這個容器了，所以就刪掉它吧。

複習一下

本書作為你在 Azure 中的指南，筆者認真地覺得有必要讓讀者了解自己為何要執行這些步驟。如果你身為網頁開發人員，你可能會想用一部運行中的網頁伺服器來測試一下自己的網站程式碼。而以上小節正展示了如何以 Docker Hub 的現成 IIS 容器映像檔來快速建立一個網頁伺服器。

接下來筆者希望大家思考一下，如果你的團隊想要使用自訂的 Docker 映像檔、而不是 Docker Hub 的公開版本呢？

問得好。這是 ACR 的任務，也就是下一小節要介紹的。

將映像檔儲存至 Azure 的容器登錄所

筆者必須考量到大家的網路頻寬，因此本小節我們利用一個相對較小的 hello-world 容器映像，也就是你剛剛才從 Docker Hub 下載的那一個，將其上傳至新的容器登錄所。

Azure 容器登錄所（Azure Container Registry, ACR）是一個託管在雲端的 Docker 映像檔存放庫。ACR 可以做為你所屬團隊的映像檔集中儲存 / 管理場所；只有你賦予存取權限的 Azure 使用者，才能取用這些映像檔。

部署一套容器登錄所

將容器上傳至 ACR 之前，需要先部署一套自己的登錄所。請依以下步驟進行：

1. **在 Azure 入口網站，瀏覽至容器登錄（Container Registries）頁面，點選新增。**

2. **填寫建立容器登錄表單。**

   請依以下設定填寫：

   - *登錄名稱（Registry Name）*：任何名稱均可，只要是獨一無二的就好。但如果你剛好選了一個已經有人用過的名稱，Azure 是不會放行的。
   - *訂用帳戶、資源群組、位置*：選擇你自己的訂用帳戶、想放入的資源群組、以及存在哪一個 Azure 地理區域內。
   - *Admin User*：啟用此選項。這樣可以簡化登錄的認證過程。
   - *SKU*：這是 *stock-keeping unit* 的縮寫，而基本（Basic）是最便宜的 ACR 計價層級。標準（Standard）和進階（Premium）等 SKU 的效能和可調節性都較佳。

3. **點選建立提交部署。**

   通常 Azure 不需一分鐘就可以完成部署。

4. **一旦部署完成，請在 Azure 入口網站開啟你的新登錄所，並抄下登入伺服器（Login Server）欄位的資料。**

   下一小節會用到這個 DNS 名稱，屆時你需要將容器映像檔上傳至新登錄所。新登錄所的名稱會是 *< 你的登錄所名稱 >.azurecr.io*。

將映像檔上傳至新登錄所

為說明如何將映像檔上傳至容器登錄所，筆者要利用前面「在你的工作站上設置 Docker」小節的 hello-world 映像檔。請依下列步驟將映像檔上傳至容器登錄所：

1. **從登錄所的存取金鑰（Access Keys）設定頁面取得管理使用者資料。**

   圖 6-5 就是這個頁面。請抄下使用者名稱欄位，其名稱應該會和登錄名稱相同。密碼有兩組，任一者皆可用來進行下一步驟。

2. **打開命令提示字元工作階段，執行 docker login 登入你的容器登錄所。**

以登錄名稱作為使用者名稱（例如譯者的 MyACRforAzureDummies），並以前一步取得的密碼登入。指令如下：

```
docker login myacrforazuredummies.azurecr.io
```

成功的話就會看到 Login succeeded 的狀態訊息。

3. **替 hello-world 映像檔定義一個標籤。**

標籤外觀會像 <owner-name>/<image-name> 這樣，但是本例中的擁有者就是我們自己的登錄所。以下是譯者以登錄所名稱設為標籤的命令：

```
docker tag hello-world myacrforazuredummies.azurecr.io/hello-world
```

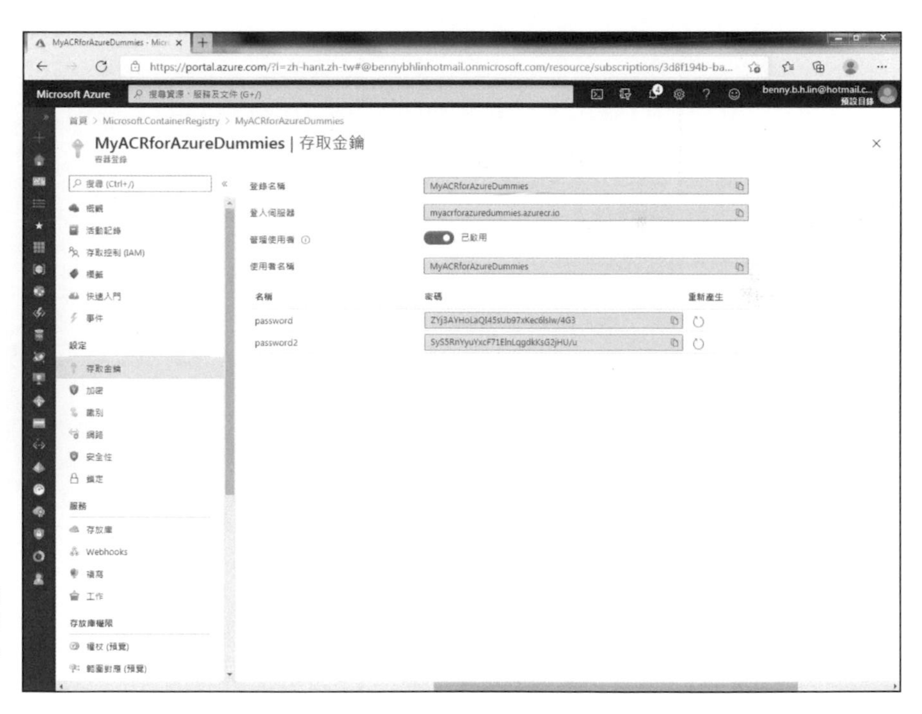

圖 6-5：從我們的 Azure 容器登錄所取得管理使用者身份資料

4. **將 hello-world 映像檔上傳至登錄所。**

執行指令：

```
docker push myacrforazuredummies.azurecr.io/hello-world
```

過程所花時間要看你的網路上傳至 Azure 可用頻寬而定。

5. **驗證 hello-world 映像檔確實出現在你的登錄所。**

請瀏覽至登錄所的存放庫頁面。你會看到 Azure 入口網站並未給予太多處理這個容器映像檔的選項。其用意在於讓你使用 Docker CLI、自動化工具、或其他工具鏈來操作。

用 ACI 從存放庫下載一份映像檔

一旦你將 Docker 映像檔放上登錄所，就可以再用 `docker pull` 命令下載該映像檔，並在你自己的系統上利用該映像檔製作分身容器。

HOW THIS STUFF WORKS IN THE REAL WORLD

設想，開發團隊想利用 ACI 和 ACR 把 解決方案兜起來。開發團隊與維運團隊合作（也就是所謂的 DevOps），也許把所有的零件和 Dockerfiles 都集中在一個中央原始碼存放庫。

團隊可以透過自動、定期或手動方式，將新版或更新過的 Docker 容器映像檔上傳至自己的登錄所。然後當開發人員需要時，就可以從 ACI 啟動新容器，不論是自動、定期、或有需要時再進行皆可。現在你應該了解，Azure DevOps 是一個便於讓你調度容器生涯週期的平台，而且幾乎可以完全自動化。

在這個小節裡，讀者們要透過 ACI 服務，運行一個從自有登錄所取得的 hello-world 容器映像檔。請依以下步驟進行：

1. **瀏覽至容器執行個體頁面，然後新增容器執行個體。**

2. **指定映像類型、映像名稱和 OS 類型。**

   資訊如下：

   - **映像類型**：如果你要從自有的 Azure 容器登錄下載映像檔，就選「私人」。
   - **映像名稱**：位於上述剛剛建立的自有登錄所，名稱就會是 myacrforazuredummies.azurecr.io/hello-world。你可以替換成自己取的登錄所名稱。
   - **映像登錄登入伺服器、使用者名稱與密碼**：填入你的登錄伺服器、使用者名稱和密碼。
   - ***OS* 類型**：選擇你的作業系統。

3. **點選「檢閱 + 建立」以提交部署，然後點選「建立」。**

   網路和標籤等頁面可以先不用管。

4. **如果部署失敗，閱讀「作業詳細資料」。**

   雖然 ARM 會事先驗證，但部署仍有可能失敗。萬一真的發生了，請詳讀 Azure 提供的詳細資料。

圖 6-6 顯示的就是一次失敗的 ACI 部署。標題中有連結可點選至問題的詳細說明。這是因為將容器類型指定為 Linux 而非 Windows 造成的。只須點選「作業詳細資料」，就可以看到 ARM 的詳細回覆。

不過部署失敗不是什麼大問題。只要你喜歡，重新部署幾次都無所謂。只須點選圖 6-6 中顯示的「重新部署」即可。根據預設部署方式，部署時不會刪除任何既有資源。相對地，範本只會補足未完成的部份，亦即它會一直試到範本中定義的條件都被滿足為止。

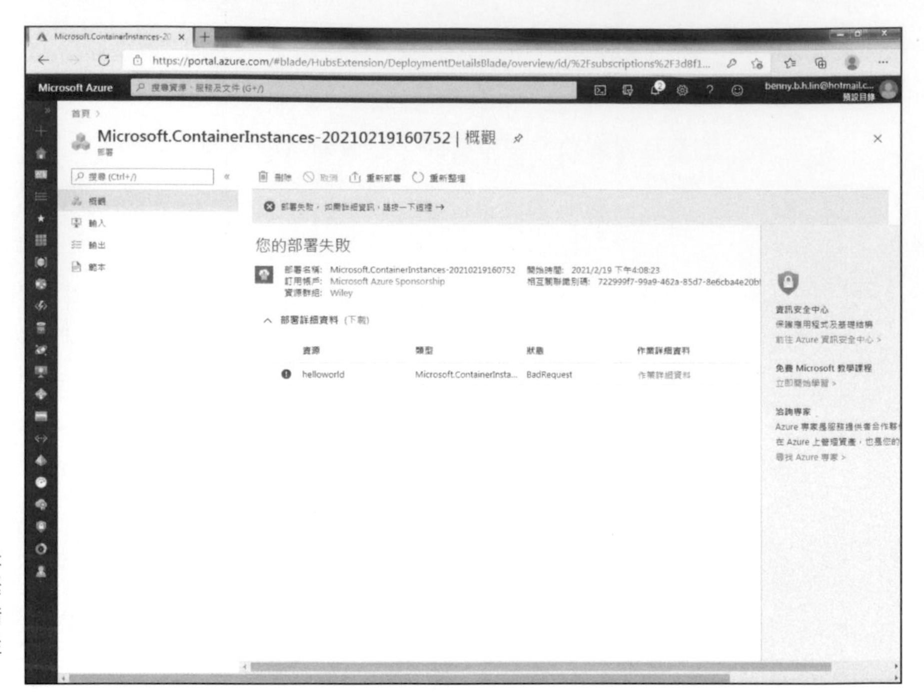

圖 6-6：Azure 部署失敗時不必緊張。請詳讀錯誤訊息，並從中汲取教訓

筆者在說明 Azure 對容器的支援時都是持正面態度，不過說老實話，ACI 還是有一個致命缺陷：它缺乏調度（orchestration）功能。你的開發人員很有可能需要同時部署多個容器，並將其視為單一群組管理。而你的業務需求也可能會希望容器有能力進行橫向調節、以便因應使用量負荷，同時兼顧高可用性。換句話說，ACI 服務只適合相當簡單的容器部署，但若是業務所需的容器運用案例遠不止於基本操作，你就會需要一套容器調度平台。

要達到上述需求，你需要的是像 AKS 一樣的容器調度平台。

Azure 的 Kubernetes 服務簡介

AKS 原本始於 Azure 容器服務（Azure Container Service, ACS），ACS 支援多種容器調度平台，例如 Kubernetes、Swarm 和 DC/OS 等等。但 ACS 的缺點，在於它太過複雜，而大多數的客戶都只想取得對 Kubernetes 的最佳支援。因此儘管你偶爾還是會在 Azure 入口網站或其他場合中看到 ACS，筆者還是要求各位專注在 AKS 上就好。

筆者現在沒有足夠的篇幅可以說明如何部署和管理一個 AKS 叢集。相反地，我只會介紹 AKS 的架構、說明它的一些好處，讓各位對 Azure 的 AKS 有大略的了解。

開發人員並不一定是因為容器有趣才投入；他們是因為容器實用才願意投身其中。以容器運作的應用程式元件，像是網頁伺服器或資料庫伺服器，最終都會構成解決方案。因此筆者希望大家從現在起，把容器和應用程式視為一體。

AKS 架構

圖 6-7 便是 AKS 的基本元素：

- **Master 節點**：微軟將控制面（在 Kyubernetes 的術語中就是 *Master* 節點）加以抽象化，因此你只需專注在 worker 節點跟 pod 上就好。許多人喜愛 AKS 的原因，就是這種平台即服務（PaaS）式的平台。Master 節點會負責調度 Kubernetes 與底層叢集之間的所有溝通。
- **Worker 節點**：在 AKS 裡，worker 節點是構成叢集的虛擬機器。叢集提供大量的平行運算，也可以在節點間輕易地移動 pods，還可以進行滾動式更新而無須關閉整個叢集。選項之一就是以 ACI 來建立 Worker 節點。
- **Pod**：Pod 是 AKS 環境中最基本的部署單位。一個 pod 可以包含單一 Docker 容器，或是多個必須彼此溝通、並一致行動的容器，。

還跟得上嗎？

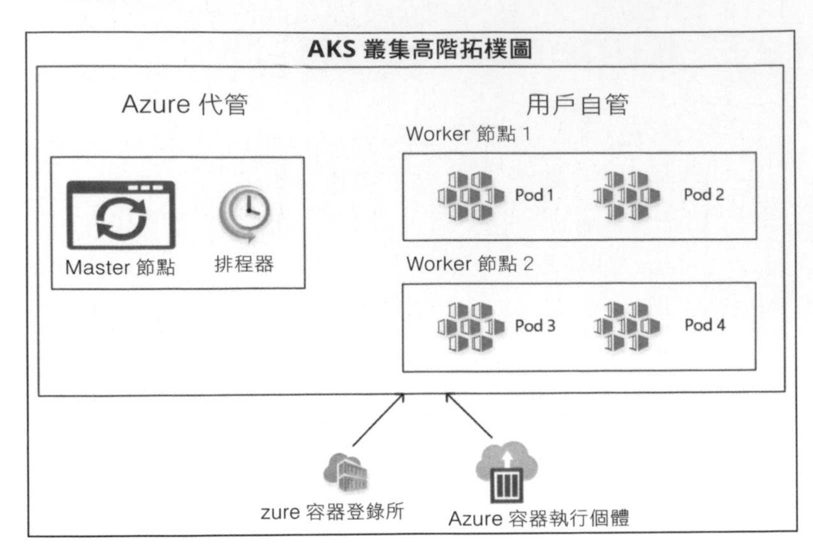

圖 6-7：AKS 架構鳥瞰圖

AKS 管理注意事項

在繼續說明之前，筆者要談一下開發人員和系統管理人員各自在 AKS 上的操作方式。從控制面角度來看，你會用角色式存取控制（RBAC）來保護 AKS 叢集，以及升級 Kubernetes 版本、擴張叢集、新增或移除 worker 節點等等。

從應用程式面的角度來看，微軟希望讓用戶不必學習新工具，就能輕鬆地運用 AKS 的容器。

kubectl 命令工具

大多數的 Kubernetes 專家都比較愛用 kubectl 命令的程式化方式來操作 Kubernetes 和叢集。如果你在工作站中安裝了 Azure CLI，可以這樣輕鬆安裝 kubectl：

```
az aks install-cli
```

事實上，Azure CLI 似乎也從 kubectl 借了不少語法來管理 app 的背景命令工作流程。如欲以 kubectl 列出正在運行的 pods（也就是容器），就這樣下命令 ：

```
$ kubectl get pods
                                    READY   STATUS    RESTARTS   AGE
azure-database-3406967446-nmpcf     1/1     Running   0          25m
azure-web-3309479140-3dfh0          1/1     Running   0          13m
```

Kubernetes 的網頁使用介面

Kubernetes 的網頁使用介面是一個圖形化的儀表板，它讓系統管理員和開發人員都有一個清楚的管理介面可用。圖 6-8 展示的就是該介面。

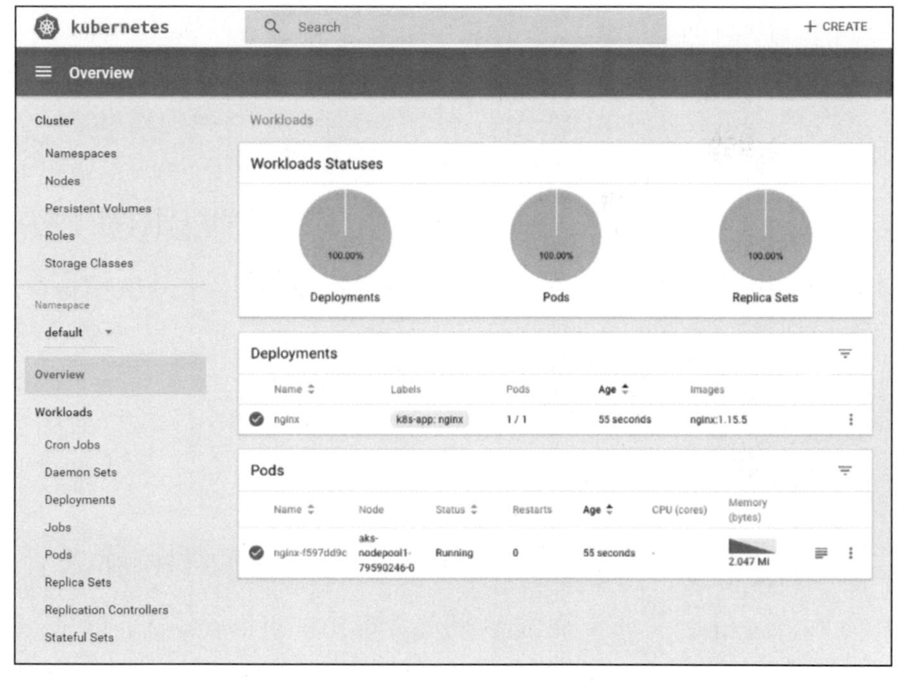

圖 6-8：Kubernetes 的網頁使用介面儀表板

再度強調，你得用 Azure CLI 來連接這個儀表板；從 Azure 入口網站是辦不到的。相關命令如下：

```
az aks browse --resource-group myResourceGroup --name myAKSCluster
```

az aks browse 命令其實會在你的工作站和 Azure 上的 AKS 叢集之間建立一個代理服務（proxy）；並將連線網址顯示在輸出訊息當中。典型的網址為 http://127.0.0.1:8001。

使用容器版本的 Azure App Service

在本章的尾聲，筆者要來介紹如何結合容器與 Azure App Service。（第七章會再深入介紹 Azure App Service。）

容器化的 Azure Web 應用程式，讓你可以把既有的容器化應用程式植入到 Azure App Service 的應用程式當中。對於未能使用 AKS 這類調度 / 調節平台的企業來說，上述功能是引進自動調節功能的絕佳管道，而無須承受額外的投資和複雜性。

你這時一定在想：「可是我們一定沒法把 .NET 以外的應用程式託管給 App Service 啊？」我很樂意告訴大家，這個想法已經過時了。容器可以使用任何一種執行期間環境，包括：

- .NET Core
- Node.js
- PHP
- Java
- Python
- Ruby

這個過程需要用到 Azure 入口網站的 Cloud Shell。要改以來自 Docker Hub 的 Linux 容器為基礎、建立一個新的 Azure App Service 版本網頁應用程式，請依照以下步驟進行：

1. **在 Azure 入口網站，啟動 Cloud Shell，並選擇 Bash 環境。**

   哪一種 shell 都沒關係，因為 Azure CLI 兩者都支援。

雖然你會以 Azure CLI 建立這個 Azure App Service 版本的 Web 應用程式，你也可以使用 Azure 入口網站、PowerShell、軟體開發套件（SDK）或是 Azure REST API。由於微軟經常更新 Azure 入口網站，讀者們還是專注在 Azure CLI 或 PowerShell 上為佳，這樣你可以面對一個比較穩定、也較為熟捻的部署環境。

2. 使用 Azur CLI 建立一個新資源群組。

你可以引用自己的資源群組和位置。筆者的是這樣：

```
az group create --name containerApp --location "SouthEastAsia"
```

3. 建立一個 app service 方案來組成 web 應用程式。

一個 app service 方案會定義出底部負責承載你的 web 應用程式的運算層（VM）。這裡我們要建立一個以 Linux 為主的 service 方案，使用的 VM 執行個體大小是 B1：

```
az appservice plan create --name myAppServicePlan
         --resource-group containerApp --sku B1
        --is-linux
```

4. 定義 web 應用程式。

筆者將這個應用程式命名為 go-container-704 以保持其名稱獨特性，並從下列網址取得容器映像檔。

`http://mcr.microsoft.com/azuredocs/aci-helloworld`

```
az webapp create --resource-group containerApp
          --plan myAppServicePlan --name go-container-704
          --deployment-container-image-name  mcr.microsoft.com/
  azuredocs/aci-helloworld
```

5. 瀏覽這支應用程式。

此專案的 URL 格式為 `http://<app_name>.azurewebsites.net/hello`。請把網址中的應用程式名稱換成你自訂的那一個。

6. 驗證你是否能看到簡單的 `Hello, world!` 訊息，如圖 6-9 所示。

圖 6-9：一個以 Docker 容器運行的全新 Azure web 應用程式

CLOUD SHELL 其實也是一個容器

筆者有義務告訴大家，每當你從 Azure 入口網站或 `https://shell.azure.com` 直接開啟 Cloud Shell 時，其實都是以附掛方式進入一個 Docker 容器，該容器會在最接近你的地理位置啟動。如果是 bash 容器，就會出現虛擬化的 bash shell 工作階段。如果是 PowerShell 容器，就會出現虛擬化的 PowerShell Core（pwsh）工作階段。至於永久性的使用者資料則會放在你專屬儲存體帳戶的檔案共用當中，供兩種類的容器分享。

7. 清理環境。

由於這個測試用的 web 應用程式存放在自己的資源群組當中，因此要清除簡單之至。執行以下 Azure CLI 命令，並確認進行：

```
az group delete --name containerApp
```

3

在微軟Azure上部署平台資源

在這個部份中 . . .

部署和配置應用程式服務的 apps

透過 Azure WebJobs、Functions 和 Logic Apps，熟悉 Azure 的無伺服器運算

在 Azure 中呈現關聯式與非關聯式資料庫選項

實際操作以熟悉 Azure SQL Database 與 Cosmos DB

在本章當中

» 了解Azure App Service的成員

» 部署App Service的web應用程式

» 配置你的web應用程式

» 啟用遙測

Chapter 7
部署與配置 Azure App Service 的應用程式

身為微軟 Azure 解決方案顧問的諸多樂趣之一，就是看著客戶發現 Azure 平台即服務（PaaS）的威力與敏捷性之時，他們臉上的驚喜之情。

Azure App Serivce 可以讓你騰出手來，專注於業務用的應用程式，而不必為 VM 基礎設施的管理分神。App Service 提供超高等級的規模，以及與其他 Azure 產品的緊密整合能力，像是儲存體帳戶、Azure SQL Database 資料庫等等。

讀完本章後，讀者們應該就能理解 App Service 在 Azure 產品線中的定位。各位應該也能輕鬆地建立 App Service 的 web 應用程式。特定的程式語言自然不在本書探討範圍之內，因此筆者會專注介紹如何使用 App Service 及理由，程式開發內容則留給讀者和你所屬的團隊去思考。

Azure App Service 簡介

簡而言之，App Service 是以超文本傳輸協定（Hypertext Transfer Protocol, HTTP）為基礎的 web 應用程式託管服務。就像 GoDaddy 一樣，只不過威力大得多。觀念在於你願意付出應用程式底層基礎設施（也就是 Azure 虛擬機器的用途）的掌控權，交換的代價是：

- 全球化的複寫和跨地域的可用性
- 動態自動調節（autoscaling）
- 原生的持續整合 / 持續交付管線

是的，App Service 的底層也是使用虛擬機器（VM），但你不用煩惱維護問題，這部分由微軟負責，你幾乎只需專注在應用程式及原始碼就好。

開發框架與運算環境

本書目的並非探討撰寫程式，但是你應該要知道，App Service 支援多種開發框架，包括：

- .NET Framework
- .NET Core
- Java
- Ruby
- Node.js
- Python
- PHP

你可以運用以下任何一種做為 App Service 底層的運算環境：

- Windows Server VM
- Linux VM
- Docker 容器

本章將專注在 web 應用程式上，但是第八章還會介紹其他的 App Service 家族成員。

Web 應用程式

靜態與動態的 *web 應用程式*，是 App Service 中最常為人使用的選項。你託管的 web 應用程式會連接到雲端 —— 或是內部自有的資料庫、API web 服務、內容傳遞網路（content delivery networks）等等。

API 應用程式

應用程式介面（*application programming, API*）是一種特殊機制，為你的應用程式提供程式化的（非人為互動）存取動作，如 HTTP 要求及回應等等 —— 亦即所謂的 REST 風格程式。如今微軟可以在 App Service 上支援 API 應用程式、以及 API 管理服務（API Management service）。

行動應用程式

*行動應用程式*是 iOS 或 Android 應用程式的後端。Azure 的行動應用程式提供了大多數行動電話用戶引頸期盼的功能，像是社群媒體登入、推播通知、以及離線式資料同步等等。

邏輯應用程式

*邏輯應用程式*是一種讓開發人員建置商務工作流程的方式，但不需事先了解各種服務底層的 API。例如，你可以建置一個邏輯應用程式，每當有人在 Twitter 上提及你的公司名稱時，就會觸發它。然後這支應用程式會進行一連串的動作，像是在你的業務部 Slack channel 上張貼通知訊息，或是在你的客戶關係管理（customer relationship management）資料庫建立一筆紀錄等等。

函數應用程式

*函數應用程式*則可以讓開發人員在特定時刻執行特定程式碼，但毋須擔心底層的基礎設施。這就是何以函數應用程式又被稱為 *serverless* 應用程式、或是程式碼即服務（Code as a Service, CaaS）的緣故。我曾

經協助過一間客戶，對方就是使用函數應用程式，每當使用者在網站上建立新帳戶，程式就會發送確認信函給潛在客戶。

函數應用程式支援 C#、F#、Java 等程式語言。

REMEMBER

邏輯應用程式和函數應用程式都是以觸發的方式啟動的。這個觸發機制可以是一個手動執行的命令、一個定時排程、或是發生在 Azure 內外的個別動作。

App 服務的邏輯組件

圖 7-1 顯示的就是構成 App Service 的組件。一個 App Service 的 web 應用程式背後，必須由一個 App Service 方案來支持。這個方案是一個抽象層；你可以透過它控制要多少虛擬運算資源來推動應用程式，也可以動態地縱向調節資源[譯註 1]，以便因應效能及預算等需求。

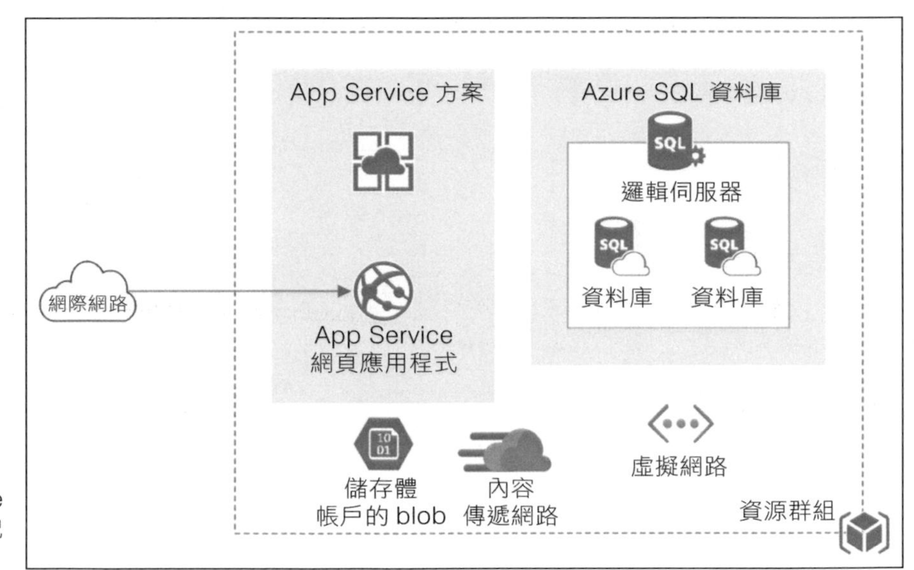

圖 7-1：App Service 的必要和選配組件

譯註 1　縱向垂直調節通常意味著直接增加 CPU、記憶體等運算資源，橫向水平調節則代表增加像是 VM 或容器等執行個體數量，例如叢集。

在圖 7-1 中，App Service 方案是唯一的必備元件。你可以整合任何以下內容，藉以擴展應用程式的能力：

- **儲存體帳戶**：一個 App Service 方案會擁有永久性儲存，但許多開發人員都喜歡使用更有彈性的儲存體帳戶，以便增加空間。
- **虛擬網路**：你可以把 App Service 的應用程式連接到虛擬網路 —— 例如把 web 應用程式和運行在 VM 上的資料庫串起來。
- **資料庫**：當今大部份的 web 應用程式都會用到關聯式、非關聯式、或是記憶體形式的資料庫，以便儲存臨時或永久性的資料。
- **內容傳遞網路**：你可以把靜態網站資源放在儲存體帳戶中，再讓 Azure 將資源分配到全球各地。這樣一來你的使用者使用時就會感覺快得多，因為他們的瀏覽器可以從一個延遲更少、地理上也更接近的來源取得網站內容。

App Service 方案可以分成三個日益強大（也日益昂貴）的層級：

- **開發 / 測試（Dev/Test）**：F 系列與 B 系列的 VM，使用最少的運算資源，沒有額外功能。這個運算層級價格最為低廉，但功能有限、不該用於正式環境。
- **生產環境（Production）**：S 系列與 P 系列 VM，兼顧運算威力及功能。這個層級應該是你的 App Service 起點。
- **隔離式方案（Isolated）**：又稱為 App Service 環境，價格非常貴。微軟會為它保留硬體資源，以便讓你的 web 應用程式持續駐留在公共網際網路上。

必要時你可以在以上層級當中、或在層級間切換[譯註 2]。這種能力是公有雲服務最為人稱道的性質之一。

譯註 2　你可以在既有的 App Service 方案選單中點選「擴大 (App Service 方案)」以進行切換。

圖 7-2 便顯示了一個 App Service 方案建置選項[譯註 3]。

圖 7-2：
一個 App Service 方案，提供純粹的運算能力和可能用得到的網站功能，像是自動調節和部署位置等等

TECHNICAL STUFF

Azure 使用 Azure Compute Unit 做為標準的運算能力分類方式。你會在 Azure 的虛擬機器、App Service 與其他使用 VM 的 Azure 資源中看到它。使用標準化性能指數十分重要，這是因為微軟會在其資料中心裡使用各種不同類型的硬體之故。

TIP

就算你可以在一個 App Service 方案中放入多個 web 應用程式，並不代表這做法是對的。雖然這樣可以省錢（App Service 方案會根據執行個體的規模計算執行階段期間的成本），但是單一方案中塞的應用程式越多，底層 VM 的負擔越重。

譯註 3　現在這畫面必須從 App Service 方案頁面點選新增，再在「SKU 和大小」欄位中點選「變更大小」，才會帶出以下畫面（而且版面也可能隨時會有變化）。

部署你第一個 Web 應用程式

在這個小節裡，讀者會學習部署兩個簡單的 web 應用程式，第一個是從 Azure 入口網站的 Azure Marketplace 部署，第二個則是從 Visual Studio 內建的專案範本部署。後者需要安裝 Visual Studio 2019，並加上 Azure 工作負載。

Visual Studio 2019 Community 社群版開放免費下載；

網址為：`https://visualstudio.microsoft.com/vs`

從 Azure 入口網站部署

請依以下步驟，從 Azure 入口網站部署你的第一個 web 應用程式：

1. **從 Azure 入口網站的選單點選「建立資源」(Create a Resource)，然後搜尋「Web 應用程式」。然後點選「建立」。** 譯註 4

   為此次練習起見，請選擇「Web 應用程式」為範本。這個 web 應用程式含有練習所需的示範程式碼譯註 5，可以讓你體驗一下，並與其互動。

2. **依以下建議填好 Web 應用程式表格（如圖 7-3 所示）：**

   - *名稱*（*App Name*）：你的應用程式名稱必須獨一無二，因為微軟會將應用程式名稱放在 azurewebsites.net 這個 DNS 網域當中、組成網址域名譯註 6。但你也可以（而且應該）在建立 web 應用程式後，儘快把企業用 DNS 網域綁定至這個應用程式網站名稱。

譯註 4　現在的版本必須自行從「執行階段堆疊」選單中挑選 ASP.NET 相關版本，例如 4.8 或 3.5。為比對本書畫面起見，不妨用 3.5 版練習。

譯註 5　嚴格來說只有 app 的底層骨架被建立。實際程式碼結構要到後面才會初次上傳。

譯註 6　取名時，如果你學作者在下面圖例中使用 wileywebapp1 作為名稱，很可能會被 Azure 提醒說不能用；因為本書還有其他讀者在做實驗，名稱可能早被用掉了，除非對方刪除應用程式才有可能釋出 DNS 名稱。

- *App Service* **方案**（*App Service Plan*）/ **地理區域**（*Region*）：在你所屬的位置建立一個新的 App Service 方案。請選擇標準 S1（S1 Standard），因為它是具備正式環境等級功能的最小 VM 執行個體。譯註 7

- *Application Insights*：暫時先對啟用選「否」。（筆者會在本章稍後的「監視 Web 應用程式」一節中再介紹對 web 應用程式的監視。譯註 8

圖 7-3：建立一個 Azure App Service 的 web 應用程式

譯註 7　如果畫面上沒有 S1 選項，請在「SKU 和大小」區段，點進「變更大小」，再在「規格選擇器」分頁點開「建議的訂價層」下方的小字「查看其他選項」找找看。

譯註 8　也可能因為訂用帳戶、執行階段堆疊、作業系統、地理區域或資源群組不支援 Application Insight 而無法選擇啟用。

3. 點選「檢閱 + 建立」，無誤後點選「建立」以提交部署。

4. 開啟 web 應用程式。

   請瀏覽新 web 應用程式的概觀頁面，並點選 URL 的內容（應該會是 https://wileywebapp1.azurewebsites.net）。Web 應用程式這時應該會顯示微軟提供的樣板內容。

配置 Git

Git 是一種免費的開放原始碼跨平台版本控制系統，由 Linux 創始人 Linux Torvalds 所發明。Git 屬於分散式系統，其中每個開發人員都擁有一份存放庫的完整副本；此外開發人員也可以選擇將變更的內容上傳到原始的存放庫。

原始碼控制的概念很單純：多位開發人員都可以對單一共用程式碼存放庫提交自己變更的內容。但是要如何保存程式碼的變更歷史紀錄、哪一位開發人員做了何種變更、還要兼顧開發人員彼此不要介入對方的工作範疇？ Git 就是這一切的解答。

就算你的工作角色並非開發人員，也應該要熟悉 Git，因為它幾乎跟所有 Azure 的工作都有關聯。網路上有很多讓你動手練習的 Git 互動教學內容；請選一個最能打動你的內容去研究。或者去讀一下 Sarah Guthals 與 Phil Haack 合著的 *Git For Dummies*（同樣由 John Wiley & Sons 公司發行）。

Git 可以完美地搭配 Azure 的 App Service；事實上，App Service 的應用程式甚至可以架設自己的 Git 存放庫，如圖 7-4 所示。[譯註 9]

譯註 9　圖 7-4 的附圖為 2021 年 3 月前的示範；現在只剩「部署中心」、沒有保留舊版的「部署中心 (傳統)」了。

圖 7-4：與 Azure 的 App Service 緊密整合的 Git 版本控制

筆者要向大家展示，如何把 Git 和 App Service 整合在一起。Visual Stusio 2019 Community 版本內建一個 Git 用戶端。要用它設置 Git 來搭配 App Service，請遵循以下步驟：

1. 開啟 Visual Studio，在啟動畫面點選「不使用程式碼繼續」。
2. 在工具 ➪ 選項畫面中點選原始檔控制 ➪ Git 全域設定（Global Settings）。
3. 在 Git 全域設定畫面中，填好使用者名稱與電子信箱等欄位。點選確定。
4. （非必要）更改 Visual Studio 儲存 Git 存放庫的預設位置。
5. 其他 Git 選項保留預設值即可。

TIP

如果你沒看到筆者所述的內容，可能得先把 Git 設成 Visual Studio 的原始檔控制供應者。先點選工具 ➪ 選項，找出原始檔控制 ➪ 外掛程式選擇。然後選 Git 做為原始檔控制外掛程式。圖 7-5 顯示的便是相關的設定介面。

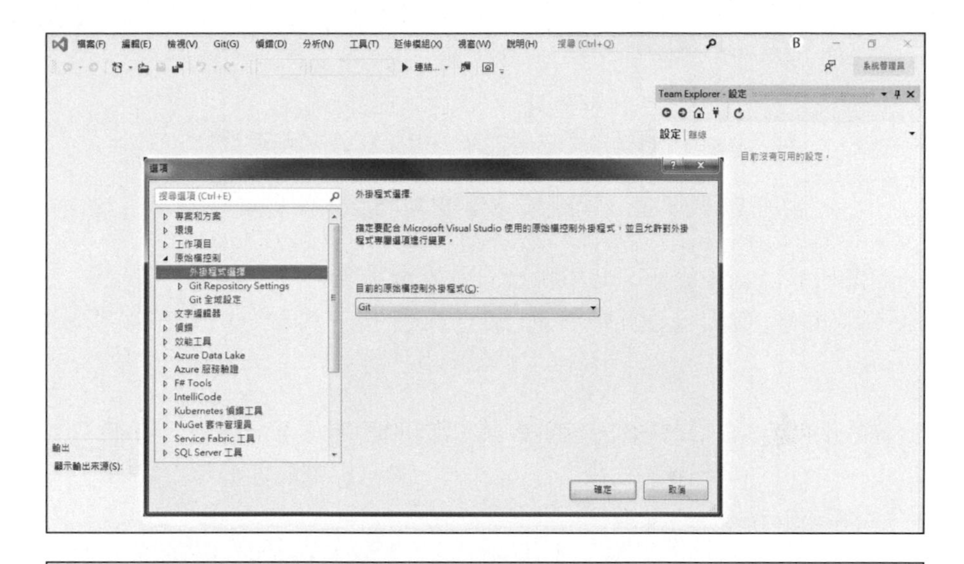

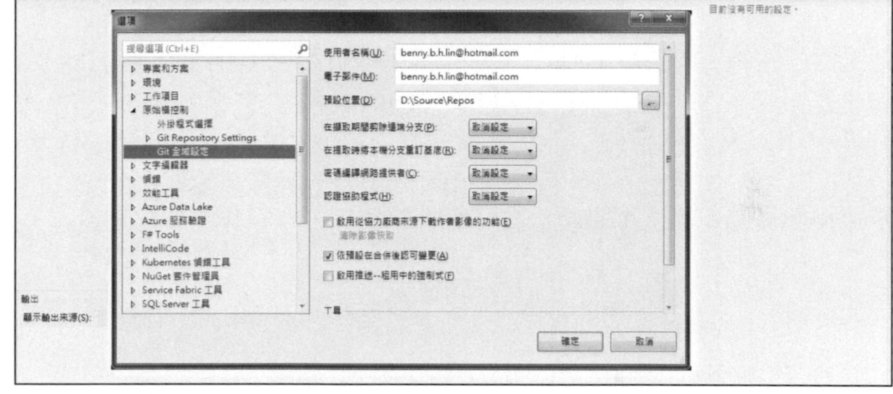

圖 7-5：確認 Visual Studio 使用 Git 做為原始碼版本控制工具

從 Visual Studio 連接 web 應用程式

你可以從 Visual Studio 連接及處理你在 Azure 上的新 Web 應用程式。

工作流程如下：

1. 為 Azure 上的應用程式建立一個本地端 Git 存放庫。
2. 將 Azure 端的存放庫複製到本地工作站。
3. 在本地端處理應用程式，然後定期將異動上傳至 Azure。

Git 操作細節不在本書範圍內，不過筆者會盡力確保大家看得懂。

為 web 應用程式建立一個 Git 存放庫

遵照以下步驟，為你的 web 應用程式範例程式碼建立一個本地端 Git 存放庫：

1. 在 Azure 入口網站的 web app 設定選單中，選擇部署中心（Deployment Center）。
2. 在部署中心裡選擇「設定」、然後將來源設為「本機 Git」，然後按「儲存」。[譯註 10]
3. 在部署中心的「設定」頁面複製「Git 複製 URI」的網址。

   通常複製 Git URI 都會以 .git 結尾，例如像這樣：

   ```
   https://wileywebapp1.scm.azurewebsites.net:443/wileywebapp1.git
   ```

4. 開啟 Azure Cloud Shell，並建立 Git 部署用身份。

   這個身份是用來跟 Azure 上的 Git 存放庫認證用的。筆者建議用 Azure Cloud Shell 來做這件事。開啟後請從命令列執行以下命令，並替換成你自己的使用者名稱和足夠複雜的密碼：[譯註 11]

   ```
   az webapp deployment user set --user-name myazuredummiesdev --password
   P@$$w0rd111
   ```

譯註 10 這裡的本機 (local) 一詞，是相對於 Azure 雲端自身的本機端，亦即這個 Git 存放庫還是位在雲端。

譯註 11 依據譯者實驗，從 Cloud Shell 的命令指定使用者和密碼似乎仍有些問題；還是要從部署中心 -> 本機 /FTPS 認證頁面的「使用者範圍」區塊去設置，比較有用。

圖 7-6：為 Azure App Service 的 web 應用程式增設一個本地端的 Git 存放庫

5. **在 Visual Studio 的 Git 選單中選擇「複製存放庫」。**

貼上步驟 3 的網址，並驗證本地目錄路徑和資料夾名稱。

6. **點選複製。**

REMEMBER

Clone 操作只是複製檔案而已；這裡只是把 Azure 上的 Git 存放庫底層骨架複製到本地電腦。

7. **當 Visual Studio 問到你的 Git 部署身份時，請鍵入步驟 4 設置的名稱與密碼。**

你會在解決方案總管（Solution Explorer）畫面中看到複製的存放庫。

8. **在選擇檔案 ➪ 新增 ➪ 專案。**

會開啟「設定新的專案」對話盒。

9. **找出最符合既有 web 應用程式的內容。**

   你在 App Service 中部署的是一個 ASP.NET 的 web 應用程式，因此合理的選項是 ASP.NET Web 應用程式 (.NET Framework)。

10. **指定一個版本編號作為專案名稱，例如 1.0，然後將方案設為「加入至方案」，儲存位置會被改指到現行的解決方案目錄之下，然後點「建立」。**

11. **點選 MVC。**

12. **保持其他預設的設定值，但是把「設定 HTTPS」取消，點選「建立」。**

結果如圖 7-7 所示。

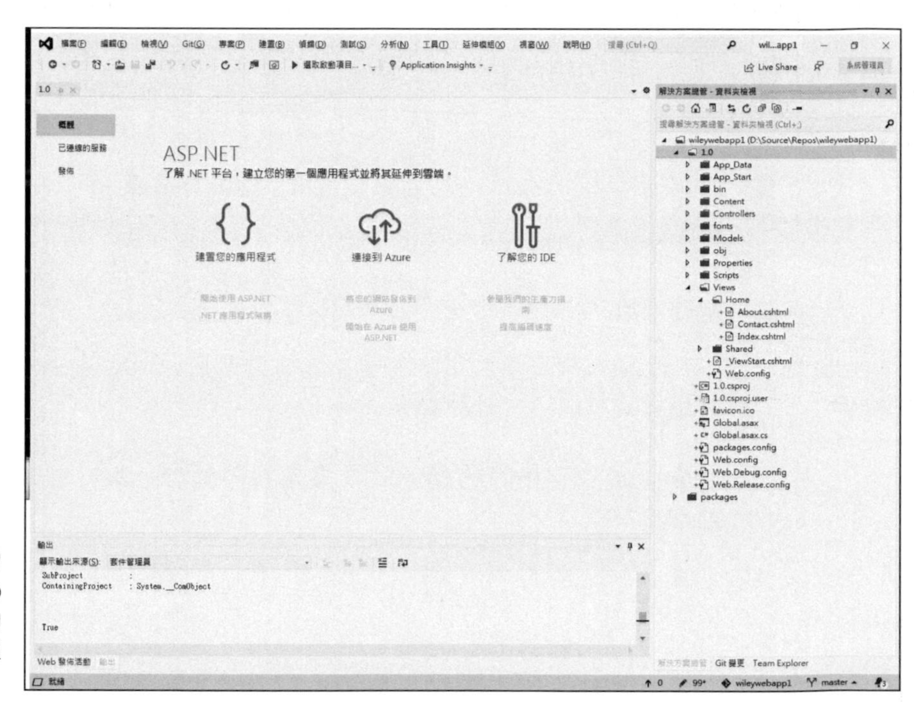

圖 7-7：在 Visual Studio 當中處理 App Service 的 web 應用程式

其他的原始碼版本控制系統

App Service 同時也直接支援以下的原始碼版本控制系統：

- Azure Repos
- GitHub
- BitBucket
- OneDrive
- Dropbox
- External
- FTP

將程式碼異動上傳至 Azure

沒有寫出任何一行 C# 程式碼，你就已經更改了 ASP.NET 入門 web 應用程式的架構，將它轉換成使用 Visual Studio 的解決方案。

當你在 Visual Studio 中進行更動後，就必須把變動過的程式碼上傳至 Azure。請遵循以下步驟，改變 web 應用程式的首頁，並把所有異動內容上傳至 Azure：

1. 在解決方案總管中（如圖 7-7 所示），切換至方才建立的 1.0 專案底下。
2. 開啟 View ➪ Home ➪ `Index.cshtml` 檔案。[譯註 12]
3. 隨意更改首頁中任何位於 <p></p> 之間的純文字。
4. 切換至 Team Explorer，再度點選 Home 鍵。譯註 13

譯註 12 檔名和位置也許會視你選的架構而變。但總不脫 Default、Index 之流。以 ASP.NET 撰寫的應該副檔名都會是 .cshtml。

譯註 13 這個動作已移至 Git 功能的「開啟 Git 變更」。

5. **點選「檢視」，再點選「Git 變更」。**

你會看到大量的已變動檔案，因為你剛把程式碼轉換至 Visual Studio 形式的專案和解決方案。

6. **鍵入望文生義的提交訊息，並從下拉式選單選擇全部認可並推送（Commit All and Push）**[譯註 14]**。**

圖 7-8 顯示的就是圖 7-7 的程式碼異動暨提交介面。

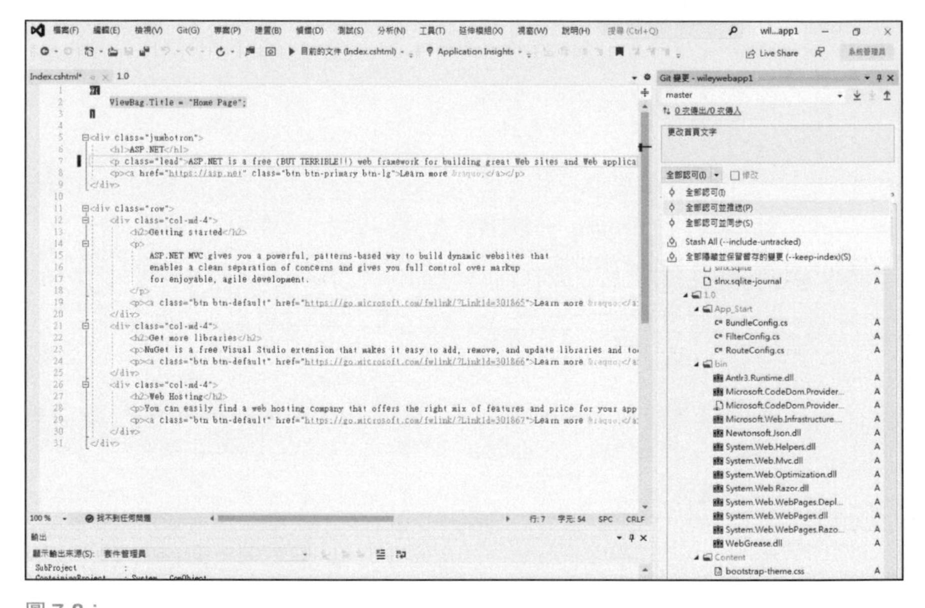

圖 7-8：
以 Git 和 Visual Studio 提交程式碼異動

TIP

如果你跟筆者一樣在開發系統上收到 `permission denied on db.lock` 的訊息，請從異動清單中找出受影響的檔案，以滑鼠右鍵點選它，再從功能選單選擇忽視此副檔名（Ignore This Extension）。

TECHNICAL STUFF

如何撰寫優質的提交訊息，始終是開發人員之間熱議的話題。以筆者淺見，最要緊的莫過於讓訊息簡明扼要地說明變更的效果。

譯註 14 這時只要一推送至位於 Azure 的 Git 存放庫，就等同於重新部署網頁更新內容了。

7. 驗證 Azure 上的 web 應用程式已經更新。

當你從網頁瀏覽器再度載入頁面時（如果你看到的還是快取頁面，請強制更新頁面），你應該會看到文字更新過的首頁。

TIP

抑或是你可以改用 App Service 編輯器（App Service Editor）檢查 原始碼。請在 web 應用程式的設定清單中點選 App Service 編輯器，再點選執行（Go）以使用 App Service 編輯器檢視原始碼（見圖 7-9）。像這樣直接以瀏覽器編輯應用程式原始碼，可說是非常方便，而且在需要緊急除錯時更為容易。

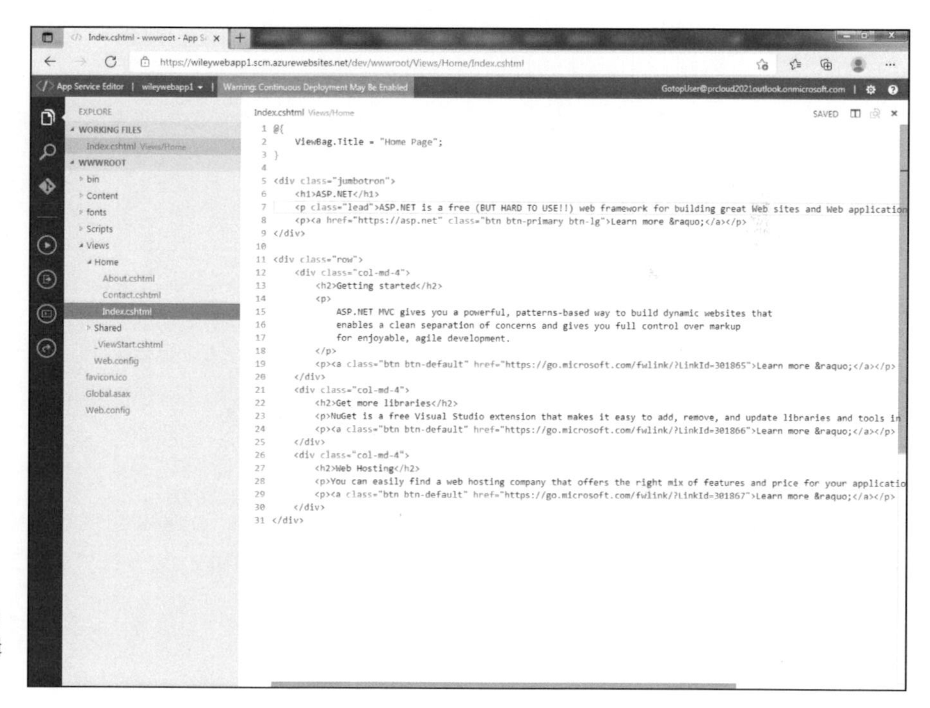

圖 7-9：你可以用 App Service 編輯器在 Azure 入口網站中編輯原始碼

從 Visual Studio 部署

如果筆者不告訴大家如何從本地端電腦和 Visual Studio 啟動 web 應用程式、還有如何發佈到 App Service 的話，就是我的疏失了。這個小節要說明如何建立另一個簡單的 ASP.NET 的 web 應用程式，並發佈到 Azure，然後再度發佈到另一個部署位置。

在 Visual Studio 中建立一個新的 web 應用程式專案

請依以下步驟，在 Visual Studio 中建立一個解決方案：

1. **關閉任何既有的資料夾或解決方案。**

   你可以從檔案選單把最近用過的檔案和解決方案關掉。如果 Start 視窗自動出現，也關掉。

2. **點選檔案 ➪ 新增 ➪ 專案。**

3. **選擇 ASP.NET Core Web 應用程式。**

   上例中我們建立的是一個 .NET Framework 的 web 應用程式。這次我們改用 .NET Core，以便提前為跨平台相容性預作準備

4. **為專案 / 解決方案取一個簡短名稱，並儲存其位置。**

   務必記住 Azure 常需要獨一無二的名字。不過專案名稱通常跟使用者取用應用程式時的最終 DNS 名稱無甚關聯。

5. **點選建立，前往範本選擇程序（template selection process）。**

6. **選擇 ASP.NET Core Web 應用程式這個範本 。**

7. **把「設定 HTTPS」的選項關掉，確保驗證（Authentication）訂為無驗證（No Authentication），點選「建立」。**

8. **選擇偵錯（Debug）➪ 開始偵錯（Start Debugging），執行 web 應用程式。**

Visual Studio 含有一個內建的網頁伺服器，稱為 IIS Express。偵錯其實是在你的本地端環境執行應用程式、並從中解決任何錯誤或效能問題的過程。在本例中，你只需啟動和停止偵錯，藉以觀察過程如何進行。

9. **按下「偵錯」➪「停止偵錯」，結束偵錯工作階段，這會關閉帶有應用程式畫面的瀏覽器分頁。**

發佈至 App Service

Git 的發佈工作流程，是將 web 應用程式發佈至 App Service 的諸多方式之一。你也可以從 Visual Studio 直接發佈至 Azure。請遵循以下步驟進行：

1. **在解決方案總管中，以滑鼠右鍵點選你的專案，從功能選單中點選發佈（Publish）。**

   這時會開啟一個精靈，讓你選擇以下發佈目標之一：

   - Azure
   - Docker 容器登錄
   - 資料夾
   - FTP /FTPS 伺服器
   - 網頁伺服器
   - 匯入設定檔

2. **選擇 Azure、再點選其中一個 App Service 作為你的特定目標，（參見圖 7-10）。**

   如果這時還未登入 Azure，會出現認證提示。[譯註 15]

譯註 15 Windows 或 Linux 均可，因為這是 .NET Core App。

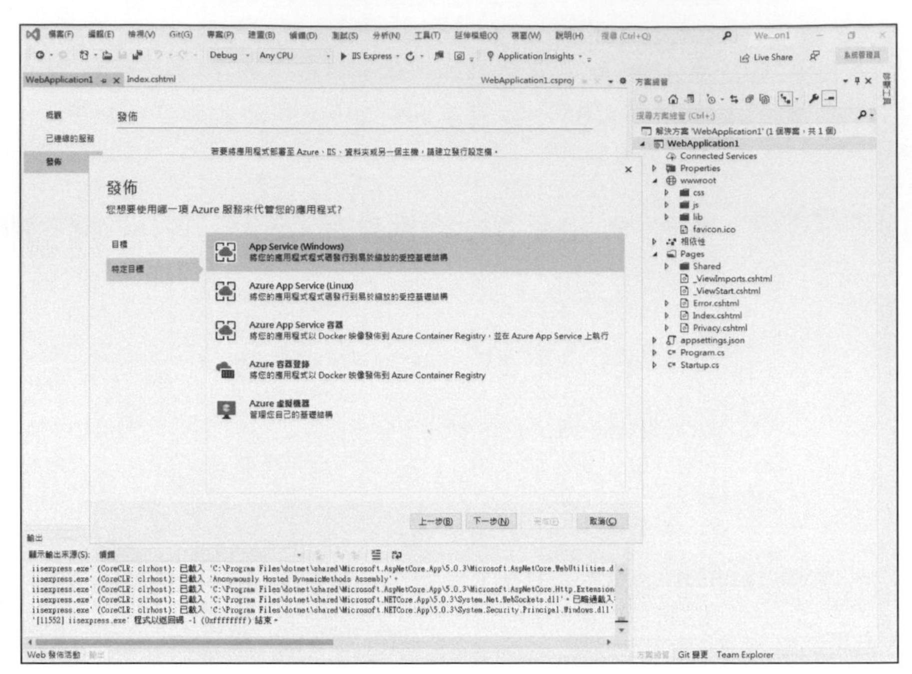

圖 7-10：發佈一個 web 應用程式至 Azure 的 App Service

3. 按 App Service 執行個體窗框右側的 + 號，訂好要發佈的新 Web 應用程式名稱、選好訂用帳戶、資源群組和主控方案，再選擇建立。待 App Service 執行個體窗框中出現相關 Web 應用程式部署資訊後，點選「完成」、在發佈視窗點選「發佈」

   筆者希望各位注意兩個部署屬性：

   - **主控方案**（*Hosting Plan*）：就是 App Service 方案的意思。

TECHNICAL STUFF

Visual Studio 使用一種稱為 Web Deploy 的方式來發佈 web 應用程式。基本上 Visual Studio 會為你把應用程式和相依元件打包成一個 ZIP 壓縮檔；再將包裝檔傳送至 Azure；然後把 web 應用程式部署至 App Service。

了解部署位置

你的開發團隊也許想在 Azure 上直接全程維護 App Service 應用程式的週期循環。換句話說，他們想用同一支應用程式的執行個體擔當開發和測試環境，另一個執行個體則作為線上生產環境。

部署位置就可以提供這種功能。只要 App Service 方案使用至少 S 層級以上的方案，就可以建立一個以上的部署位置，以便因應你的應用程式 staging 需求。圖 7-11 顯示了部署位置的運作方式。

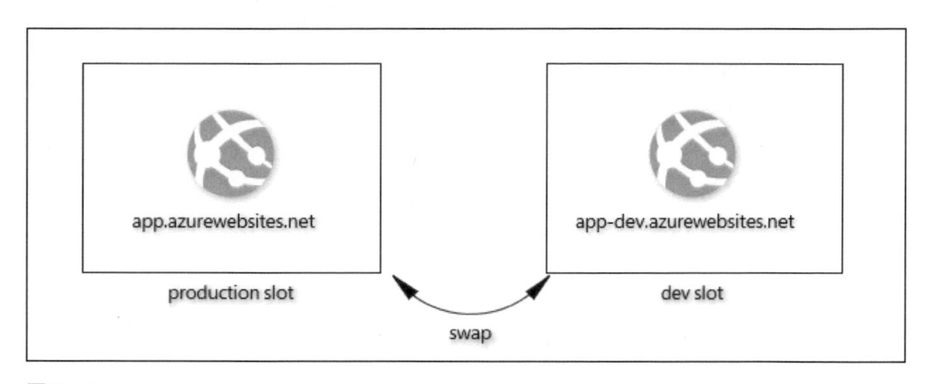

圖 7-11：
你可以藉由部署位置這個功能，在開發、staging、生產環境之間不著痕跡地切換

每一個 App Service 應用程式，都是先從名為生產環境（Production，還真貼切）的部署位置開始部署。在部署位置的頁面中，你可以建立另一個位置，並把應用程式的設定從生產環境位置全數複製過來。

REMEMBER

務必了解每個部署位置都含有完整的應用程式執行個體。處理 App Service 方案時要記住這個事實；位置越多、方案的負擔便越重。

請比較圖 7-11 中的兩個 URL。注意 Azure 會產生另一個略為不同的主機名稱來為部署位置命名。說精確一點，就是在原本應用程式的主機名稱後面加一個橫線、再加上 dev 這個部位名稱。

當我處理 web 應用程式的生產環境位置時，URL 是：

```
https://app.azurewebsites.net
```

但是當我處理應用程式的開發環境位置時，URL 是：

```
https://app-dev.azurewebsites.net
```

只須檢視圖 7-12，就可以從 Azure 入口網站中看出端倪。Azure 特別強調「生產環境」字樣 —— 即預設的部署位置。這是你的預設位置，而且是刪不掉的。

圖 7-12 顯示了是流量百分比（Traffic %）欄位，當你需要測試線上使用者時，這會很有用。Azure 會按照你在部署位置頁面指定的百分比，把相應的使用者流量送給該位置。

圖 7-12：每個部署位置都是一個獨立的 web 應用程式執行個體

如圖 7-13 所示，你可以在 web 應用程式的部署位置頁面進行雙向交換。而這個過程中最厲害的部份，就是 Azure 入口網站會顯示，交換後有哪些設定會變動。舉例來說，你可能會針對每個位置儲存不同的資料庫連線字串；這時你就不會希望交換會影響到這種與特定位置相關的設定。

圖 7-13：Azure 入口網站讓你可以目睹部署位置交換的結果

順道一提，執行 Swap with Preview（Perform Swap with Preview）這個選項，會把交換變成兩階段動作。第一階段中你會看到，一旦真的交換，有哪些位置專有的設定會被更改。你可以在第二階段決定停止或繼續進行位置交換。譯註 16

配置 Web 應用程式

在這個小節中，筆者要教大家一些 App Service 上最常見的 web 應用程式配置選項。

譯註 16 應用程式並非只設好部署位置（例如 dev）就能勾選執行「Swap with Preview」，而是還需要為程式加上「部署位置設定」，決定交換時哪些內容會變、哪些則保持不動。作法請參閱：`https://docs.microsoft.com/azure/app-service/deploy-staging-slots`

自訂應用程式設定

如果你檢視 App Service 應用程式的組態（Configuration）頁面，會看到四個應用程式設定分頁：

- **應用程式設定（Application Settings）**：與應用程式有關的名稱 / 值對應；資料來源連接字串之類
- **一般設定（General Settings）**：應用程式執行階段的環境；例如 FTP 狀態是否為允許；HTTP 版本之類
- **預設文件（Default Documents）**：要決定 web 應用程式預設顯示的文件時，Azure 應注意哪些檔案類型。
- **路徑對應（Path Mappings）**：不同檔案類型的常式對應（script processor，指令碼處理器）

PaaS 的重點就在於讓你釋出對於底層 VM 的全部堆疊控制權，交換得來的則是大量的規模調節和敏捷性。這些組態設定、再加上你的開發人員添加的任何組態相關原始碼，大概跟你原本可以從底層伺服器取得的組態也相去不遠。

當你調整這些應用程式設定時，請記住兩個關鍵因素：

- 你會把應用程式的名稱 / 值設定、以及資料庫連接字串資料儲存在雲端這裡，而非文字檔（例如 ASP.NET 應用程式的 web.config）。
- 務必把部署位置中不應隨著位置交換而異動的設定值標註起來。當你編輯這類設定或連接字串時，請注意部署位置設定的核取方塊。

新增自訂網域

微軟將你所有的 App Service 應用程式都定義在它自家的 azurewebsites.net 網域名稱系統（DNS）域名當中。這一點之所以方便，是因為你可以仰仗微軟好意，靠著他們為整個 *.azurewebsites.net 域名附加的 TLS/SSL 數位憑證，就可以立即以 HTTPS 連線。但你還是可能想使用自己的 DNS 網域來為應用程式正名。

TIP

別以為你的 web 應用程式可以跟 azurewebsites.net 網域完全斷絕關係。因為這個網域是 Azure 專門用來辨識你的 web 應用程式的，你必須一直留著它，直到你把 web 應用程式刪除為止。

請遵照以下步驟，將你自己的 DNS 網域附加到 web 應用程式上：

1. **在你的 web 應用程式設定中，瀏覽至「自訂網域」(Custom Domain) 頁面，但是把僅限 HTTPS (HTTPS only) 的設定關掉。**

   要檢視 web 應用程式的設定，請在 Azure 入口網站開啟你的 web 應用程式、並點選「組態」。

   除非你已取得符合自有域名的 SSL 憑證，否則還不要啟用 HTTPS。

2. **點選「新增自訂網域」(Add Custom domain)，加上你自己的 DNS 網域名稱，再點選「驗證」(Validate)。這時就會出現新增自訂網域頁面。**

   筆者必須提醒各位，這裡的 DNS 域名必須為你所有，或者說你擁有區域檔案存取權限才可以進行。

3. **編輯你的 DNS 區域檔案，加入驗證 / 對應的資源紀錄**

   你需要做的，是向微軟證明你確實擁有即將加入的域名。驗證過程需要你登入域名註冊機構網站，並在那裡替你的區域新增一筆資源紀錄。

   為證明域名所有權起見，你必須添加一筆臨時的 DNS 資源紀錄。Azure 會檢查你的網域，看看該筆紀錄是否真的存在。如果屬實，Azure 就可以確知你真的擁有該域名，自然是因為只有域名所有者才能在自己的網域中添加資源紀錄之故。

   - *Host (A) Record*：筆者不建議使用這個選項，因為它把你的網域 DNS 域名對應至 web 應用程式的公用 IP。問題是一旦微軟為你的應用程式指派了另一個 IP，原有的對應就無效了。
   - *CNAME Record*：筆者建議使用這個選項，因為它是把你的網域 DNS 域名指向 web 應用程式在 azurewebsites.net 中的 DNS 主機名稱 (亦即別名對應)。就算微軟為你的 web 應用程式重新指派公用 IP 位址，這個對應仍然有效。

在筆者自己的環境中，我把 zoeywarner.info 對應至 twlocalwebapp12.azurewebites.net。然後在我自己的 DNS 區域檔案裡新增 CNAME 對應，接著才回去按下驗證鍵。這時就只是時間的問題了。Azure 入口網站可能會提醒說，散佈 DNS 項目最多可能需要 48 小時的時間，但筆者自己的觀察發現，通常幾分鐘內驗證就會通過了。

當然你必須自行購入網域名稱，才能進行以上動作。

4. **驗證完畢後，請點選新增自訂網域完成整個程序。**

圖 7-14 顯示的就是已完成設定的網域組態。請記下以下的重要元素：

- 網域雖已可使用，但它還無法配合 SSL 使用，除非你已取得相應的 SSL 憑證。Azure 入口網站會丟一堆恐嚇訊息提醒你，這樣的網址不安全云云。
- 原本位於 azurewebsites.net 的 DNS 名稱仍可使用 HTTP 或 HTTPS 連線，例如 twlocalwebapp12.azurewebsites.net。

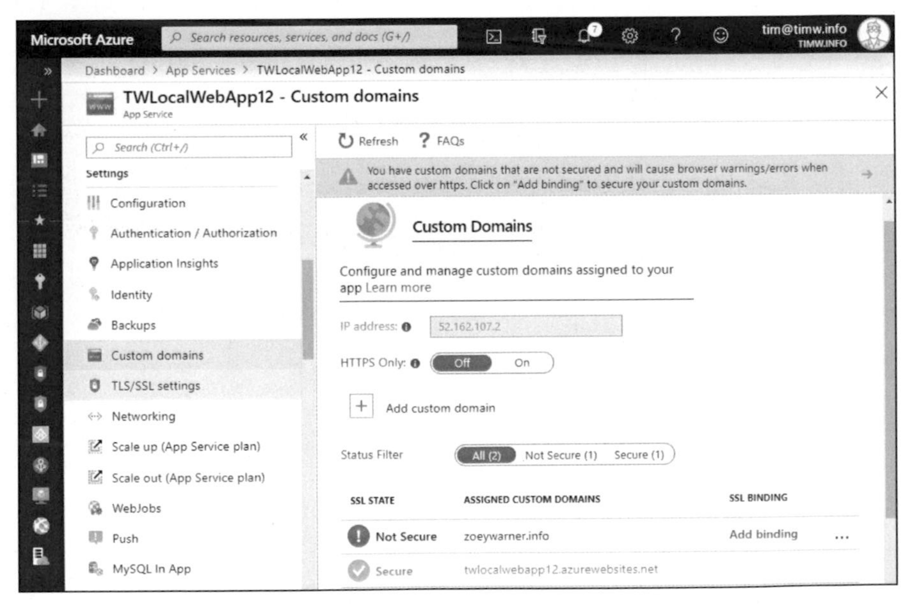

圖 7-14：為你的 App Service 應用程式添加自訂網域名稱是很方便，但記得要加上 SSL 憑證

綁定 TLS/SSL 憑證

為公眾所信任的 TLS/SSL（以下簡稱 SSL）數位憑證，可以為 web 應用程式提供保密、資料正確性、以及驗證的效果。筆者總是會對客戶建議，一旦加入了自訂網域名稱，就一定要把數位憑證綁到自己的 App Service 應用程式上。

要把憑證綁到 App Service 應用程式上，請依以下步驟進行：

1. **在 web 應用程式頁面中瀏覽至「TLS/SSL 設定」（TLS/SSL Settings）頁面，點選「新增 TLS/SSL 繫結」（Add TLS/SSL Binding）。**

   這時會出現 TLS/SSL 繫結頁面。

2. **在 TLS/SSL 繫結頁面，選好你的自訂網域。**

   你應該會看到 `No certificates match the selected custom domain` 訊息。

3. **在 TLS/SSL 繫結頁面，選擇上傳 PFX 憑證（Upload PFX certificate）。**

4. **瀏覽至你匯出的 PFX 憑證，它應該同時含有公開金鑰和私密金鑰等元件。**

5. **以密碼解密，再點選上傳。**

   為測試/開發起見，你也可以透過 PowerShell 的 New-SelfSignedCertificate 命令產生自我簽署憑證。或是用免費的 Let’s Encrypt 產生同樣具公信力的憑證。微軟員工 Scott Hanselman 寫過一篇極佳的文件，介紹以上的憑證在 App Service 中的運用方式；請參閱 `https://timw.info/ssl`。

6. **在 TLS/SSL 繫結頁面，點選「私人憑證指紋」（private certificate thumbprint）和 TLS/SSL 類型，再點選新增繫結以便完成設定。**

   在大部份情形下，你會選擇「以 IP 為主的 SSL」作為 TLS/SSL 類型。當你的數位憑證可以保護多組 DNS 名稱時，可以改用 SNI SSL。

7. 以 HTTPS 和自訂網域名稱測試你的 web 應用程式連線。

圖 7-15 顯示的便是已完成的配置。

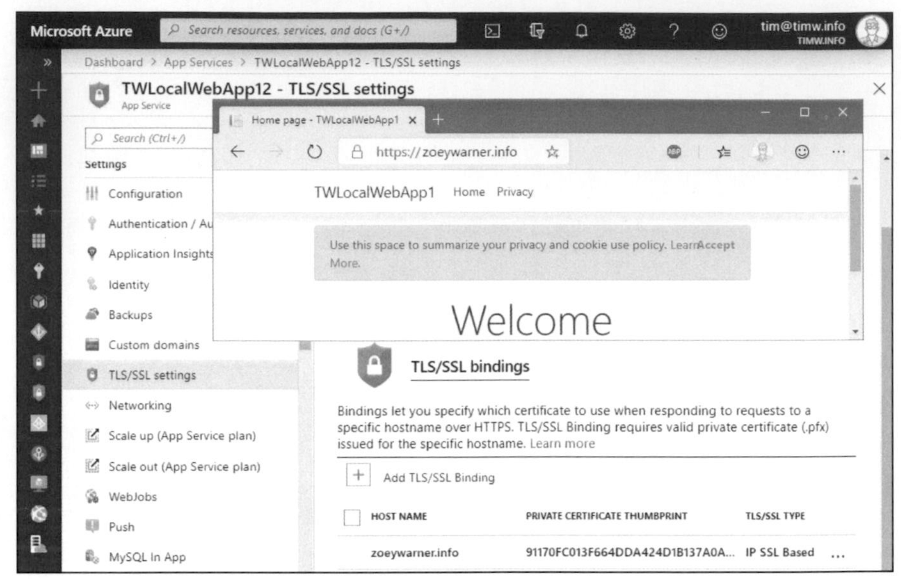

圖 7-15： 這個 web 應用程式已經可以同時配合自訂 DNS 及 TLS/SSL 運作了

配置自動調節

在以前那個痛苦的年代，如果要讓自有的公用網頁伺服器可以處理突發的用量，通常必須採購新硬體。可是一旦流量消逝、不再需要這麼多硬體時，原先的資產支出就成為不必要的浪費。

APP SERVICE DOMAINS

為了方便客戶起見，微軟與 GoDaddy 合作，透過 App Service 網域〈App Service Domains〉這項服務，直接在 Azure 上販售公用的 DNS 網域。如果利用這項服務購入網域，那麼替 Azure 產品添加網域幾乎是彈指可得。而 Azure DNS 服務也允許你託管購自他處的 DNS 網域。

同樣地，App Service 憑證服務也允許你在 Azure 入口網站中購買和管理公開可信的 SSL 憑證。Azure 會把憑證存放在金鑰保存庫（Key Vault），讓你可以輕易地替 App Service 應用程式建立 SSL 繫結。

毋須購入硬體，你就可以為 App Service 應用程式設定手動或自動調整功能。

在你可以使用自訂網域、SSL 憑證及自動調整規模條件這些進階功能之前，可能需要先縱向擴大（scale up）你的 App Service 方案。舉例來說，在本書付梓前，你需要至少 S1 等級的方案，才能使用自訂網域和 SSL、以及可以自動上調至 10 個同等執行個體等功能。

假設你要設定 web 應用程式，讓它按照 App Service 方案中的每 10 分鐘 CPU 負載指數，在必要時從一個執行個體擴增到三個。但同樣重要的，是你也需要在流量趨緩時把規模下修回到最小值。要完成這些設定，請依循以下步驟進行：

1. **在你的 web 應用程式設定中點選擴增 (App Service 方案)（Scale Out (App Service Plan)），然後點選自訂自動調整（Custom Autoscale）。**

   這時會出現自訂自動調整選項。注意另外還有手動調整規模選項，它會讓 Azure 資源總管複製同樣的 web 應用程式執行個體，但不需煩惱 VM、DNS、或是應用程式組態 —— 這正是 PaaS 的優點。

2. **縮放模式（Scale mode）選擇「依據計量調整規模」（Scale Based on a Metric），並設定「執行個體限制」（instance limits）。**

   你必須了解三種執行個體限制選項的差異：

   - **最小值**：你需要運行的最小執行個體數目。注意每個執行個體都會計費。
   - **最大值**：你預計同時需要的最大執行個體數目。
   - **預設**：當 Azure 無法計算計量值時，會還原至這個執行個體數目值。

3. **選擇新增規則（Add a rule）**

   請使用以下設定作為基準線，但是你可以自己實驗：

- 時間彙總（*Time Aggregation*）：平均（Average）
- 計量名稱（*Metric Name* ）：CPU Percentage
- 維度名稱、運算子、維度值（*Dimension Name, Operator, Values*）：Instance= 所有值
- 時間粒度統計資料（*Time Grain Statistic*）：平均（Average）
- 運算子和用於觸發調整動作的計量閥值（*Operator and Threshold*）：大於 70
- 持續時間（*Duration*）：10 分鐘
- *Action*：將執行個體計數增加 1，冷靜 5 分鐘

冷靜值（cool-down）指定的是 Azure 再度進行調整前會等待的時間。

4. **點選「新增」。**

現在應該會在自訂自動調整設定中看到你的調整規模條件。你已訂出擴增 web 應用程式的條件之一，但不要忘了還有回調的條件要設。

5. **再點選「新增調整規模條件」（Add a Scale）增設其他計量規則，以便在 CPU 重新低於百分之 40 時將叢級規模下修。**

TIP

筆者建議你把預設的自動調整規模條件的名稱改一下，這樣你和團隊比較容易理解其用途。

監視 Web 應用程式

在這個小節中，筆者要簡單地介紹，如何以 Application Insights 監視 App Service 應用程式，Application Insights 是一種運作在 Azure 上的應用程式效能管理平台，不論應用程式是位於 Azure、自有環境、或是其他雲端業者的環境，Application Insights 對它們都具備豐富而深入的洞察力。

檢測（*Instrumentation*）意味著將 Application Insights 的軟體開發套件（SDK）置入到你應用程式的原始碼當中。然後可以把用戶端的 SDK 連接至位於 Azure 訂用帳戶的 Application Insights 資源。

Application Insights 可為你的開發人員提供以下的情報：

» **要求與回應時間，以及失敗率：**你可以看到在一天中的不同時段中，哪些 web 應用程式的頁面最受歡迎、或最不受青睞，也可以看出使用者連線來自何處。

» **相關率：**你可以用視覺的方式畫出你的應用程式與外部元件的關係，當你需要維護或移轉應用程式時，這份資訊可以保障應用程式的上線時間。

» **附帶原始碼分析的例外訊息：**你可以隨著堆疊輸出一直追蹤到原始碼中實際程式碼行數，因為 Application Insights 的遙測是直接嵌入在 Visual Studio 專案當中的。

» **效能計數：**你可以觀察從 web 應用程式底層的 VM 基礎設施蒐集到的效能統計數字。

» **儀表板：**你可以用簡單易懂的格式繪製遙測資料。

» **分析器：**可以沿著每一次操作追查對於 web 應用程式的要求和回應。

新增 Application Insights 資源

1. 在 Azure 入口網站中，瀏覽至 Application Insights 頁面。

   這時會出現 Application Insights 配置頁面。

2. 設定資源詳細資料。

   以下詳情應該一看就會懂：

   - 訂用帳戶
   - 資源群組
   - 執行個體名稱
   - 地理區域

我的意思是，要確保最短延遲時間，請找出與 web 應用程式位於相同地理區域 Application Insights 資源，。

但可惜的是，在本書付梓前，並非所有公開地理區域都有 Application Insights 可用。你可能需要選擇與你的 web 應用程式所屬地理區域最近的那一個。

3. **點選「檢閱 + 建立」以提交部署，然後點選「建立」。**

在 web 應用程式中啟用 instrumentation

在 Azure 的命名慣例裡，檢測（instrumentation）意味著把你的 Azure App Service 應用程式連結到一個 Application Insights 執行個體。Application Insights 會立即展開行動，蒐集有關於你的應用程式的環境及效能細節。

請依下列步驟，將 Application Insights 執行個體連結至你的 Azure web 應用程式 ：

1. **切換至 Visual Studio，載入你剛剛在本章中最新建立的 ASP.NET web 應用程式。**

2. **在方案總管中以滑鼠右鍵點選你的專案，然後從功能選單點選加入 ➪ Application Insights 遙測。**

   這時會出現設定「設定 Application Insights」的視窗。[譯註 17]

TIP

如果這時你沒看到 Application Insights 選項，代表你可能尚未安裝 Application Insights SDK。請點選工具 ➪ 取得工具與功能，開啟 Visual Studio Installer，這裡就可以安裝 Developer Analytics Tools。

譯註 17 現在會先出現「設定相依性」視窗，請選擇會「與 Azure 中執行的執行個體連線」的那一種。

3. 在設定 Application Insights 視窗中，點選「Application Insights 執行個體」右邊的 + 圖示。

   這時會開啟「Application Insights 建立新項目」視窗。

4. 填好表格。

   你必須提供填上 Azure 訂用帳戶、Application Insights 資源名稱及位置等資訊。

   或是跳過步驟 3，直接串接你先前建立的 Application Insights 資源也可以。。

5. 點選「下一步」設定連線字串等相依性資訊，然後按「完成」。

檢視 Application Insights 遙測資料

你可以在以下任何場合使用 Application Insights 遙測的串流：

- **Visual Studio**：開啟 Application Insights 工具列檢視其功能。如果你沒看到這個工具列，請點選檢視 ➪ 工具列 ➪ Application Insights。
- **Azure 入口網站**：開啟已指定的 Application Insights 資源，然後在概觀頁面點選「應用程式儀表板」(Application Dashboard)。
- **Azure Log Analytics**： Log Analytics 是一種通用的查詢與報表平台，擁有自己的查詢語言（與 SQL 類似），稱為 Kusto。你可以在一個集中場所查詢 Application Insights 及任何 Azure 中的資源。

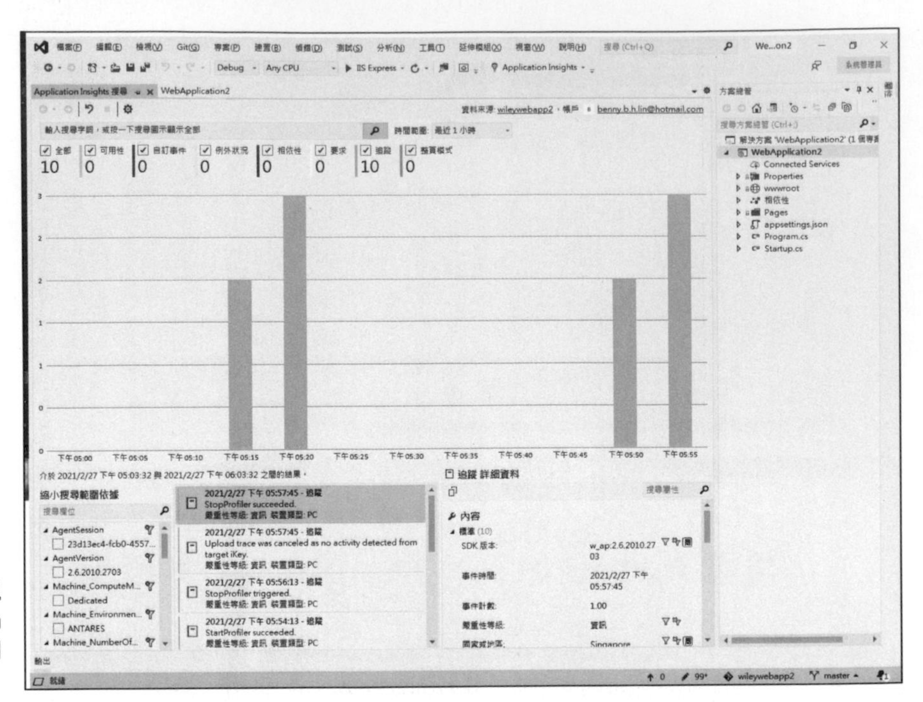

圖 7-16：在 Visual Studio 中檢視 Application Insights 遙測資料

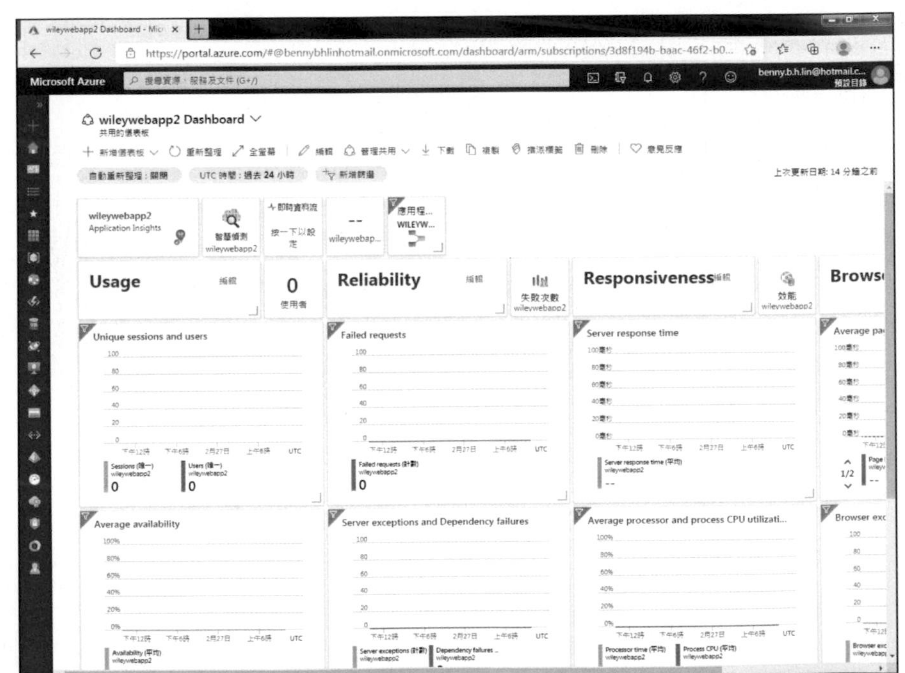

圖 7-17：在 Azure 入口網站中檢視 Application Insights 遙測資料

在本章當中

- 理解何謂無伺服器運算
- 設計與實作 Azure 函數應用程式及 Azure 函式
- 規劃、設計與測試 Azure 邏輯應用程式

Chapter 8

在 Azure 上運行無伺服器應用程式

本章將進入美妙的 Azure 無伺服器運算世界。筆者會先為大家解開關於**無伺服器**（*serverless*）的真相，然後再探討如何在 Azure 當中建立函數應用程式及邏輯應用程式。

定義何謂無伺服器

無伺服器（*serverless*）一詞近日備受矚目。它到底是什麼？筆者會儘量去掉行銷的廢話，簡明地闡述這個概念。

App Service 應用程式提供了大量的彈性，如此一來你就不必再管理底層的基礎設施，但是你還是有一整個應用程式堆疊需要面對。

無伺服器應用程式背後的觀點，就是微軟幫你把整個環境都抽象化。你只需上傳單一函式的程式碼，並命令 Azure 按照預訂的事件觸發程式執行即可。

但其實你我都知道，沒有真正的**無伺服器**這碼事。所有的 App Service 應用程式私下還是需要仰賴 Linux 或 Windows Server 的虛擬機器才能運作。這個術語只不過代表為 Azure 開發人員、管理者及解決方案架構師進一步設置的抽象層而已。

了解 Azure 的函數應用程式

你可以把 Azure 函式想像成程式碼即服務（code as a service），只需上傳程式碼，Azure 便會為你執行。精確地說，Azure 會按照觸發程式執行你的函式，而觸發程式其實是一種事件類型。事件可以是一個手動啟動的觸發程式、一個排程的觸發程式、或是在 Azure 其他部位發生的某些事件。

函數應用程式（*function app*）是一個容器物件；你可以把一個以上的個別 Azure 函式包裝在一個函數應用程式當中。而被包裝在內的函式，皆可共同分享函數應用程式層級的運算與應用程式執行階段。

所謂的**函式**（*function*），是一段具名的程式，可執行特定的任務。通常應用程式均由多個函式組成。相較之下，Azure 的函式則是單獨的具名程式區塊，範圍僅限於執行單一動作。

你可以從兩種方式中擇一支付 Azure 函式：

- **使用量（Consumption）方案**：Azure 會在執行你的函式時才動態分配運算資源。然後依照每個月的函式執行次數收費。微軟提供一個慷慨的免費套餐。可惜的是，依使用量計費模型的效能要比 App Service 方案模型慢得多。
- **應用程式服務（App Service）方案**：此種計費模型完全比照 App Service 的網頁應用程式。好處是因為你能夠掌控底層的運算能力，故效能更容易預測。

TIP

筆者不會在本書中對 Azure 的計費多所著墨，因為微軟經常更改價格和計費方式。最新的計費資訊請參閱 `https://azure.microsoft.com/pricing/`。

函式預設的運作方式為無狀態（stateless）——亦即函式被觸發時，會執行其原始碼，但函數應用程式平台不會在意持續性（persistence）。

為了適應長期執行任務，其中可能涉及與狀態、設置檢查點並延續執行的能力、以及在 VM 重啟後能繼續存活等相關特質，微軟提供了所謂的持久函式（durable functions），這是 Azure 函式的延伸。它整合了多種常見的應用程式架構模式，在本書付梓前，已可支援 C#、F#、Javascript 等程式語言。

了解 Azure 的邏輯應用程式

筆者喜歡將 Azure 函式描述成瑞士軍刀一般的工具，程式設計師可以透過它將重複的工作自動化，但毋須承擔 web 應用程式的完整應用程式介面（API）。Azure 邏輯應用程式解決的問題則略有不同，它建立的是商務工作流程，可將各種第三方的軟體即服務（SaaS）應用程式整合起來，而不需要讓開發人員事先了解這些個別的 API。

如果你聽過微軟的 BizTalk Server 這項產品，邏輯應用程式其實有點算是它的雲端變種版本。兩者都包括大量專供第一方及第三方應用程式使用的各類連接器（connector）程式庫。

設想你的人事部需要將員工資料從某資料庫平台移往另一個資料庫平台，然後將其中選定的結果匯出至另一個 SaaS 平台。邏輯應用程式很可能已經內建這些平台的連接器。邏輯應用程式設計工具（Logic Apps Designer）其實就是一個建置工作流程的控制介面。

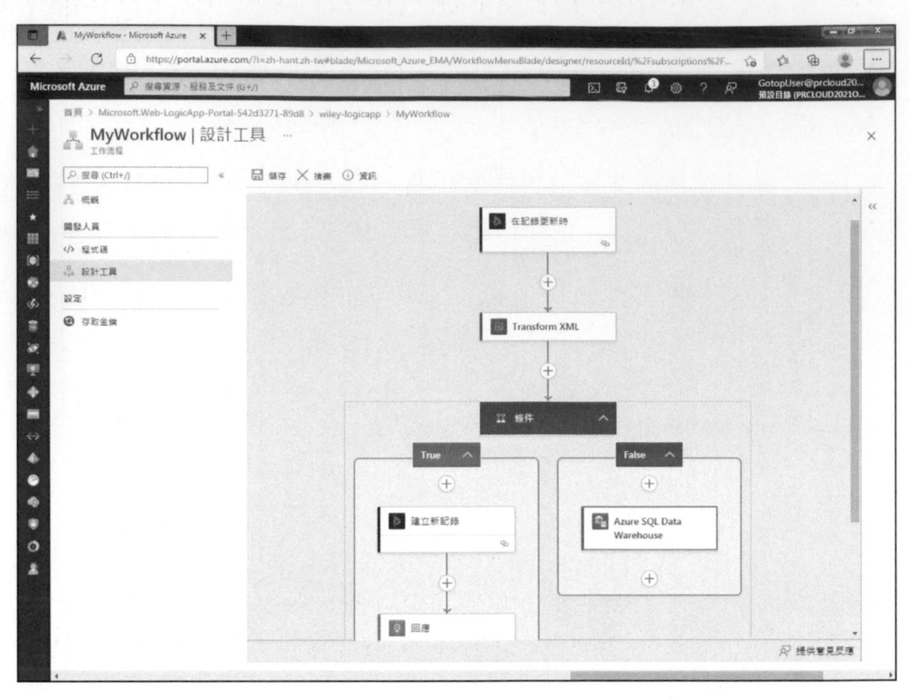

圖 8-1：
邏輯應用程式不需具備 API 相關知識，只需使用拖拉式操作的工作流程設計界面即可

圖 8-1 便展示了如何將條件邏輯加入到邏輯應用程式工作流程當中。不論繁簡，你都可以順利地將各種商務邏輯對映進來，不需為各家廠商的 API 煩惱。

自訂連接器

所有的邏輯應用程式及其連接器，都是以 JSON 格式描述的。因此若是微軟內建程式庫並未支援特定應用程式時，你的開發人員也能自訂邏輯應用程式的連接器。唯一的限制是，需要支援的新應用程式必須含有能支援 OpenAPI 標準的 RESTful API。

表現層狀態轉換（Representational State Transfer, REST）是一種程式撰寫風格，其中的應用程式必須以 HTTP 協定來收發資料。REST 的厲害之處，在於你不需要特定的軟體就能使用它，而資料可以透過防火牆許可的連接埠和通訊協定來傳輸。

Microsoft Flow 與 Azure 邏輯應用程式的比較

Microsoft Flow 是 Office 365 家族的應用程式之一，屬於 SaaS 平台，同樣以邏輯應用程式打造而成。換句話說，Flow 算是精簡版的邏輯應用程式，但主要是為了一般使用者而設計，而非開發人員。

Microsoft Flow 是為了其所屬企業未採用 Azure 的商務使用者而設計的，而邏輯應用程式則是為了已經擁抱 Azure 的機構中的商務使用者（一般或進階）而設計的。

Azure 函數應用程式與 Azure 邏輯應用程式的比較

函數應用程式需要特定程式語言的相關開發知識；相較之下，邏輯應用程式則屬於無須撰寫程式碼的解決方案。此外，函數應用程式是通用型的 CaaS，而邏輯應用程式則是針對商務工作流程開發。

了解觸發程式、事件和動作

有趣的是，你可以把函數應用程式和邏輯應用程式整合起來，兩方都可以成為對方的觸發程式或是動作。

- 在 Azure 的無伺服器領域裡，觸發程式定義的是如何呼叫函數應用程式或邏輯應用程式。每一個無伺服器應用程式都只能有一個觸發程式。
- 你或許要問「那觸發程式又從何而來？」答案是事件（*event*）：一種關於狀態變更的精簡型通知。
- 最後，動作（*action*）是你設定的反應方式，會在應用程式的觸發程式啟動時自動發生。

使用 Azure 函式

設計函式的第一步，是先決定要做些什麼。假設你在 App Service 中建立了一個 web 應用程式，可以讓使用者上傳影像檔。這個虛構應用程式的原始碼會把使用者上傳的影像檔放在一個名為 images 的檔案容器裡（還真名符其實），而這個檔案容器則位於 Azure 儲存體帳戶的 blob（binary large objects，二進位大型物件）服務容器當中。

如果你想對上傳內容做些自動處理呢？以下是一些例子：

- 自動轉換或重設影像尺寸
- 對影像進行面部識別
- 根據影像行產生通知

你可以根據檔案上傳事件觸發一個函數。

在本書付梓前，Azure 函式已包括以下的觸發程序：

- **HTTP**：基於 web hook（HTTP 要求）的觸發程序
- **計時器（Timer）**：基於預訂排程的觸發程序
- **Azure 佇列儲存體（Azure Queue Storage）**：基於佇列儲存體訊息的觸發程序
- **Azure 服務匯流排佇列（Azure Service Bus Queue）**：基於服務佇列訊息的觸發程序
- **Azure 服務匯流排主題（Azure Service Bus Topic）**：基於出現在特定主題中訊息的觸發程序
- **Azure Blob 儲存體（Azure Blob Storage）**：當 blob 加入至特定容器時的觸發程序（也是本例會使用的觸發程序）
- **Durable Functions HTTP Starter**：當另一個 Durable Function 呼叫現在這個 Durable Function 時的觸發程序

建立一個 Azure 函式

筆者提到過，函數應用程式是一個容器物件，其中儲存了一個以上的個別函數。圖 8-2 便說明了函式的工作流程。

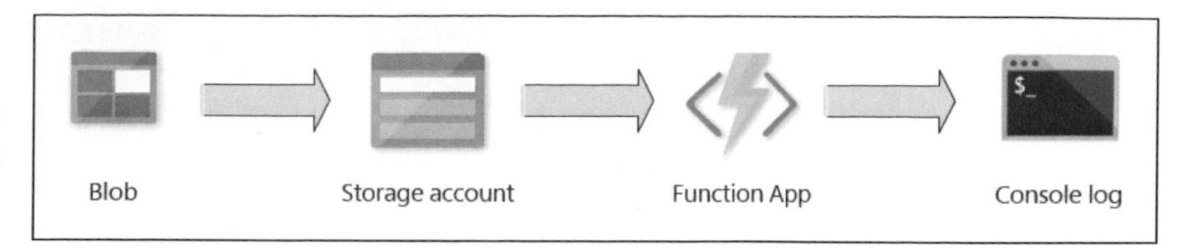

圖 8-2：會對已上傳的影像檔採取行動的 Azure 函式

首先你需要建立一個函數應用程式。接著才定義函式本身。最後才是測試和驗證函式是否被正確地觸發。

建立一個函數應用程式

請依循以下步驟，在 Azure 入口網站中部署一個新的函數應用程式：

1. **在函數應用程式（function app）頁面點選「建立」（Add）。**

   這時會出現建立函數應用程式的「基本」頁面。

2. **填好函數應用程式部署表格（參見圖 8-3）。**

   以下是基本資料：

   - 「基本」分頁的「函數應用程式名稱」（*App Name*）：這個名稱必須保持獨特性，因為函數應用程式屬於 App Service 的一員，其 DNS 名稱會置於微軟的公用 DNS 區域 azurewebsites.net 之內。
   - 「裝載中」分頁的「作業系統」（*OS*）：選擇你要使用的作業系統種類。
   - 「裝載中」分頁的「方案類型」（*Hosting Plan*）：目前選擇使用量（無伺服器）即可。事後你隨時可以修改
   - 「基本」分頁的「執行階段堆疊」（*Runtime Stack*）：你可以選擇 .NET 、Node.js、Python、Java 與 PowerShell Core 等等。譯註 1
   - 「裝載中」分頁的儲存體帳戶（*Storage*）：你需要一個一般用途的儲存體帳戶來存放程式碼內容。

譯註 1　現在還多了自訂處理常式（Custom Handler）

- *Application Insights* ：最好啟用它，以便儘量從函數應用程式取得後端遙測數據。

3. **點選「建立」以提交部署。**

TIP

在本書付梓前，微軟已經開始提供新版預覽的 Azure 函數應用程式新建程序。因此你若是發覺自己所見內容與圖 8-3 不符，也不必吃驚。配置的選項基本上還是一樣，只不過排版不同而已。Azure 入口網站會有異動，是稀鬆平常的事。

圖 8-3：建立一個 Azure 函數應用程式

定義一個函式

建置 Azure 函數應用程式流程的下一步，是定義函式本身。從筆者自身的體驗看來，函數應用程式那套不算標準的介面，很少人會覺得好用。[譯註 2] 總之，圖 8-4 說明 了即將進行的內容。

在建立函數前，應該先建立此次網站上傳影像範例所需的影像 blob 容器。如果你已安裝 Azure 儲存體總管，請繼續！如果還未安裝，請複習第三章的安裝細節。

圖 8-4：
先前設計函數應用程式使用介面的人並未好好遵守其他 Azure 入口網站頁面的風格。但目前的介面設計已可呼應其他 Azure 入口網站頁面的風格

譯註 2　譯者比對畫面時，Azure 的函數應用程式頁面已與作者附圖大不相同，應已經過改寫，與一般頁面配置相當類似了。

Azure 儲存體總管是一個免費的跨平台桌面應用程式，可以讓 Azure 儲存體帳戶管理容易許多。請到 `https://azure.microsoft.com/features/storage-explorer/` 下載。

請依以下步驟為新函數先建立一個 blob 容器：

1. **開啟 Azure 儲存體總管，並認證你的 Azure 訂用帳戶。**
2. **展開你剛剛為函數應用程式建立的儲存體帳戶，以滑鼠右鍵點選 Blob Containers，從功能選單點選建立 Blob 容器。**

   Azure 會建立容器，並將你的滑鼠游標移至容器名稱空格，現在你可以命名了。

3. **將容器命名為 images。**

建立一個函式

很好，我們快要完成了。現在你可以建立一個函式。請依以下步驟進行：

1. **在 Azure 入口網站中開啟剛剛新建的函數應用程式。**
2. **在「函式」頁面點 + 號鍵以便建立函數。**[譯註 3]

   右邊的細節窗框會帶你完成函數新增精靈，第一步就是選擇開發環境。

3. **選擇「在入口網站中開發」（In Portal）。**

   其實 Visual Studio 和 Visual Studio Code 也都支援撰寫函式。

4. **在新增函式窗框中，範本選單還有更多內容。請選一個範本。**

   如圖 8-5 所示。

譯註 3　讀者不必因為函式或函數二詞反覆而糾結，即使在 Azure 入口網站的頁面裡，這兩個名詞也是交互出現。

圖 8-5：在 Azure 入口網站中建立一個函數

5. 選擇 Azure Blob Storage Trigger。

你可能會收到提示要你安裝 Azure Storage Extension；請選安裝並完成它。

6. 填好新增函式的表格。

欄位填法如下：

- **新函式**（*Name*）：我自己取名為 BlobUploadFx。這個函式名稱會包含在你的函數應用程式當中。名稱應該保持簡明易懂。
- **路徑**（*Azure Blob Storage Trigger Path*）：這個設定很重要。你必須保留 `{name}` 部位，因為它是可變的部位，代表即將上傳的 blob。路徑應該要像這樣：

```
images/{name}
```

- 儲存體帳戶連線（*Storage Account Connection*）：點選 New，然後選擇函式所在的儲存體帳戶。[譯註 4]

7. 填好後按「建立」。

當你點選函數應用程式頁面左側的函式、進入剛才新建函式後再點選「編碼 + 測試」時，就會看到你的入門 C# 程式碼。例如下面這樣：

```
public static void Run(Stream myBlob, string name, ILogger log)
{
    log.LogInformation($" C# Blob trigger function Processed blob\n
            Name:{name} \n Size: {myBlob.Length} Bytes" );
}
```

以上程式碼的意思是「當函式觸發時，請把 blob 檔案名稱和大小等資訊寫到主控台紀錄」。上例十分簡單，因此你可以專注在函式的運作方式上，而不需要為程式語言內容費神。

新函式包含以下三個子頁面：

- 整合（Integrate）：你可以在此編輯觸發程序、輸入與輸出等等。
- 功能鍵（Function Keys）：這裡可以定義讓函式認證 API 存取的 host 金鑰。
- 監視（Monitor）：在此可以檢視函式執行成功與否，或是觀察函式的 Application Insights 遙測數據。

測試

只須遵照以下步驟即可測試函式：

1. 在 Azure 儲存體總管中，上傳一個檔案到你定義的 images 容器。

   請先選好容器，再從工具列點選上傳鍵。你可以選擇上傳單一檔案或整個資料夾。

譯註 4　最好是選剛剛新建函數應用程式時隨同建立的儲存體帳戶。

從技術上說，你可以上傳任何檔案、影像或其他內容，因為任何檔案都被視為是 blob。

2. 在 Azure 入口網站點選你的函數應用程式，切換至「記錄資料流 」並觀看上傳後的輸出。譯註 5

圖 8-6 顯示的就是測試的輸出結果。

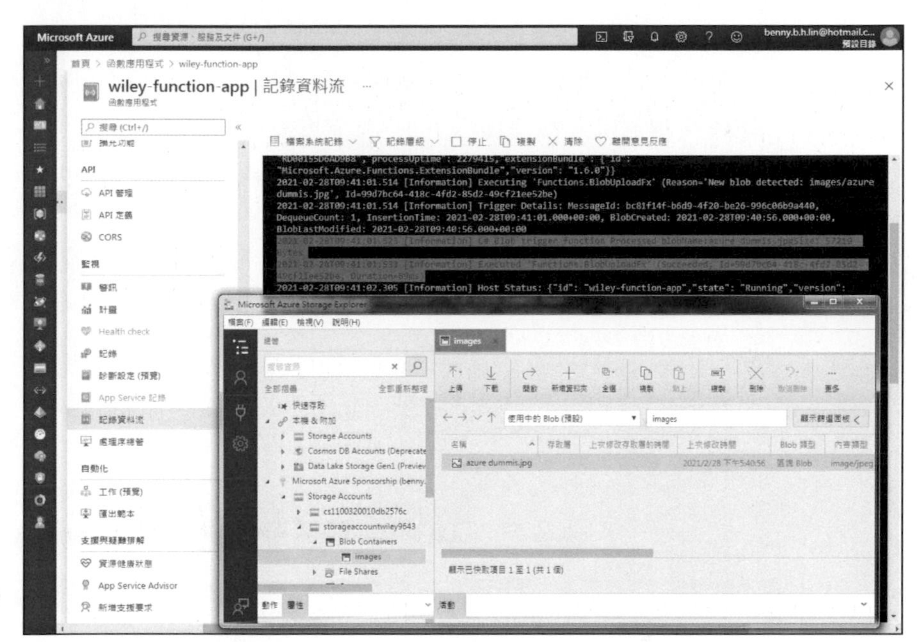

圖 8-6：我們的 Azure 函式動作

配置函數應用程式設定

在筆者繼續介紹邏輯應用程式之前，我想先確認各位都知道如何微調函數應用程式的設定。舉例來說，你也許會想從使用量方案切換成 App Service 方案的計費方式，或是反過來做。又或者你想測試另一個不同的執行階段環境之類。

譯註 5　你可能要先設一個相關的 application insights 資源，再上傳檔案，記錄資料流才有畫面可看。

為了簡化起見，以下列出函數應用程式頁面中每個設定子頁面的主要功能 ：

你必須位於函式應用程式的範圍（函式的外圍瀏覽層）才能看到以下圖 8-7 的內容。

- **概觀（Overview）**：這裡可以停止、啟動和重新啟動這個函數應用程式。你也可以下載應用程式內容，供本機的 IDE 使用。
- **組態（Configuration）**：這個分頁是以下多數函數應用程式設定所在之處。
- **組態（Configuration）下的函數執行階段設定（Function App Settings）**：這個子頁面可以看到使用量配額（usage quota）。
- **組態（Configuration）下的應用程式設定（Application Settings）**：你在這個子頁面可以管理應用程式的成對設定鍵 / 值，以及資料庫連接字串等等。
- **組態（Configuration）下的一般設定（General Settings）**：你在這個子頁面可以設定架構；FTP 狀態、HTTP 版本；遠端偵錯等等。

圖 8-7：了解函數應用程式與它包覆的函式之間的關係

以 Azure 邏輯應用程式建立工作流程

假設你公司的行銷部門，希望在現有或潛在客戶在推特上提到你公司的名稱時，能收到通知。如果沒有邏輯應用程式，開發人員就必須註冊一個自用的推特帳戶、以及 API 金鑰，然後必須深入推特的 API，設法搞懂如何將推特和公司的通知平台整合起來。

其實你的開發人員可以配置一個讓特定的推文觸發的邏輯應用程式，然後發出一封電子郵件到 Outlook 信箱，完全不需涉及推特和 Office 365 的 API。圖 8-8 展示的便是一個邏輯應用程式的工作流程。

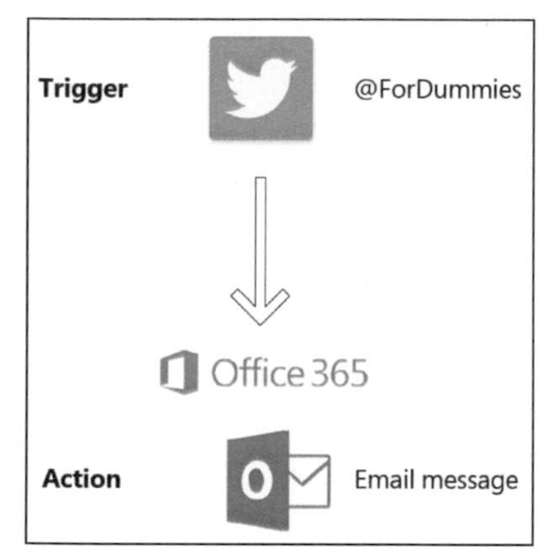

圖 8-8：Azure 邏輯應用程式的工作流程

建立一個 Azure 邏輯應用程式

現在，你要建立一個邏輯應用程式，並在公開推文提及關鍵字 *Azure* 時觸發。結果的動作會發出一封電子郵件通知給指定信箱。部署這個邏輯應用程式需要三個階段：

- 部署邏輯應用程式資源
- 定義工作流程
- 測試觸發程序與動作

在 Azure 入口網站部署資源

請遵循以下步驟建立邏輯應用程式資源：

1. 在 Azure 入口網站瀏覽邏輯應用程式頁 面，並點選「加入」〈Add〉。

   這時會出現「建立邏輯應用程式」的子頁面。

2. 填好「建立邏輯應用程式」的表格。

   要提供的資訊並不多。邏輯應用程式名稱、訂用帳戶、資源群組、以及地理區域，還有指定是否要監視這個邏輯應用程式等等。

3. 點選「建立」以便提交部署。

   部署完成後，在 Azure 的通知選單點選「前往資源」，以便開啟邏輯應用程式。

定義工作流程

請遵循以下步驟建立邏輯應用程式工作流程：

TIP

如果你真的要遵循以下步驟進行，必須擁有推特和 Office 365 帳戶。推特帳戶是免費的，但 Office 365 帳戶屬於需要付費的 SaaS 產品。如果需要的話，不妨使用其他信箱（例如 Gmail）。邏輯應用程式的 connector 程式庫非常廣泛，你應該有機會找到適用的服務。

1. 瀏覽你的邏輯應用程式的「概觀」頁面。
2. 從設定選單選擇 「工作流程」，並新建一個工作流程。再進入新建的工作流程，左邊有「設計工具」可選
3. 從空白的邏輯應用程式開始，會讓你進一步熟悉工作流程的設計過程，但 Azure 提供眾多的範本和觸發程序，讓你自行運用。
4. 在「搜尋連結器與觸發程序」欄位，輸入 Twitter。
5. 從搜尋結果點選「有新貼文張貼時」。

6. 點選「登入」，然後登入推特帳戶。

7. 填好「有新貼文張貼時」的表格。

   如上所述，這個範例會在某人在推特上提到關鍵字 *Azure for Dummies* 時，觸發邏輯應用程式，因此你必須填好以下選項：

   - 搜尋文字：” Azure for Dummies”
   - 您要多久檢查一次項目：1 分鐘

WARNING

將邏輯應用程式設定成一見關鍵字 *Azure* 就觸發，會形成大量的觸發事件，並可能在你的結果中製造不良的訊噪比。如果你真要建立類似目的的邏輯應用程式，記得用一個更精密的觸發程序及關鍵字來實驗，以便產生你真正需要的結果。

8. 點選「儲存」，重新進入設計工具，按 + 號點選「新增動作」。

9. 在「搜尋連結器與觸發程序」鍵入 Outlook。

10. 找到 Outlook 相關的連接器後，點選 Office 365 Outlook 這個連接器。

11. 在「搜尋連結器與觸發程序」鍵入「傳送」，再點選選單中找到的「傳送電子郵件」動作。

12. 在對話盒中點選登入，並認證進入 Office 365。

13. 填好傳送電子郵件對話盒，最好是使用動態內容（dynamic fields）。

    這個步驟會讓整個程序有點混亂。

    a. 把你的目標 *Office 365* 電子郵件信箱放到「至」欄位。

    b. 把你的滑鼠游標移至「主旨」欄位。

    c. 帶出「動態內容」視窗。

    「動態內容」讓你可以在工作流程中置入最新資料。舉例來說，圖 8-9 顯示的就是自訂的電子郵件通知訊息。

14. 點選「儲存」。

WARNING

別忘了這一步！筆者自己的經驗是很容易漏掉這一步。

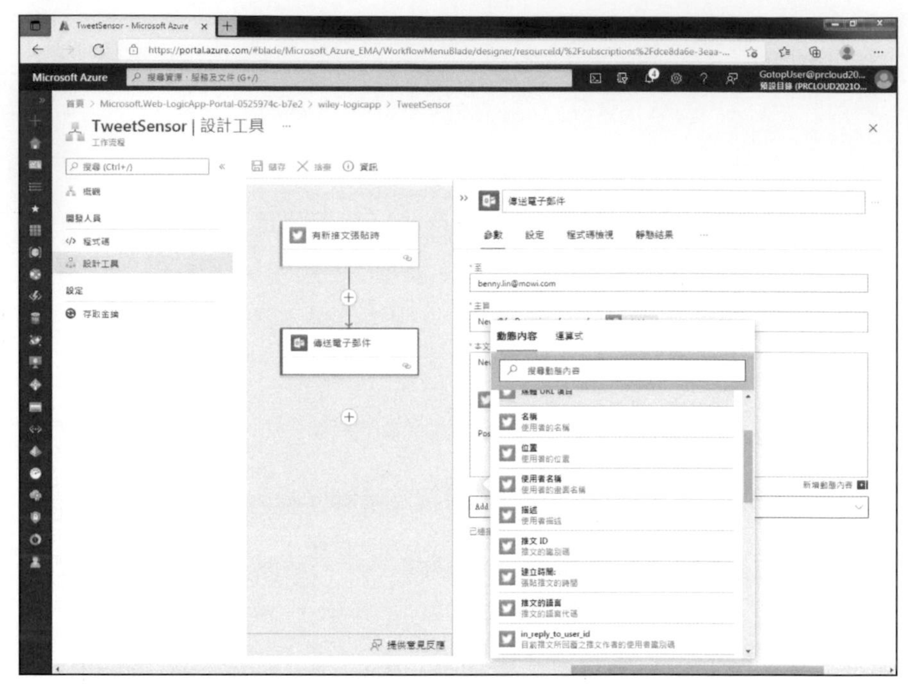

圖 8-9：邏輯應用程式的動態內容

習慣邏輯應用程式的設計工具列

你已定義了工作流程。在測試前，請觀察圖 8-9 顯示的幾個工具：

- **執行觸發程序（Run Trigger）**：點選這個鍵，即可啟用邏輯應用程式。記住，邏輯應用程式也是應用程式服務的一員，會用到一個以上的 VM 來支援其中的工作流程。
- **設計工具（Designer）**：如果你想重新檢視圖形設計畫面，就按這裡。
- **程式碼（Code）**：按下此處即可檢視 JSON 原始碼。然而邏輯應用程式的好處之一，便是毋須理解涉及的各種 API，也能建構出影響力極強的業務整合工作流程。
- **流程圖中的 + 號與「新增動作」**：可以在此挑選各種你想加入的連結器、觸發程序與動作等等。

測試觸發程序與動作

要測試動作，請這樣做：

1. **在邏輯應用程式的工作流程中點選「執行觸發程序」。**

   你必須（注意，是**必須**）將邏輯應用程式的狀態切換至「Running」，它才能捕捉觸發程序。

2. **在推特貼一篇推文，並加上 Azure 字樣。**

3. **等候信件通知**

   推特應該會觸發一封電子郵件，寄往你指定的信箱。圖 8-10 就顯示了這麼一封信。

圖 8-10： 一封指出邏輯應用程式確實有效運作的電子郵件

TIP

另一個可以檢視工作流程運作狀態之處，是工作流程的「概觀」頁面，它會顯示觸發程式被觸發了多少次、工作流程執行了幾次、或是任何的錯誤。

在本章當中

- 為應用程式的資料層評估Azure Iaas與PaaS
- 研究Azure的關聯式與非關聯式資料庫系統
- 使用Azure SQL Database
- 使用Cosmos DB

Chapter 9

在 Microsoft Azure 上管理資料庫

絕大部份的商務應用程式都需要一個資料層（data tier），作為永久性資料駐留之處，同時可供查詢，並據以產生報表，所以現在正是你開始了解如何在微軟的 Azure 公有雲上實作資料庫的好時機。

雲端上的資料庫並不是什麼新觀念：微軟在 2008 年時首度公開提供的雲端服務，就是 SQL Data Services。

讀完本章後，讀者們就可以迅即了解 Azure 中的關聯式與非關聯式資料庫兩種選項，也會知道基本的部署和配置方式。

再談 Iaas 與 Paas 的問題

在 Azure 雲端解決方案顧問的生涯中，客戶最糾結的抉擇，就是要判斷自己的工作負載，究竟是該選用 Azure VM、還是各種代管的平台即服務（PaaS）內容。資料層正是這個抉擇的最佳示範。

對於「我究竟該把應用程式的 SQL 資料庫放在 Azure VM 還是 Azure PaaS 上？」這個問題，顧問的典型回答都是「看情形」。這種問題的答案不會是非黑即白的是非題。以下各小節會說明身為 Azure 用戶，在面臨以上的抉擇時，應該考量的各個面向。

對環境的掌控

當你把資料庫放到位於虛擬網路的 Azure 虛擬機器（VM）上時，就等於對整個環境有全面性的掌控權。如果你需要調整 SQL 伺服器分配的記憶體，大可放手進行。如果你想從 Windows 登錄檔進行效能調校，VM 完全可以任你發揮。

相較之下，如果你選用的是 Azure SQL Database 之類的代管型 PaaS 產品，就沒有這麼大的掌控權了。在 PaaS 上，微軟嚴格控制了你對資料庫底層虛擬機器的使用深入程度。

執行不同版本的任何資料庫

有些客戶之所以選擇要在 VM 上運行其資料層，是因為他們的資料庫剛好沒有 PaaS 代管的版本可用。在本書付梓前，微軟支援以下版本的「適用於 MySQL 伺服器的 Azure SQL 資料庫」（Azure Database for MySQL Servers）：

- MySQL Community Edition 5.6 [譯註 1]
- MySQL Community Edition 5.7
- MySQL Community Edition 8.0

要是你的應用程式需要更早期或更新的 MySQL 版本，或是你已經支付了 MySQL Enterprise Edition 的費用，該怎麼辦？這時 VM 才是最適合你的選擇。

譯註 1　現在在 Azure 入口網站中，該選項已被加註「已退場」字樣。

相較之下，只要你的應用程式支援 Azure 代管的 PaaS 資料庫選項，就可以立即享受到 Azure 龐大的全球化規模及彈性的運算能力等優點。

使用從 Azure Marketplace 取得預先裝好的 VM

Azure Marketplace 中涵蓋了各式各樣預先安裝好的 VM 映像檔，可以運行市面上幾乎任何一種關聯式或非關聯式資料庫。

從商務角度上說，你可以省下安裝、處理授權、以及配置資料庫軟體所需的額外時間，因為映像檔裡都已裝好了。此外，SQL 伺服器授權所需的費用，早已涵蓋在 VM 執行階段的成本當中。

相較之下，PaaS 的資料庫選項則會替你把底層的伺服器基礎設施給抽象化。因此你不需再為伺服器的效能調校、備份等事務操心。相反地，你只需專注在商務應用程式、以及相關的後端資料上就好。

圖 9-1 顯示的就是 Marketplace 上提供的範本例子。有些合作夥伴還提供「隨用隨付」的授權方式，可以整合在你的 Azure 訂用帳戶費用當中。

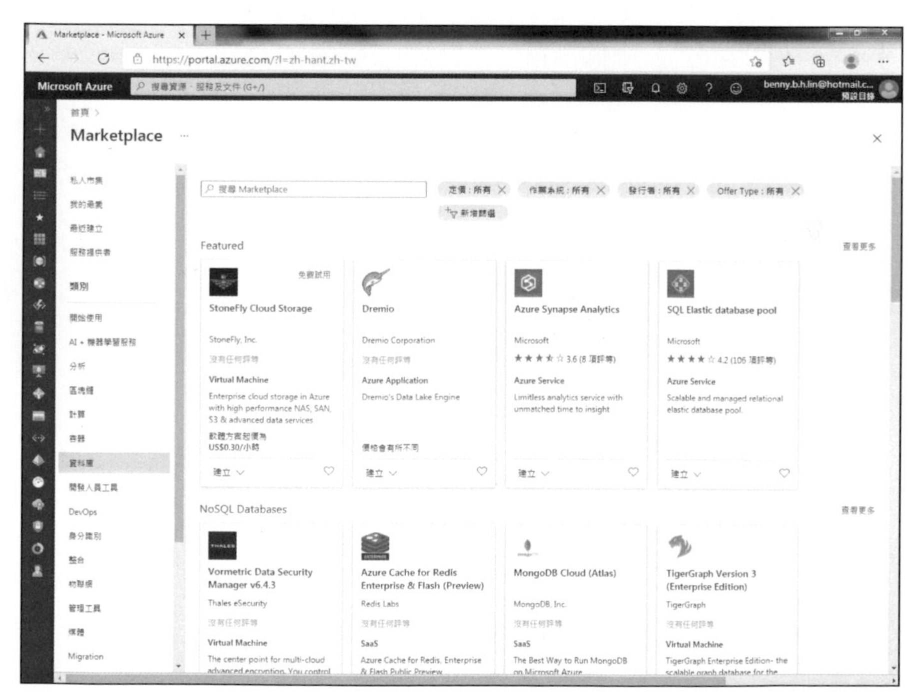

圖 9-1：你可以從 Azure Marketplace 部署預先裝好的 VM 以節省時間

比較 Azure 上的關聯式與非關聯式資料庫

這個小節會深入各種 Azure 代管的資料庫，並先從關聯式與非關聯式資料庫系統的差別談起。當然這個主題的詳盡探討已經超出本書範疇，但筆者會試著在此略道其詳。

TIP

詳情不訪參閱由 Allen G. Taylor 所著的 *SQL for Dummies* 第 *8* 版，以及 Adam Fowler 所著的 *NoSQL for Dummies*，這兩本書都是由 John Wiley & Sons Inc. 出版。Fowler 的書面世的時間比 Taylor 的書稍早一些，但它們都可以讓你對現代資料庫系統有廣泛的認識。

表 9-1 把關聯式與非關聯式資料庫系統最大的差異之處逐一條列出來。

表 9-1　關聯式與非關聯式資料庫

	關聯式	非關聯式
資料型態	預訂的結構	大量、彼此無關、易於消散
用途	會計、財務、金融、交易處理等等	行動應用程式、即時分析、以及物聯網（IoT）應用程式
規模調節	對 VM 增加更多資源以便縱向調整	跨叢集的橫向調整
資料模型	關聯資料表、每個資料表皆有嚴格限制	鍵 / 值及寬欄位
查詢語言	SQL	不一定，有些與 SQL 相彷

以下就來簡介一下 Azure 上的關聯式資料庫 PaaS 產品。

SQL 資料庫

微軟透過 SQL 資料庫將大部份的伺服器平台都抽象化，讓你只需專注在資料庫本身就好。

表 9-2 描述了 SQL 資料庫家族的成員。

表 9-2　SQL 資料庫產品

產品	用途
Azure SQL 資料庫	處理線上交易
專用 SQL 集區（Azure SQL Data Warehouse）[譯註 2]	處理線上分析
SQL 受管理的執行個體（Azure SQL Database Managed Instance）	大型平行處理

通常的選擇方式如下：

- 如果你想全權掌控環境，選擇 SQL 資料庫。
- 如果你想在 IaaS 及 PaaS 彈性之間取得平衡，選擇 SQL 受管理的執行個體。
- 如果你需要查詢負載沉重的大量平行處理，請選擇專用 SQL 集區。

適用於 MySQL 伺服器的 SQL 資料庫

對於執行 MySQL 應用程式的商用客戶來說，「適用於 MySQL 伺服器的 SQL 資料庫」—— 一套完全受控管的企業級 MySQL 社群版執行個體，完全整合在 Azure 內 —— 是最佳選擇。

這套解決方案讓你的開發人員可以沿用 MySQL 資料平台的原生工具，同時享有 Azure 平台的地理規模、安全性及效能。

適用於 MariaDB 伺服器的 Azure 資料庫

自從甲骨文公司在 2008 年併購 MySQL 之後，若干企業便把他們的應用程式資料平台移往其他產品、或是轉而擁抱 MariaDB 專案：它是甲骨文專有的 MySQL 資料庫管理系統的開放原始碼分支版本。

譯註 2　專用 SQL 集區已被移出 SQL 資料庫，作為獨立資源服務。

「適用於 MariaDB 伺服器的 Azure 資料庫」的操作幾乎和「適用於 MySQL 伺服器的資料庫」一模一樣，只除了你使用的是 MariaDB 而非 MySQL。兩種資料庫伺服器都可以讀寫相同的檔案，甚至可以平行運作。

適用於 PostgreSQL 伺服器的 Azure 資料庫

PostgreSQL 也是免費的開放原始碼關聯式資料庫系統，它在開放原始碼的多層式 web 應用程式專案中受歡迎的程度，與 MySQL 不相上下。

Azure 對 MySQL 和 PostgreSQL 的支援非常重要；幾年前根本不會有人想像得到，微軟有一天竟會支援自家 SQL Server 和 Access 資料庫以外的產品。

實作 SQL 資料庫

這個小節要來用 SQL 資料庫實際做一些事情。

了解服務層

SQL 資料庫具備兩種服務層、以及一個彈性集區（elastic pools）的購買模式，以下就會一一說明。

以 DTU 為基礎的服務層

筆者在第五章時曾大略介紹過 Azure 計算單位（Azure Compute Unit, ACU），它是微軟對 VM 運算能力的標準計量單位。這個數值的用意，是因為微軟在全球各地的資料中心網路中採用各式各樣的硬體，必須要有一套統一的計量方式。同樣地，資料庫交易單位（Database Transaction Unit, DTU）也是 SQL 資料庫的的效能計量單位。DTU 是一個綜合式的數值，它會考量伺服器分配的中央處理器（CPU）、磁碟輸入 / 輸出（disk I/O）、以及記憶體。當然了，DTU 模型的竅門就是要預估出資料庫的正確服務等級。

為了幫你判定自己的 SQL 資料庫工作負載究竟需要多少個 DTU，微軟員工 Justin Henriksen 寫了一個 Azure Database DTU 計算機，可以在 https://dtucalculator.azurewebsites.net 找到。不妨試試看！

vCore 的服務層

vCore 服務層允許你為 Azure SQL 資料庫指定個別的 Azure VM 執行個體規模。好處是你可以取得比 DTU 層更深入的運算層控制權。

透過無伺服器選項，你的運算資源會自動調整規模，並依照資料庫每秒消耗的 vCore 數量計費。

彈性集區模式

DTU 和 vCore 服務層都屬於單一資料庫。但如果你的企業擁有多個資料庫，每個資料庫的使用模式都不同時，又當如何？

這時就是彈性集區模式（Elastic pool model）登場的時候。你可以把所有資料庫置於一個彈性集區之中，讓它們共用彈性分配的 DTU。這樣一來，較不活躍的資料庫就可以把 DTU 讓給更忙碌的資料庫，可以充分活用你已付費、但可能閒置的 DTU。

部署 SQL 資料庫的虛擬機器

本節要來說明如何部署一部 SQL 資料庫虛擬伺服器，以及示範用的 AdventureWorks 資料庫。首先你必須建立一台虛擬機器；然後再添加資料庫。

以管理帳號登入 Azure 入口網站，並執行以下步驟：

1. **在 Azure 入口網站瀏覽至「SQL Server」頁面，點選「建立」。**

   這時會出現「建立 SQL Database Server」的基本頁面。

2. 在「建立 SQL Database Server」的頁面，填好基本頁面資訊（如圖 9-2），並點選下一步。

使用以下資訊填寫：

- **伺服器名稱**（*Server Name*）：名稱必須獨一無二，因為微軟會把虛擬機器名稱放到 DNS 網域 `database.windows.net` 當中。
- **伺服器管理員登入**（*Server Admin Login*）：請取一個一般帳戶名稱。不得使用常見的 `sa`、`root` 或 `admin`。
- **密碼**（*Password*）：密碼長度必須介於 8 ～ 128 個字元之間。不得含有登入名稱的任何字眼、同時必須兼顧複雜性，例如混和了大小寫字母、數字、以及符號等字元。

圖 9-2：部署一套新的 Azure SQL 資料庫虛擬伺服器

3. **在網路頁面點選「允許 Azure 服務和資源存取此伺服器」(Allow Azure Service and Resources to Access This Server)。**

   這個步驟有爭議，但確有必要。一旦啟用，所有的 Azure IP 位址都擁有可以通往這台虛擬 SQL 伺服器的路徑。該設定並非授予存取權的方式，只是提供可能性而已。

   很多管理員都會需要這個設定來整合 SQL 資料庫和 Azure 金鑰保存庫、儲存體帳戶、HDInsight、Azure Data Factory 之類的服務。

   其他設定和標籤頁面都可以用預設值就好。

4. **點選「檢閱 + 建立」，再點選「建立」以提交部署給 Azure 資源總管。**

TECHNICAL STUFF

   Azure 不會對以上的虛擬伺服器收費。SQL 資料庫的費用源自你放在虛擬機器內的資料庫，而非虛擬機器本身。

部署 SQL 資料庫

接著你必須在 Azure SQL 資料庫虛擬伺服器上部署一個 AdventureWorks 資料庫，這樣就會有一些既有的資料可供練習。首先你必須像上面那樣建立虛擬伺服器；然後添加資料庫。

以管理帳戶登入 Azure 入口網站，執行以下步驟：

1. **在 Azure 入口網站瀏覽至「SQL 資料庫」頁面，點選「新增」。**
2. **在「建立 SQL Database」頁面，填好基本頁面。**

   使用以下資訊填寫：

   - 資料庫名稱（*Database Name*）：名稱不必獨一無二。
   - 伺服器（*Server*）：清單中應該包括前一節剛建立的虛擬伺服器。

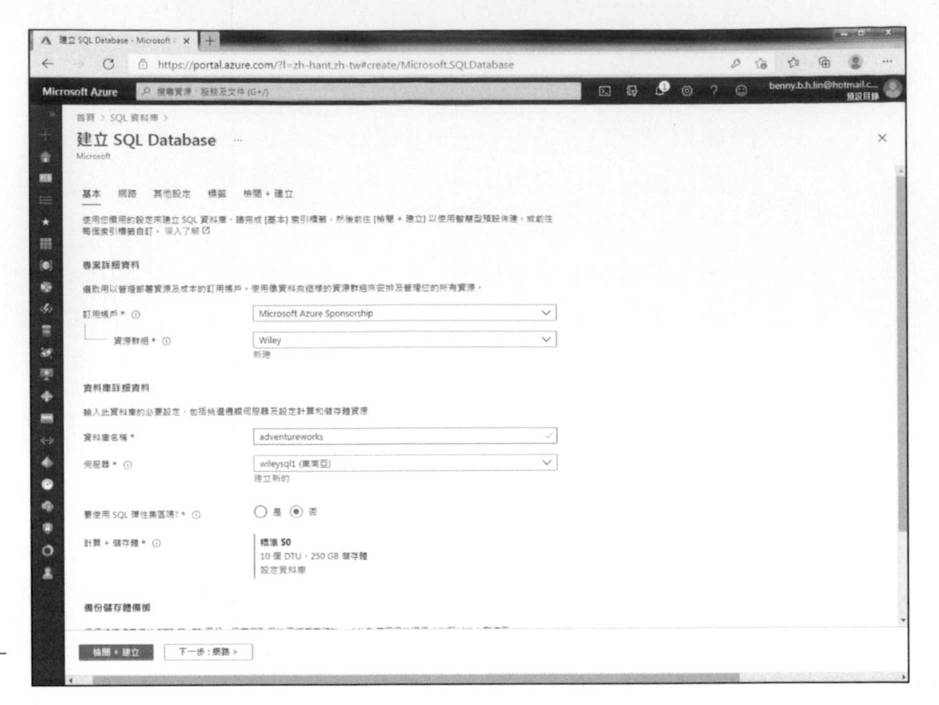

圖 9-3：建立一個 Azure SQL 資料庫

- **要使用 *SQL* 彈性集區嗎（*Want to Use SQL Elastic Pool*）？**：在本例中選「否」。
- **計算 + 儲存體（*Compute+Storage*）**：點選「設定資料庫」（Configure Database），在「設定」頁面（參見圖 9-4），點選「標準」層。

TIP

因為目前只是測試，毋須過份擴大資料庫計算層級。「標準」是最恰當的選擇，因為它會開放大多數你會用到的管理與安全功能。

圖 9-4：SQL 資料庫服務層頁面

3. **點選「套用」確認選擇。**

4. 填完「其他設定」頁面。

   - 資料來源（*Datasource*）：點選「使用現有的資料」下的「範例」，這個選項會告訴 *Azure* 要還原 *AdventureWorksLT* 範例資料庫。（*LT* 是輕量型（*Light Weight*）的縮寫，表示這是精簡版本的資料庫）。這時未定的資料庫定序也會自動決定。

5. 點選「檢閱 + 建立」，然後點選「建立」將部署提交給 ARM。

配置資料庫

這個小節會說明若干最常用的 SQL 資料庫配置設定。

TIP

每當你覺得需要適應新的 Azure 資源時，請檢視「快速入門中心」（Quickstart Center）頁面。這個頁面提供各種訣竅、程序說明及文件連結。

保留

現在 Azure 當中有一種名為「保留」的資源服務，讓你可以以年為單位預購指定的 VM 或 SQL 資料庫運算容量。如果你已調查過並確認自己的運算需求，也知道自己在這段期間內需要的是 VM 或是資料庫，與尋常的每分鐘計價方式比起來，這種協議預購方式可以省下可觀的費用。保留付費方式則是月付或預付均可；詳情請參閱「什麼是 Azure 保留項目？」一文 https://docs.microsoft.com/azure/billing/billing-save-compute-costs-reservations。

防火牆

SQL 資料庫的防火牆，屬於軟體定義式的網路元件，可以保護資料庫，避免對內未經授權連線的干擾。

配置防火牆時可以選擇虛擬伺服器層級或資料庫層級。設置伺服器層級防火牆的好處是，你可以一次保護多個資料庫。

要設定防火牆，請瀏覽資料庫的「概觀」頁面，點選工具列的「設定伺服器防火牆」以便從資料庫開啟伺服器防火牆。

SQL 資料庫防火牆包含以下三個元件：

- **允許 Azure 服務和資源存取此伺服器（Allow Access to Azure Services）**：此一選項允許來自 Azure 公用及私人 IP 位址的連線流量。這個設定與授權無關，授權需要另外設定。
- **用戶端 IP 位址與 IP 規則（Client IP Address and IP Rules）**：這些設定允許從你本地工作站的公用 IP 位址連接資料庫。你也可以為需要連接資料庫的公用 IP 位址範圍定義一整串的清單。
- **虛擬網路（Virtual Networks）**：如果你在虛擬網路中定義了 SQL 資料庫服務端點，就可以在此完成全部的設定，限制從該虛擬網路對虛擬伺服器的存取。

連接字串

資料庫連接字串代表位於應用程式和資料庫之間的介面。SQL 資料庫提供以下四種驅動程式[譯註 3]：

- **ADO.NET**：通常適用於 .NET 應用程式
- **JDBC**：通常適用於 Java 應用程式
- **ODBC**：一般用途驅動程式
- **PHP**：通常適用於 PHP 應用程式

請依你的應用程式及開發團隊的專長，選擇最合適的連接字串。

異地複寫

依筆者淺見，為資料庫設置非同步複寫，是 PaaS 最出色的功能之一。自行建立這種配置方式所需的資源，很少有企業負擔得起。

你可以將資料庫複寫至另一個地理區域，以便供給容錯移轉使用；這代表如果主要資料庫離線，你可以將連線轉向至次要的待命資料庫副本。異地複寫的另一個好處，是可以對複寫的資料庫進行唯讀式查詢，而不會妨礙使用者連線。

請依下列步驟為 SQL 資料庫啟用異地複寫：

1. 在資料庫設定頁面，點選「複本」。
2. 點選「建立複本」，進入「建立 SQL Database – 異地複本」頁面，在「伺服器」選項下點選「建立新的」，以便設定要用來託管資料庫複本的新建底層 SQL 伺服器及其所在的地理區域。圖 9-5 便是這個介面。[譯註 4]

譯註 3　現在又多了 Go 語言。

譯註 4　記得要在網路頁面勾選「允許 Azure 服務和資源存取此伺服器」選項，它跟先前在 192 頁建立 SQL 伺服器時的網路選項意思相同。

TIP

考慮選一個與你現有地理區域專門配對的區域。微軟會在配對區域間建置高速網路連線，以便減少延遲。雖說你不一定要選配對區域作為資料庫複製的位置，但配對區域的低延遲還是會有利於異地複製。

圖 9-5：為 Azure SQL 資料庫配置異地複寫

TECHNICAL STUFF

Azure 主要與次要地理區域的對應，請參閱文件 `https://docs.microsoft.com/azure/best-practices-availability-paired-regions`。譯註 5

3. **填好設定頁面 後，點選「檢閱 + 建立」。**

   由於你會在次要區域也建立一套虛擬伺服器。這會影響你的費用，為節省起見，你可以選一個比主要區域便宜的定價層（pricing layer）來運作次要資料庫。

譯註 5　依照對應，我們位在東南亞的資料庫，配對區域就位於東亞。

Azure 入口網站隨時都會變動，而且以上動作只是建立資料庫複本；要繼續啟用容錯移轉功能，請進入你的 SQL 虛擬伺服器，點選「容錯移轉群組」、再選「加入群組」。

4. **填好「容錯移轉群組」設定頁面：**

   - **讀寫容錯移轉原則（*Read/Write Failover Policy*）：**選「自動」。
   - **伺服器：**選剛剛建好的複本所在伺服器。
   - **讀寫寬限期（*Read/Write Grace Period (Hours)*）：**這裡指定的是 Azure 在可能發生資料遺失時、進而自動移轉至次要資料庫之前，會等待的時間。這裡決定的寬限期間必須短到足以符合服務等級協定（SLA），但又不至於久到會造成不必要的服務中斷。
   - **設定資料庫：**選以上建立的複本。

5. **點選「建立」以提交部署給 Azure 資源總管。**

TECHNICAL STUFF

雖然上述步驟會設定 Azure 自動容錯移轉料庫，但是你必須自行負責更改應用程式原始碼中的連線字串，以便指向次要執行個體。Azurey 再聰明也無法為你做到這一點。要取得次要資料庫的接字串，請在 Azure 入口網站開啟資料庫設定，並瀏覽至「連接字串」欄位。

圖 9-6 顯示的便是已完成的異地複寫設定。

設定

你可以在設定（Configure）頁面更改服務層。如果你使用的是 DTU 服務層，可以在基本、標準、進階等層級間切換。也可以在 DTU 和 vCore 等購買模式間切換。

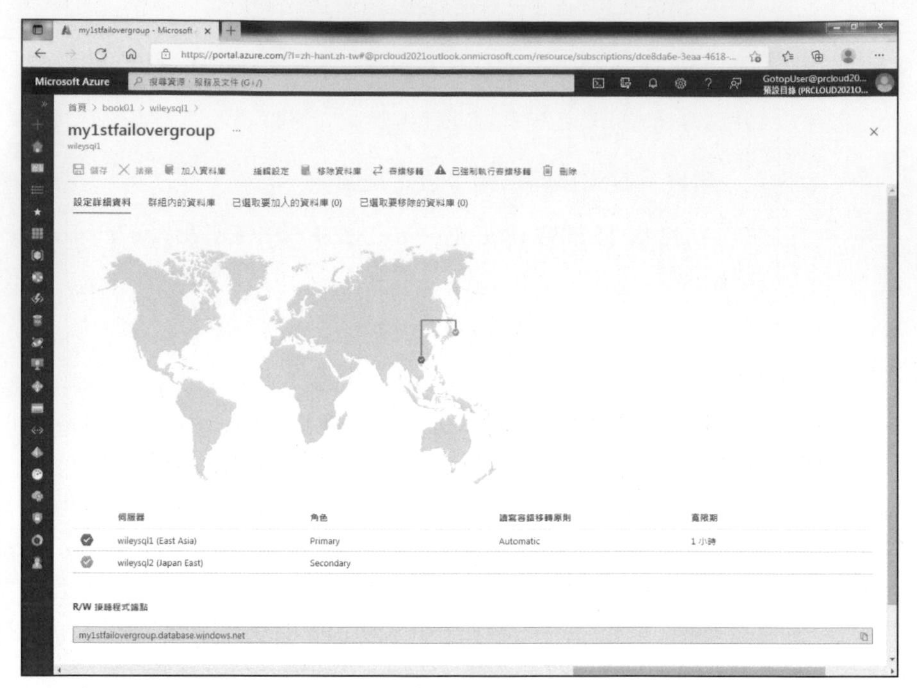

圖 9-6：具備自動容錯切換的異地複寫 Azure SQL 資料庫，不到 5 分鐘便可設好

檢視虛擬機器

以下程序協助各位了解新設的 SQL 資料庫與依存虛擬伺服器的關係。請依序執行：

1. **瀏覽至 SQL 資料庫的概觀頁面。**

2. **在程式集頁面點選「伺服器名稱」的超連結。**

TIP

虛擬伺服器名稱會帶有 database.windows.net 這個公用 DNS 區域名稱。

3. **在設定清單中點選以下項目：**

- *SQL* 資料庫：應該會看到你的資料庫，以及其狀態和現有定價層。

- 備份：Azure 預設會備份你的資料庫。你可以點選「保留原則」（Configure Retention）、再勾選資料庫，點選工具列上的「設定原則」，調整 Azure 備份的頻率、以及日備份（PITR, point-in-time restore）、週備份、月備份、或年度備份各需保留多久。

- *DTU* 配額（*DTU Quota*）：這項設定決定你的資料庫在現行的 Azure 計費循環下（月費）已消耗多少資源。

連接資料庫

要連接資料庫，必須下載及安裝 SQL Server Management Studio（`https://docs.microsoft.com/sql/ssms/download-sql-server-management-studio-ssms?view=sql-server-2017`），它是免費的 SQL Server/Azure SQL 資料庫管理介面。一旦安裝完畢，就可以這樣做：

1. **在資料庫概觀頁面，複製虛擬伺服器的 DNS 名稱。**

2. **打開 SQL Server Management Studio，以管理使用者身份認證。**

   填入以下資訊：

   - *Server Name*：虛擬伺服器名稱格式應該是 *<server-name>.database.windows.net*

   - *Authentication*：SQL Server Authentication

TIP

   如果你已設定 Azure Active Directory 認證，也可以使用它。Azure AD 會在第十一章時介紹。

   - *Login/Password*：你為虛擬伺服器定義的管理身份[譯註 6]

3. **展開資料庫（Database）容器，點選 adventureworks 資料庫。**

譯註 6　如果資料庫伺服器未加上防火牆規則，其實登入還會被問到是否要新增用戶端 IP 規則（就是你上網用的公共 IP），並以 Azure 管理帳號登入，才能新增規則。然後才能順利登入。

4. 在點選檔案 ➪ 新增 ➪ 使用目前的連接查詢。

這時會出現空白的 SQL 查詢視窗。

5. 在查詢視窗中輸入以下 T-SQL 查詢語句：

```
SELECT TOP (10) [CustomerID]
      ,[Title]
      ,[FirstName]
      ,[LastName]
      ,[CompanyName]
  FROM [SalesLT].[Customer]
```

6. 在 SQL Editor toolbar 上點選執行（Execute）。

或者以滑鼠右鍵點選標示的查詢語句，從功能選單中點選執行（Execute）亦可。

圖 9-7 便顯示了查詢結果。

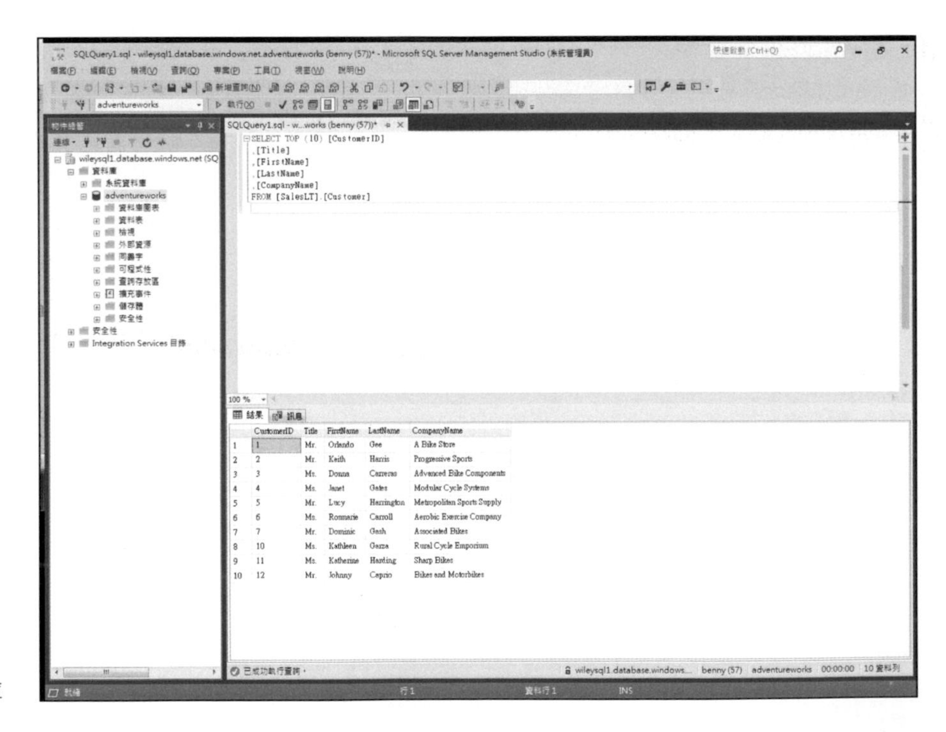

圖 9-7：
查詢 Azure SQL 資料庫

實作 Azure Cosmos DB

關聯式資料庫的要點在於**架構**（*schema*），或者說是結構（structure）。筆者總愛說笑，要成為稱職的資料庫管理員，你一定得事事都斤斤計較才行，因為每一筆資料都必須嚴格地遵守資料表的限制條件（constrained）、資料表之間的關聯、以及資料庫的架構等等。

雖然關聯式資料庫非常善於保障資料一致性，但是它在規模調節方面的表現卻是不及格的，這完全是因為必須先確保資料架構才會形成的負擔。這時就該非關聯式資料庫出場了。

我們並不會將非關聯式資料庫形容為**沒有架構的**（*schemaless*），而是將其形容為彈性架構（flexible schema）。乍聽之下你或許以為這般彈性化的架構會讓資料庫難以查詢。但事實上 NoSQL 資料庫會在多個叢集化的節點之間分割資料集（data set），並將運算能力直接使用在查詢執行上，藉此克服你的疑慮。

NoSQL 不應說成是「非 SQL」（No SQL），而應該說成「不只是 SQL」（not only SQL）

了解 Cosmos DB

Cosmos DB（原本稱為 Document DB）是 Azure 上的一種多重模型式（multimodel）、可以異地複寫的非關聯式資料存放區。實作 Cosmos DB 時，可以與關聯式資料庫並存、或是取而代之。

以下各小節會帶領各位，來上一次 Cosmos DB 功能之旅。

多重模型

原本的 Document DB 是一種 JSON 文件模型的 NoSQL 資料庫。但微軟希望可以容納更廣泛的客戶群，因而創作了 Cosmos DB，可以支援五種資料模型、或是應用程式介面（API）：

- **核心 (SQL)（Core (SQL)）**：這個 API 是原本 Document DB 的後續產品。資料存放區由 JSON 文件所組成，而核心 API 則提供近似 SQL 的查詢語言，因此關聯式資料庫的管理與開發人員應該可以很快適應它。
- **適用於 MongoDB 的 Azure Cosmos DB API**：這個 API 支援 MongoDB 的 wire 協定。MongoDB 同樣也是 JSON 文件的存放區，因此你可以像對待 MongoDB 執行個體一樣查詢 Cosmos DB。
- **Cassandra**：這個 API 相容於 Cassandra 的寬欄儲存式（wide column store）資料庫，並支援 Cassandra 查詢語言（Cassandra query language, CQL）。
- **Azure 資料表（Azure Table）**：這個 API 支援 Azure 儲存體的資料表服務。它屬於鍵 / 值資料存放區型式，你可以用 ARM 的 REST API 加以存取。
- **Gremlin (圖資料庫)**：這個 API 支援的是圖結構的資料庫，使用 Apache Gremlin 查詢語言。

看出端倪來了嗎？重點是，任何需要 NoSQL 的資料存放區都應該使用 Cosmos DB，這樣就不怕會影響原本的資料庫程式原始碼，毋須重寫用戶端工具。

關鍵的全球分佈特質

只須點幾下滑鼠，就可以讓 Azure 將 Cosmos DB 複寫至多個的 Azure 地理區域，放在接近使用者的位置。

Cosmos DB 使用的是 multimaster 式的複寫架構，不論讀寫，可用性服務等級協定的等級高達百分之 99.999，

多種一致性等級

關聯式資料庫會優先確保資料一致性，然而必須付出速度和可調節性不佳的代價。Cosmos DB 具備彈性，讓你可以從五種一致性層級中動態地自選其中之一：

- **強式一致性（Strong）**：讀取動作可保取得最近提交的項目版本。這個層級效能最差，但卻最為精確。
- **限定過期、工作階段、一致前置詞（Bounded Staleness, Session, and Consistent Prefix）**：這三種一致性層級均可在效能與查詢結果的一致性之間取得平衡。
- **最終一致性（Eventual）**：讀取動作不保障正確。這個選項效能最好，但精確度最差。

資料一致性的意思是，任何會影響資料的資料庫交易異動，都只能按照許可的方式為之。尤其是針對讀取的一致性，當兩個使用者執行相同的查詢時，必須防止他們因資料庫複寫不完整而得出不一致的結果。

建立 Cosmos DB 帳戶

本小節開始要動手來做點事了。首要任務是建立 Cosmos DB，進而建立 Cosmos DB 帳戶。有了帳戶後，就可以定義多個資料庫了。

請依下列步驟進行：

1. **在 Azure 入口網站，瀏覽至 Azure Cosmos DB 頁面，點選「新增」。**

   這時會出現「建立 Azure Cosmos DB 帳戶」的頁面。

2. **在「建立 Azure Cosmos DB 帳戶」的頁面，然後填完所有「基本」和「全球散發」兩個頁面的資訊，設定內容如下：**
   - *選取 API 選項*：選擇核心 (SQL)。
   - *「基本」頁面的帳戶名稱（Account Name）*：這個名稱必須在資源群組中獨一無二。
   - *「基本」頁面的「位置」*：選擇你的訂用帳戶所在地，如果當的沒有 CosmosDB 服務，就選附近的。
   - *「基本」頁面的「容量模式」*：可以選「佈建的輸送量」或「Serverless」。

- 「全球散發」頁面的*異地備援*（*Geo-Redundancy*）：不要啟用。一旦啟用，Azure 就會把這個帳戶複寫至特定的配對區域。
- 「全球散發」頁面的*多重區域寫入*（*Multi-Region Writes*）：不要啟用。如果你真的需要在全球各地準備多個讀 / 寫帳戶複本時，再啟用也不遲。

3. 檢視網路頁面。

第四章已說明過如何限制特定虛擬網路不得存取 Cosmos DB 帳戶。

4. 點選「檢閱及建立」，然後點選「建立」以便提交部署。

運行一個示範的 Cosmos DB 應用程式並進行除錯

依筆者淺見，要熟悉一項新的 Azure 服務，最好的方式就是參閱教學課程頁面。現在我們就要這樣來熟悉 Cosmos DB。圖 9-8 是 Cosmos DB 的 SQL/Core API 的教學課程頁面。

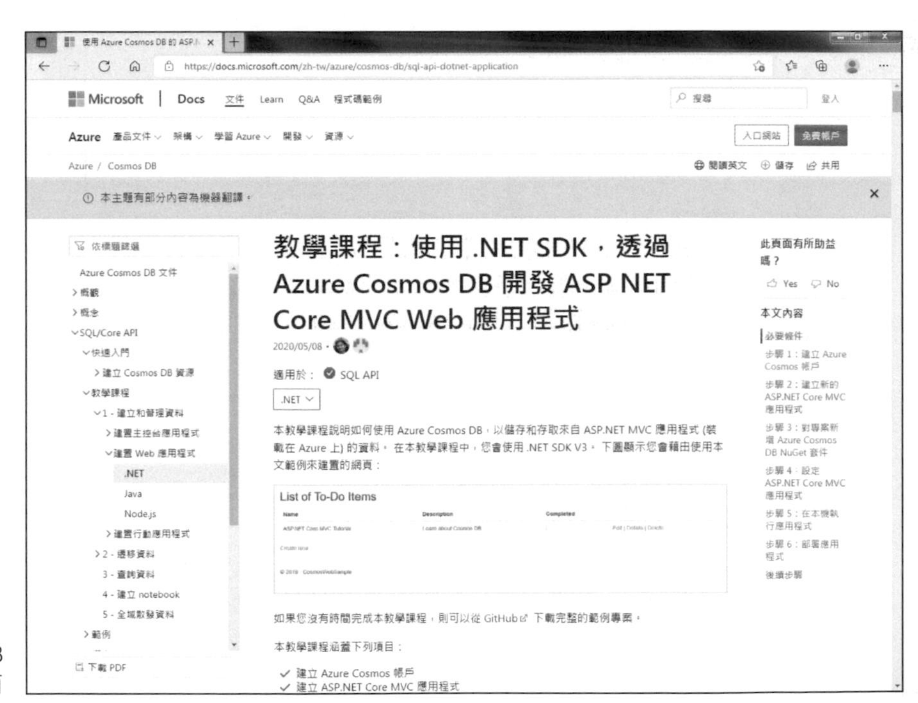

圖 9-8：Cosmos DB 快速入門頁面

若依 Cosmos DB 教學課程進行（https://docs.microsoft.com/azure/cosmos-db/sql-api-dotnet-application），就會有以下成果：

- **建立一個新的 Cosmos DB 資料庫和容器。**
- **寫出一支 .NET 的 web 應用程式，連接 Cosmos DB 資料庫。**
- **從你的工作站用 Visual Studio 操作容器和資料存放區。**

要運行一個範例應用程式，請這樣做：

1. 在 Cosmos DB 的教學課程頁面，進入「建置 Web 應用程式」、選 .NET 的部份課程內容。
2. 為節省建置步驟並避免因不熟悉開發過程導致錯誤，請找出文中的 GitHub 連結（https://github.com/Azure-Samples/cosmos-dotnet-core-todo-app），並下載完整的 .NET Core web 應用程式 zip 檔案。
3. 在你的電腦上將下載的壓縮檔解開，放到獨立的目錄下，再進去找出 Todo.csproj 檔案並以滑鼠左鍵雙擊，以便在 Visual Studio Community 版本中開啟專案。
4. 回到課程頁面，找出 CosmosDB 模擬器的下載連結（https://docs.microsoft.com/azure/cosmos-db/local-emulator），然後按照說明安裝及執行模擬器。[譯註 7]
5. 把以上抄好的 URI 和金鑰，用來替換 appsetings.json 檔案中的 Account 和 Key 兩個鍵的值。
6. 回到 Visual Studio，選擇偵錯（Debug）➪ 開始偵錯（Start Debugging）以便在預設瀏覽器中開啟應用程式。

譯註 7　這是為了在把 web 應用程式實際部署到 Azure 前，可以先在本機端驗證 Cosmos DB 與 .net core web 應用程式互動的緣故。裝好後會出現一個 Cosmos DB 模擬器的說明頁，請把 Cosmos DB 的 URI（應該會是 https://localhost:8081）和金鑰的內容複製下來備用。

7. **現在 Todo App 這支 Azure Cosmos DB 的 web 應用程式已經在瀏覽器中運作了，點選 Create New，然後定義幾個待辦事項。**

   新增待辦事項時，就是在把內容寫到 Azure Cosmos DB 資料庫的項目容器當中。

8. **關閉瀏覽器，結束 debugging。**

TIP

為額外練習起見，不妨試著利用 Visual Studio 的 publishing wizard（在方案總管中以滑鼠右鍵點選專案，從功能選單點選 Publish），將這支應用程式發佈到 Azure App Service 上。這是一次絕佳的機會，可以驗收到目前為止學到的諸多技能。譯註 8

與 Cosmos DB 互動

要練習操作 Cosmos DB 與你的資料庫，請返回至 Azure 入口網站，找出 Cosmos DB 帳戶設定。筆者在此強調幾個關鍵設定，確保大家都知道其所在位置：

- **資料總管（Data Explorer）**：在此可透過瀏覽器介面進行查詢，並配置資料庫。圖 9-9 就是資料總管的畫面。
- **將資料複寫到全域（Replicate Data Globally）**：點選地圖，以便將 Cosmos DB 帳戶複寫至多個地理區域（需額外付費）。
- **預設一致性（Default Consistency）**：在上述五種資料一致性層級間切換。
- **防火牆與虛擬網路（Firewall and Virtual Networks）**：將 Cosmos DB 帳戶繫結至特定的虛擬網路。
- **金鑰（Keys）**譯註 9：檢視 Cosmos DB 帳戶端點的 URI 網址、存取金鑰、連接字串等等。

譯註 8　但在部署 Azure 版本前，記得把剛剛的 appsetings.json 檔案中的 Account 和 Key 兩個鍵的值，再度替換成 Azure 入口網站中所建立 Cosmos DB 的金鑰頁面中的 URI 和主要金鑰兩個欄位的值。然後才發佈至 Azure。

譯註 9　在 Azure 入口網站中，這個詞最近被譯成「索引鍵」——這個譯詞大有問題，遠不如原本的「金鑰」準確。

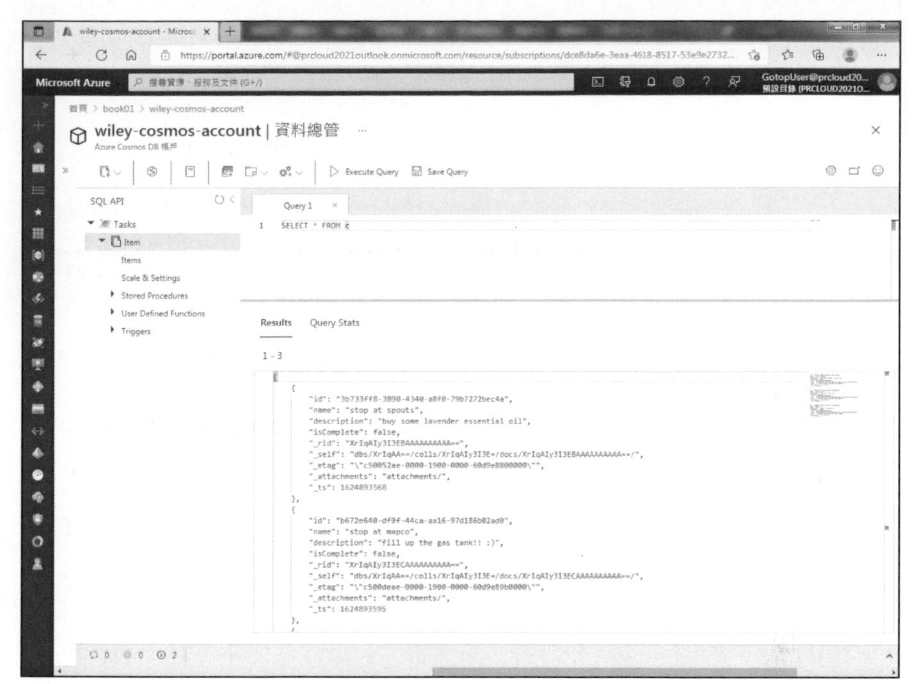

圖 9-9：Cosmos DB 的資料總管，可以直接從 Azure 入口網站操作

現在請按照以下步驟，直接從 Azure 入口網站操作 Cosmos DB 的新資料庫：

1. **你的 Cosmos DB 帳戶中，點選「資料總管」。**
2. **在資料總管工具列上點選齒輪旁邊的「Open Full Screen」鍵。**

   這個按鍵會另啟一個瀏覽器頁面，把你帶往 `https://cosmos.azure.com`，讓你有更充裕的畫面執行查詢。
3. **點選項目容器右側的…圖示，從功能選單點選 New SQL Query。**

   TIP

   Save Query 按鍵有助於保存一些好用的查詢語句。
4. **執行預設查詢以檢視現有項目。**

   TIP

   Azure 在資料總管中提供的預設查詢 `SELECT * FROM c`，會取出項目容器中所有的文件。記得點選工具列上的「Execute Query」按鍵。

c 是容器的別名。在操作 Cosmos DB 的 API 時，你會發現別名其實是超好用的工具。

圖 9-10 是查詢結果示範。

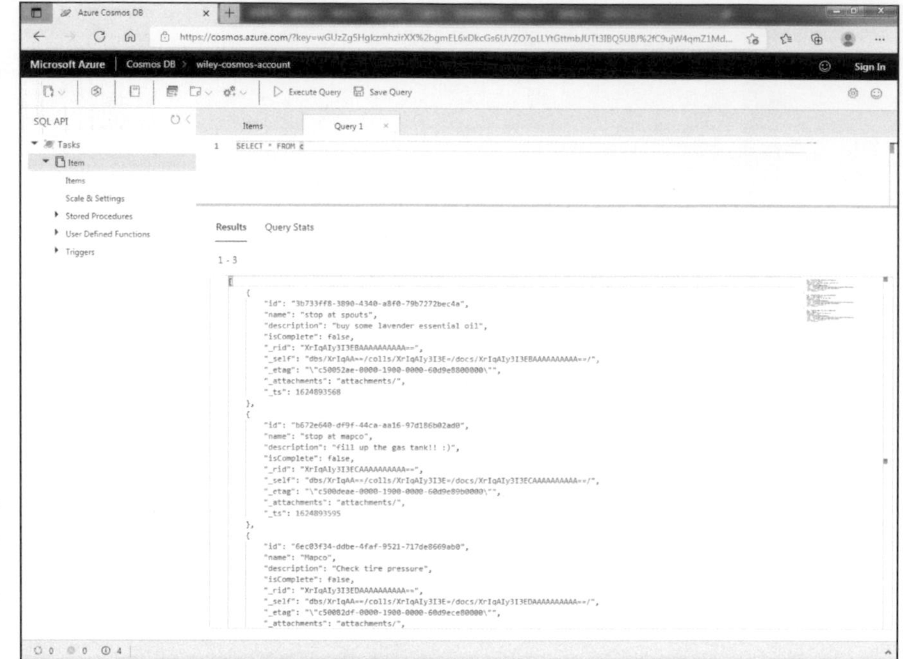

圖 9-10：使用 Azure 資料總管與 SQL 來查詢你的 Cosmos DB 核心 API 項目

5. 實驗不同的 SELECT 查詢語句。

-- 符號在資料總管中代表單行註解。請嘗試在資料總管中鍵入以下查詢。

```
-- select two fields from the container documents
SELECT c.name, c.description from c
-- show only incomplete todo items
SELECT * from c WHERE c.isComplete = false
```

6. 使用資料總管更新文件。

在圖 9-10 左側的 SQL API 樹狀檢視中，展開項目容器，並點選項目。點選你要編輯的文件，並將至少一份文件的 isComplete 欄位從“false”改成“true”、或是反過來做（參見圖 9-11）。

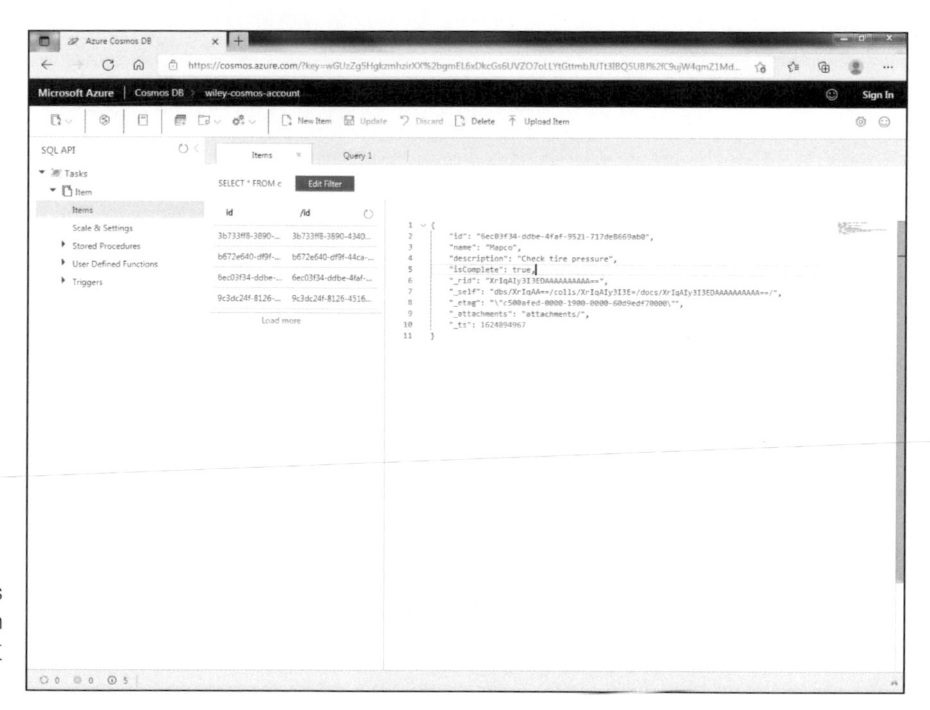

圖 9-11：在 Cosmos DB collection 中編輯一份文件

7. 點選工具列按鍵 Update，儲存變更。

TIP

將 `https://cosmos.azure.com` 網址存為書籤，以便隨時以瀏覽器獨立頁面全頁檢視 Cosmos DB 的資料總管。此外微軟也提供詳盡的 Cosmos DB SQL 查詢參照表，網址是：`https://docs.microsoft.com/azure/cosmos-db/query-cheat-sheet`。

清理環境

Azure 訂用帳戶模型會收取使用資源的費用，因此你應當學會如何在不需要某些部署內容時，將其清除。

當然你可以用 Delete 和 Remove 等 Azure 入口網站命令來清理環境。但是較快的方式，是從 Azure Cloud Shell、或從自己的電腦叫出 Azure PowerShell 或 Azure CLI 來用。要用 PowerShell 強制刪除 `'Wiley'` 這個資源群組，請執行這道命令：

```
Remove-AzResourceGroup -Name 'Wiley' -Force -Verbose
```

用 CLI 指令則是這樣：

```
az group delete --resource-group Wiley --no-wait --yes
```

4

為Azure的資源提供高可用性、可調節性和安全性

在這個部份中 . . .

備份及還原 Azure 儲存體帳戶、VM、App Service 的應用程式、以及資料庫

熟悉 Azure 的 Active Directory

為 Azure 訂用帳戶及資源實作最小程度授權的安全原則

對 Azure 環境套用治理原則

在本章當中

- 保護Azure儲存體帳戶
- 備份與還原虛擬機器和app service
- 保護資料庫

Chapter 10 Azure 資料的備份與還原

所謂災後復原，意指你的企業在遇上 IT 相關事故之後恢復運作的能力。在筆者詳細說明災後復原的特質之前，必須先讓大家了解，雲端運算環境的責任均攤模型。

Azure 的服務是以責任均攤的模型來運作的。微軟是提供雲端服務的供應商，讓你可以存取具有高可用性的資源，並依使用量付費。微軟的職責在於提供基礎設施、並確保設施具有服務等級協議（SLA）所條列的高可用性。Azure 儲存體帳戶便是一個好例子。在本書付梓前，微軟對儲存體帳戶所列的 SLA 如下：

本公司保證至少有 *99.9%* (非經常性存取層為 *99%)* 的時間，夠能成功地處理從本地備援儲存體 *(LRS)*、區域備援儲存體 *(ZRS)* 及異地備援儲存體 *(GRS)* 帳戶讀取資料之要求。[譯註 1]

譯註 1　原文請參閱：https://azure.microsoft.com/support/legal/sla/storage/v1_5/

這份聲明的意思是，如果你的儲存體帳戶的 blob 服務遭到勒索病毒攻擊，Azure 反而會將加密的後果傳播至受感染儲存體帳戶的所有複本執行個體，但是這根本不能算是災後復原計畫。[譯註 2]

底線在於你自己身為 Azure 用戶的職責，必須自己掌控組織內 Azure 資源的災後復原。微軟只能提供災後復原所需的工具，而由你來付諸實行。

在本章結尾時，讀者們會學到如何保護自己的儲存體帳戶、虛擬機器（VM）、app service、Azure SQL 資料庫執行個體、以及 Cosmos DB 資料庫等等。

保護儲存體帳戶的 blob 資料

這裡有好消息、也有壞消息。好消息是，Azure 確實具備備份和還原個別 blob 的功能，甚至可以保護整個 blob 容器（人為介入）。

壞消息則是，依筆者淺見，工具算不上好用、也不是很方便。在接下來各小節中，我會帶大家四下察看一番，讓你自行決定如何在自己的環境中進行 Azure blob 儲存體的災後復原。

備份和還原個別的儲存體 blob

一個 blob（二進位大型物件）是一段非結構化的資料檔案。例如文件檔案、紀錄檔案、媒體檔案等等。

Azure 儲存體帳戶的虛刪除（soft delete）功能，其實就像是已刪除 blob 的資源回收桶一樣。要在已完成部署後啟用這個功能，請瀏覽

譯註 2　亦即微軟只提供硬體故障保護，因為硬體故障導致的資料暫時無法使用，一定有辦法恢復；但是上面這個例子是資料本身受損，就像把檔案改錯或誤刪一樣，沒有備份可還原的情況下是沒法挽回的。

Azure 入口網站的儲存體帳戶，並勾選「啟用 Blob 的虛刪除」[譯註 3]，並選擇一個保留天數（retention policy）。這個天數從一天到一整年都可以。

TIP

如果你打算一一實驗接下來幾個小節的步驟，建議大家在儲存體帳戶中另建一個容器，並把一些無關緊要的檔案放進去。筆者在第三章時便已說明過如何建立 Azure 儲存體帳戶了。

以筆者自己的環境為例，我另開了一個儲存體帳戶，屬性如下：

- **儲存體帳戶名稱**：wileyprimstorage
- **帳戶種類**：一般用途 v2
- **Blob 虛刪除**：啟用
- **容器名稱**：scripts
- **容器內容**：一些我自己寫的 PowerShell 指令碼檔案

建立與檢視快照備份

你可以手動替 Azure 儲存體帳戶的 blob 建立快照式備份。**快照**（*snapshot*）一詞意指這種備份是某個時間點的檔案內容版本，你可以在需要時將其下載、或用於還原。

在 Azure 入口網站中，依下列步驟進行快照式備份：

1. **瀏覽至選單中的「容器」，進入某一容器並勾選一個或多個 blob。**

   Azure 入口網站允許多重勾選方式並製作多份快照。

譯註 3　現在你必須從儲存體帳戶左側選單的「資料管理」類別中找出「資料保護」項目（或在選單上方搜尋列中直接輸入「資料保護」亦可找到），進入「資料保護」頁面後方有「啟用 Blob 的虛刪除」可勾選。

2. **在工具列點選「建立快照集」(Create Snapshot)。** 譯註 4

在儲存體帳戶中不會看到任何確認訊息，但你應該會在 Azure 入口網站的通知選單看到「已成功建立一個 blob 快照集」(Successfully created blob snapshot(s))的訊息。

3. **勾選你在第一步勾選的任一 blob 物件，然後在工具列點選「檢視快照集」(View Snapshots)。**

圖 10-1 便顯示了一份快照集清單，來源檔案是 `create-secrets.ps1`。我加上了以下註釋：

- 下載快照集按鍵（A）可以在你需要 blob 舊有版本的副本時派上用場。這個命令會把 blob 下載到你的電腦。
- 升階快照集按鍵（B）會用你選擇的快照備份取代現有的 blob 版本。這個動作要小心使用，因為現有版本會被覆蓋掉。
- 刪除快照集按鍵（C）可以選擇性地刪除你不想再保留的快照集。
- 「編輯」分頁（D）允許你修改快照內容。
- 「產生 SAS」分頁（E）讓你可以輕鬆地為 blob 建立共用存取簽章（shared access signature，SAS）的 URI。你可以利用共用存取簽章讓人限時公開取用 blob；Azure 開發人員會常用到 SAS 權杖（tokens）來處理儲存體帳戶的 blob 上傳和下載。

圖 10-1：在 Azure 入口網站中管理 blob 快照集

譯註 4　注意一定要先上傳 blob 檔案至容器，在容器頁面勾選 blob 檔案後，「建立快照集」才可以點選。

刪除與還原快照

你可以刪除任何 blob 來清理儲存體帳戶的 blob 清單（如果啟用了虛刪除，還可還原）。請依下列步驟刪除一個上層 blob、再還原它：

1. **選一個已經做過快照的 blob，打開其功能選單，選「刪除」。**

   這時會出現確認訊息提醒你，是否確定要刪除、還有是否要連快照一併刪除。請勾選並繼續。

2. **對提示訊息按「確定」。**

3. **按「重新整理」（Refresh）以便驗證 blob 已確實從清單中刪除。**

   你刪除的 blob 應該已不存在清單當中。這是對的 —— 不用驚訝。

4. **在工具列打開「顯示已刪除的」（Show Deleted Blob）開關。**

   這個動作會凸顯出「虛刪除 blob」其實就像資源回收桶一樣。

5. **開啟已刪除項目的功能選單，選擇「還原」（Undelete）。**

   通知選單會有「已成功還原 blob」的訊息。

你會在儲存體帳戶的設定選單中開啟虛刪除功能。如圖 10-2 所示，首先找出「資料保護」設定頁面，再勾選「為 Blob 開啟虛刪除」，然後訂一個保留天數。虛刪除允許的保留天數，從一天到一整年都可以。

一旦超過保留期限，虛刪除所保存的已刪檔案就會永遠從儲存體帳戶中清除。

圖 10-2：為 Azure 儲存體帳戶的 blobs 設定虛刪除

TIP

當筆者指出要在 Azure 入口網站中使用某資源的**功能選單**時，通常是指資源清單列畫面最右側的省略符號圖示（⋯）。

整批備份儲存體的 blob

現在要考量的問題，是如何備份一整個 blob 的容器。可惜的是，Azure 平台不具備這類原生功能來協助你；筆者也說不上來是什麼緣故，但微軟可能會將這個功能視為未來的需求。不過，你可以自己寫一個 shell 指令碼來呼叫 AzCopy（參閱以下說明），藉以在兩個儲存體帳戶間複製 blobs，而這兩個儲存體帳戶最好是位於不同的地理區域。

首先安裝 AzCopy（參閱以下說明），然後開啟一個提升權限執行的命令提示字元，並執行以下 PowerShell 命令，設置一個新的環境變數，指向 AzCopy 的安裝目錄（筆者自己裝在 `C:\azcopy` 目錄）。此舉便於你在命令提示字元或指令碼檔案的任何目錄下都可以執行 AzCopy 命令：

```
[Environment]::SetEnvironmentVariable("Path",
        $env:Path + ";C:\azcopy", "Machine")
```

然後重啟電腦，讓新的系統環境變數生效。

以下是筆者自己用的 AzCopy 命令，可以把我的 scripts 容器從原本的儲存體帳戶 wileyprimstorage，搬到另一個儲存體帳戶 wileysecstorage 的 scripts-backup 容器[譯註 5]：

```
AzCopy Source:https://wileyprimstorage.blob.core.windows.net/
        scripts /Dest:https://wileysecstorage.blob.core.
  windows.net/
        scripts-backup /SourceKey: 4SXSCKBA==
        /DestKey: ZpuwuCLQ== /S
```

你必須把存取金鑰（access key）傳給儲存體帳戶以便通過認證。如果你從本書開頭依序讀到現在，應該已經知道何謂存取金鑰、還有如何查出來。如果沒印象，建議大家複習第三章。[譯註 6]

AZCOPY

AzCopy 是一種 Azure 儲存體專用的命令列工具，它可以

- 操作 Azure 的 blob 服務儲存體，甚至 AWS 的 S3 也可以操作
- 與 Azure 儲存體總管整合
- 存取所有複製動作的詳細記錄
- 調節 blob 複製速度

你可以到此下載 AzCopy[譯註 7]：`https://docs.microsoft.com/azure/storage/common/storage-use-azcopy-v10`。該工具屬於獨立執行檔。你可以將它放到系統中任何目錄，但筆者建議將其目錄路徑加到你的系統環境變數 PATH 當中，以確保可以從任何位置執行它。

譯註 5　以下範例中的 URL 網址，可以參閱來源及目標容器頁面選單的「屬性」頁面。

譯註 6　直接從儲存體帳戶左側選單中，「安全性 + 網路」類的「存取金鑰」，就可以複製。

譯註 7　本書示範的 AzCopy 是舊的 v8 版（參閱 `https://docs.microsoft.com/previous-versions/azure/storage/storage-use-azcopy`）；新的 v10 版命令語法更繁複。請參閱 `https://docs.microsoft.com/azure/storage/common/storage-use-azcopy-v10`。又，舊版 AzCopy 會被裝在 `C:\ProgramFiles(x86)\Microsoft SDKs\Azure\AzCopy` 之下，操作時請自行注意路徑部份。

保護你的虛擬機器

關於儲存帳戶就講到這裡為止。本小節要討論的是如何保護存放在受控磁碟（Managed Disk storage）中的珍貴 Azure VM 作業系統與資料磁碟。

了解復原服務保存庫

Azure 的復原服務保存庫（Recovery Services vault）有兩個目的：

- 備份與復原：備份與還原個別的 VM、或是大批的 VM
- 災後復原：為你的 Azure VM 設置暖待機執行個體（warm standby instances），並在主要執行個體離線時快速切換

TECHNICAL STUFF

受控磁碟服務和復原服務保存庫都是位於 Azure 儲存體帳戶上的抽象層。許多 Azure 資源總管都會將高階管理工作抽象化，以便管理。

部署一個復原服務保存庫

遵循以下步驟部署一個復原服務保存庫：

1. **瀏覽至「Recovery Services 保存庫」頁面，點選「建立」。**
2. **填好「建立復原服務保存庫」表單。**

   保存庫名稱必須在這個訂用帳戶內獨一無二。記住你的 VM 必須備份在跟復原服務保存庫相同的地理區域。

3. **點選「檢閱 + 建立」(Review+Create) 然後點選「建立」(Create) 提交部署。**

   因為復原服務保存庫只是一個容器，因此部署會很快就完成。

Azure 的復原服務保存庫可以自動備份 Azure VM 當中執行的 SQL Server、也可以備份儲存體帳戶的檔案共用（file share），但 VM 備份則需要你自行鑽研。

建立一個備份原則

所謂的**備份原則**，決定了你的備份時間表 —— 亦即 Azure 多久備份一次、以及備份要保存多久。

請依以下步驟建立一套簡單的備份原則，以便用在 VM 備份作業上：

1. **在新建的復原服務保存庫的設定中，點選「管理」下的「備份原則」。**
2. **在備份原則頁面，點選「新增」(Add)。**
3. **在「選取原則類型」頁面的原則類型底下，選擇 Azure 虛擬機器（Azure Virtual Machine）。**

   注意，你也可以為 Azure VM 中的（SQL ServerSQL Server in Azure VM）、或是 Azure 檔案共用（Azure file share）建立備份原則。

4. **填好「建立原則」頁面。**

   以下是主要的原則選項：

   - **原則名稱**（*Policy name*）：請指定一個望文生義的名稱。（例如筆者用的是 wiley-windows-policy。）
   - **備份排程**（*Backup Schedule*）：選每天或每週為備份間隔。
   - **立即還原**（*Instant Restore*）：指定一個 1 到 5 天的值，作為在復原服務保存庫的 staging area 中保存最近備份快照的期限。
   - **保留範圍**（*Retention Range*）：指定 Azure 要將每週、每月或每年的備份點保存多久。

5. **點選「建立」以便提交變更內容。**

備份 VM

你可以從復原服務保存庫的角度設定 VM 備份，或是從個別 VM 的角度設定也可以。筆者會教你這兩種做法。

注意：要練習以下小節中的步驟，需要兩套 VM；執行 Windows Server 或 Linux 的都無所謂。重點是 VM 必須是執行中的狀態，這樣 Azure VM 快照 extension 才能備份使用中的檔案，並提供應用程式保持一致（application-consistent）的備份。

如何建立 Azure VM 已在第五章介紹過。

備份單一 VM

依照以下步驟，在 Azure 入口網站備份一個執行中的 VM：

1. 在 VM 的設定清單中，選擇「備份」。
2. 填好「歡迎使用適用於 Azure VM 的 Azure 備份」頁面。

   只須從下拉式選單挑出剛建立的復原服務保存庫和備份原則。

3. 點選「啟用備份」。
4. 一旦部署完成，回到 VM 的備份頁面
5. 在工具列點選「立即備份」。

   這個步驟會發起一次手動備份，而非等到原則中指定的下一次備份時間點。

6. 確認備份保留日期。
7. 點選「確定」開始備份。

備份多個 VM

依照以下步驟，從復原服務保存庫備份多個 VM：

1. 在 Recovery Services 保存庫的設定清單中，選擇「備份」。
2. 填好以下欄位：
   - 您的工作負載在何處執行？：Azure
   - 您要備份什麼？：虛擬機器

3. 點選「備份」繼續

4. 在「備份原則」頁面中，選好你的備份原則。

5. 在虛擬機器欄位按下「新增」，挑出你要放在此次整批備份作業設定裡的 VM。

   圖 10-3 顯示的是筆者的環境。

圖 10-3：你可以從復原服務保存庫同時備份多個 VM

6. 點選「確定」。

7. 在備份頁面點選「啟用備份」完成設定。

TIP

你可以在保存庫中點選備份工作（Backup Jobs）以檢查其狀態。

還原 VM

在筆者開始「點這個跟那個」的說明程序之前，我想先解釋一下 VM 還原的選項。

VM 備份的一致性層級

Azure 提供三種 VM 還原的保證，依照備份快照的一致性層級而定：

- **應用程式保持一致（Application-consistent）**：這是最受歡迎的快照一致性層級。它保證 VM 一定可以開機、而且不會有資料毀損或遺失。
- **檔案系統保持一致（File-system-consistent）**：此處的服務等級協定（SLA）規定，VM 可以開機、而且你不會有資料毀損。但你需要實作手動或自動化修復以確保資料為最新狀態。
- **當機時保持一致（Crash-consistent）**：這是最少人會用的快照一致性層級。其 SLA 完全沒有保障。VM 只會在開機時進行磁碟檢查。

VM 的還原選項

Azure 提供彈性化的 VM 還原方式。譬如說，你可以選擇進行嘗試性還原整個 VM，以確保備份確實運作無誤，或是你只想從其中一台 VM 的資料磁碟擷取若干檔案。

以下是還原設定選項概述：

- **建立新的虛擬機器（Create New Virtual Machine）**：覆蓋既有的 VM、或還原至另一個虛擬網路。
- **還原磁碟（Restore Disks）**：將備份的作業系統和資料磁碟複製到儲存體帳戶的 blob 服務。
- **取代磁碟（Replace Disks）**：以快照副本替換有問題的 VM 作業系統和資料磁碟。
- **檔案復原（File Recovery）**：藉由巧妙的 PowerShell 指令魔法，將作業系統與資料磁碟的快照裝載在本地工作站。然後就可以從備份迅速輕鬆地復原個別的檔案。

TECHNICAL STUFF

檔案復原功能非常好用。要進一步了解它，請參閱 Azure 文件 `https://docs.microsoft.com/azure/backup/backup-azure-restore-files-from-vm`

備份和還原

圖 10-4 顯示的是 VM 的備份頁面。

圖 10-4：你可以在 VM 的備份頁面一次完成所有的備份和還原操作

事不宜遲，讓我來告訴大家如何體驗 VM 的還原動作。請執行以下步驟：

1. 在 VM 的設定清單，點選「備份」。
2. 在「備份」頁面，點選「還原 VM」[譯註 8]。
3. 在「選擇還原點」頁面，挑一個「還原點」。

   這裡的重點是選一個最近的、可讓應用程式保持一致的備份。

譯註 8　如果你還未進行初次手動備份，這個選項就會變灰。

4. **在「還原虛擬機器」的「還原設定」區塊，挑一個「還原選項」。**

你可以選擇還原整個 VM（新建 VM）、或是只把磁碟還原至原始位置（取代磁碟）、或是把磁碟還原至另一個儲存體帳戶和虛擬網路也可以（還原磁碟）。

保護 app services

Azure App Services 內建備份的便利之處，就是它除了會備份應用程式的原始碼以外，Azure 還會一併備份相關的設定及支援用檔案：

- App 檔案系統成品（App file system artifacts）
- App 的設定資料
- 連接至 app 的資料庫

備份 app service 的應用程式

注意：要試驗本小節的步驟，你必須準備一個運行中的 App Service 應用程式，加上一個一般用途的儲存體帳戶。在本書付梓前，App Service 的備份還無法支援使用復原服務保存庫。

要備份 App Service 的應用程式，請遵循以下步驟：

1. **在應用程式的設定頁面，點選「備份」。**

2. **在工具列點選「設定」。**

3. **填好「備份設定」頁面。**

填入以下資訊：

- 備份儲存體（*Backup Storage*）：挑選同一地理區域內的儲存體帳戶，然後另建一個容器來容納應用程式備份，當然選擇現有的容器也可以。

- **備份排程**（*Backup Schedule*）：排定每隔 *n* 天或 *n* 小時自動備份一次，然後選擇要保存的天數。
- **備份資料庫**（*Backup Database*）（**選用**）：將資料庫連線一併包括在備份定義當中。

4. **點選「儲存」以便提交備份設定。**

   你會回到 web 應用程式的頁面。

REMEMBER

你的 App Service 功能會因為選用 App Service 方案的定價層而有所不同。要能使用排程備份，你的 app Service 方案必須至少是 S1 服務層以上。筆者在第七章時也介紹過 Azure 的 App Service。

還原 app service 的 app

這個小節要來考量另一個層面：還原應用程式。也許你會想要嘗試做一次 App Service 還原，確保備份是一致可用的。

要還原一個 App Service，請這樣做：

1. **瀏覽至 App Service 應用程式的「備份」頁面。**

2. **在「備份」頁面點選「還原」。**

   這時會出現「還原」頁面。

3. **填好「還原備份」頁面的資料。**

   - **還原來源（Restore Source）**：選擇包括有應用程式備份（App Backup，我們選這個）、儲存體（Storage）或快照集（Snapshot）。
   - **選擇要還原的備份（Select the Backup to Restore）**：這裡會列出先前完成的備份。
   - **還原目的地（Restore destination）**：可以選覆寫（Overwrite）或「新的或現有應用程式」（New or Existing App）。

- **還原時忽略衝突的主機名稱（Ignore Conflicting Host Names on Restore）**：請選「否」以免 Azure 還原出一個與現有環境衝突的 App Service 應用程式名稱。
- **忽略資料庫（Ignore Databases）**：如果你的 web 應用程式具備資料庫連接字串，可能就該選「否」。

4. **點選「確定」完成 App Service 還原程序。**

圖 10-5 就是 Azure 入口網站的還原備份頁面。

圖 10-5：還原一個 Azure App Service 的應用程式

保護資料庫

最後要備份的則是 Azure SQL 資料庫和 Cosmos DB。

備份與還原 SQL 資料庫

SQL 資料庫每週都會為你的資料庫製作完整備份，另外每半天做一次 differential 備份，交易記錄檔則是每 5 到 10 分鐘備份一次。

此外，SQL 資料庫會把備份放在一個可供讀取的異地備援儲存體帳戶，以確保在你原本的 Azure 主要地理區域故障時，仍有備份可用。

筆者在第九章時已教過大家如何使用 Azure 的 SQL 資料庫。

設定 SQL 資料庫備份保存期限

你在虛擬伺服器層級設定 SQL 資料庫備份。請依以下步驟管理備份：

1. **瀏覽 SQL 資料庫虛擬伺服器頁面，點選「備份」(Backups)。**

   會出現保留原則（ Retention Policies）和可用的備份（Available Backups）兩個頁面可選。

2. **在「保留原則」頁面，從資料庫清單挑出目標資料庫，然後點選「設定原則」(Configure Policies) 工具列按鍵。**

   圖 10-6 便是這個介面。

   這時會出現設定原則頁面。可設定的選項有四：

   - **時間點還原**（*Point in Time Restore Configuration*）：
     範圍從 7 ～ 35 天。
   - **每週備份長期保留**（*Weekly Long-Term Retention (LTR) Backups*：
     範圍從 1 ～ 520 週。
   - **每月備份長期保留**（*Monthly LTR Backups*）：
     範圍從 4 ～ 520 個月。

- **每年備份長期保留（*Yearly LTR Backups*）：**
  範圍從 1 ～ 10 年。

圖 10-6：
自訂 Azure SQL 資料庫自動化備份

3. 點選「套用」以提交變更過的保留原則設定。

4. 在「備份」頁面，點選「可用的備份」分頁。

5. 瀏覽所有附加在這部虛擬伺服器上的資料庫備份。

還原 SQL 資料庫

要復原被誤刪的資料庫，請瀏覽 Azure SQL 資料庫的虛擬伺服器，並點選「已刪除的資料庫」按鍵以便檢視已刪除的資料庫。接著勾選已刪除的資料庫，選一個還原點，再點選「檢閱 + 建立」將資料庫帶回來。你必須為還原的資料庫另取新名。

TIP

你也可以利用 SQL 伺服器的原生用戶端工具來進行 SQL 資料庫的備份與還原，像是 SQL Server Management Studio、Transact-SQL 等等。

若要復原已受損的資料庫，請瀏覽 SQL 資料庫的「概觀」頁面，點選「還原」。然後會要你確認想要用哪一個還原點。

你也可以把資料庫還原至另一套資料庫伺服器，或是彈性集區（elastic pool），甚至還可以趁這時更改定價層。

備份與還原 Cosmos DB

Cosmos DB 跟 SQL 資料庫一樣，會自動備份你的資料，毋須用戶介入。Cosmos DB 會每隔 4 小時備份一次資料庫，並保存至少兩份備份。Cosmos DB 也會保存快照達 30 天之久。

Azure 文件建議，採用 Azure Data Factory 把資料複製到另一個 Cosmos DB 帳戶，藉以手動備份 Cosmos DB 的資料。

在本書付梓前，你必須向微軟申請技術支援（support ticket），請求進行任何形式的資料還原。Cosmos DB 團隊曾告訴筆者，微軟已在尚待加入的功能中加入上了使用者自行觸發資料還原這一項。誰能預料呢？也許在你讀到這一章時，這個新功能已經加入了也說不定！

Azure 的支援方案（support plans）一共有四種。所有的隨用隨付用戶都擁有基本支援方案（Basic support plan），這是免費的；其他三種都有固定月費。以下略述四種方案，及它們各自的 SLA：

- **基本（Basic）**：沒有回應時間的 SLA
- **開發人員（Developer）**：8 小時以內回應的 SLA，適於支援影響小的問題
- **標準（Standard）**：1 小時以內回應的 SLA，適於支援會影響商業的重大問題
- **專業直接支援（Professional Direct）**：最短回應時間，再加上 Azure 架構與營運的支援

假設你不小心刪除了 Cosmos DB 帳戶，需要儘快還原它。這時就必須申請技術支援。過程如下：

1. **在 Azure 入口網站，點選「說明 + 支援」。**

   這時會出現「說明 + 支援」工具，如圖 10-7 所示。

2. **點選「新增支援要求」，依提示進行。**

   這時你要選出 Cosmos DB 執行個體，並選擇「備份與還原」的問題類型。

3. **定期檢視「所有支援要求」的頁面，看是否有進展。**

   Azure 支援人員應該會以電郵或電話連絡你，端看你在填寫要求時偏好何種聯絡方式而定。

圖 10-7：在說明 + 支援頁面填寫並追蹤 Azure 支援要求

在本章當中

- 區分AD產品
- 描述訂用帳戶與AD之間的關係
- 建立與管理AD使用者和群組
- 實作角色型存取控制
- Azure Advisor導覽

Chapter 11

以 Azure Active Directory 管理識別身份與存取

每當你使用 Azure 的時候，其實就已經在與 Azure Active Directory（Azure AD）互動了，Azure AD 是一項託管的識別身份服務，它與 Azure 架構師、管理者、開發人員、商務分析師、資訊從業人員、甚至你的客戶，都密切相關。

至於 Azure AD 為何位於 Azure 的核心，則是因為它構成了你的訂用帳戶識別身份的基礎。任何人或程序需要存取你的 Azure 訂用帳戶，都必須先在 Azure AD 當中加以定義。

在讀完本章以後，讀者們就可以充分了解 Azure AD 和 Azure 訂用帳戶之間的關係。各位也會學到必備的技能，以最小授權的安全性（least-privilege security）來保護資源。所謂最小授權的 IT 安全性原則，

意指你只會對使用者賦予他們完成工作所必要的權限，除此無他。

了解 Active Directory

Azure AD 是一個多重租用戶（multitenant）、由 Azure 代管的身份存放區，可供 Azure 和其它微軟雲端服務使用，這些服務包括：

- Office 365
- Dynamics 365
- Intune
- Enterprise Mobility + Security

任何現代的電腦（無論執行的是 Windows、macOS、還是 Linux），都具有本機的身份存放區，其中定義了已經授權使用這台電腦的使用者。微軟從 1999 年起便在自家的 Windows Server 產品中提供 Active Directory 網域服務（Active Directory Domain Services，AD DS）；AD DS 是專為內部自有網路設置的集中式身份存放區。

所謂的**租用戶**（*tenant*）和**多重租用戶**（*multitenant*）很容易讓人感到混淆，因此請容筆者澄清一番。以 Azure AD 來說，**租用戶**只是單獨一個 Azure AD 的執行個體。一個組織可以擁有一個以上的 Azure AD 執行個體 —— 譬如說，其中一個供內部使用、另一個則供客戶使用。

Azure AD 之所以被稱作多重租用戶的身份存放區，是因為：

- Azure AD 租用戶可以不只一個。
- 每個租用戶可以代管來自多個來源的使用者帳戶，甚至包括其它的 Azure AD 租用戶。
- 可以有一個以上的訂用帳戶同時信任同一個 Azure AD（亦即共用一個識別身份存放區）。

另一個常令人感到困惑的術語是**雲端應用程式**（*cloud apps*）。以 Azure AD 來說，雲端應用程式可以是任何一種需要靠 Azure AD 作為使用者識別身份存放區的程式（web、電腦桌面、甚至行動裝置）。

AD 與 AD DS 的比較

Azure AD 可以與你內部網路自有的 Active Directory 網域服務（Active Directory Domain Services，AD DS）共用一部份的名稱，但是兩種目錄服務差異很大。表 11-1 便提供了大致的比較。

表 11-1　Azure AD 與 AD DS 的比較

	AD DS	Azure AD
存取協定	輕量型目錄存取協定（LDAP）	Microsoft Graph REST API
樹系 / 樹狀網域結構	有	無
群組原則管理	有	無
組織單位	有	無
動態群組	無	有
多重要素驗證	無	有

雖然 AD DS 與 Azure AD 相當不一樣，但還是可以將兩者結合成混合式識別身份解決方案。你可以部署微軟提供的免費識別身份同步引擎 Azure AD Connect，用它把內部的 AD 帳戶同步或納入（federate ）至 Azure AD ，以便達到雲端應用程式單一登入的效果。

TIP

關於如何使用 Azure AD Connect 把內部的 Active Directory 延伸至 Azure AD 的詳情，請參閱 https://docs.microsoft.com/azure/active-directory/hybrid/whatis-azure-ad-connect。

訂用帳戶與 AD 租用戶之間的關係

此外，你也應該弄清楚 Azure AD 租用戶與 Azure 訂用帳戶之間的關係。要建立一個 Azure 帳戶，你必須使用微軟的帳戶識別身份。當你建立帳戶後，你的試用版訂用帳戶便已連結至預設的 AD 租用戶，而這個租用戶通常標記為預設目錄（Default Directory）。[譯註 1]

Azure AD 租用戶可以和訂用帳戶分別存在，但是 Azure 會一直等到你把 Azure AD 租用戶和至少一個訂用帳戶連結起來，才會讓你部署資源。圖 11-1 說明了這種狀況。

圖 11-1 描繪了 Azure 訂用帳戶與單一 Azure AD 租用戶之間的信任關係。

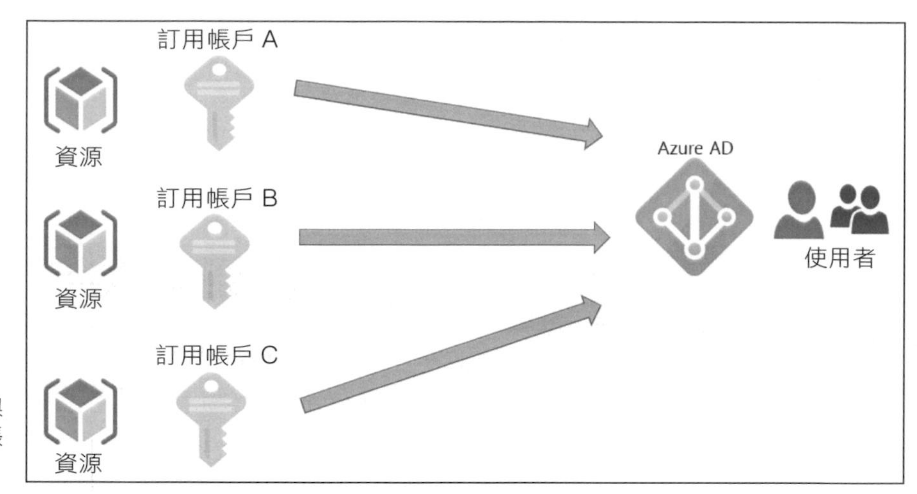

圖 11-1：Azure AD 與 Azure 訂用帳戶間的關係

多重租用戶的 Azure AD

雖然 Azure AD 可以兼任多個訂用帳戶的識別身份存放區，但一個 Azure 訂用帳戶一次只能信任一個 Azure AD 租用戶。要理解這個概念，請參照以下步驟：

1. **以管理身份登入 Azure 入口網站。**

2. **點選建立資源。**

譯註 1　因此，要觀察現在的 AD 租用戶資料，請在全域搜尋列輸入「Azure Active Directory」，就會進入預設目錄頁面了。

3. **在 Azure Marketplace 頁面，尋找並選擇 Azure Active Directory，記得考慮擁有多重 Azure AD 租用戶的用意。**

   只要你有足夠的運用案例，要配置幾個 Azure AD 租用戶都可以，但是只有等到你把它們繫結到某個 Azure 訂用帳戶後，才能對它們做關鍵動作。Azure AD 租用戶其實也是資源，就像 ARM 中其它的資源一樣。

4. **利用全域搜尋框瀏覽訂用帳戶頁面，並在清單中點選你的訂用帳戶。**

5. **在概觀頁面，點選「變更目錄」（Change Directory）。**

   現在你感受到差異了！這個動作讓你可以把訂用帳戶從現有的 Azure AD 租用戶脫離，然後掛到別處去。圖 11-2 便是幾張連續說明圖，顯示筆者環境中的目錄切換過程。

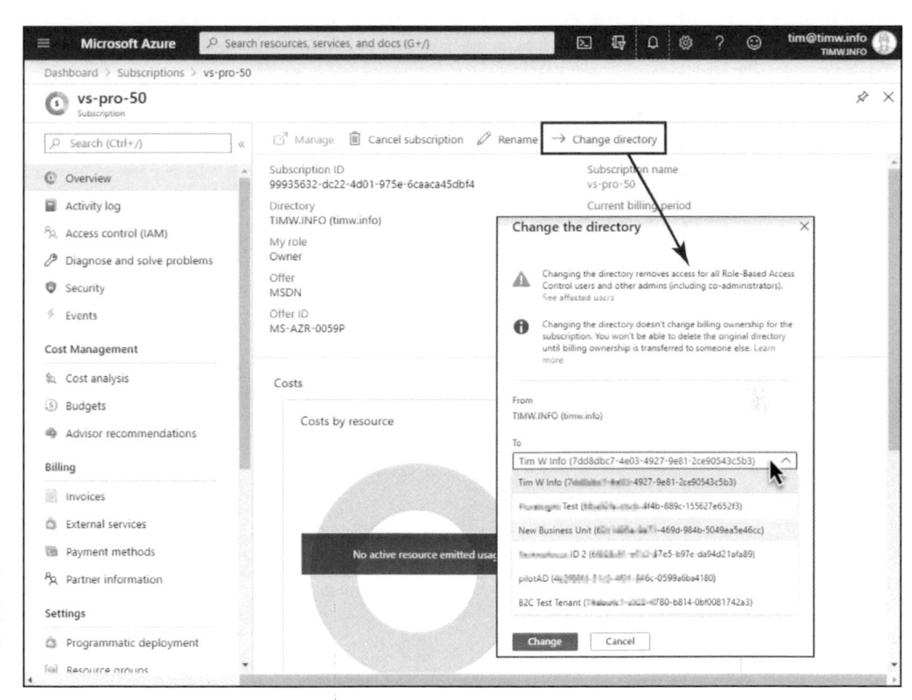

圖 11-2：將 Azure 訂用帳戶移至另一個 Azure AD 租用戶

也許你的開發人員會想在處理其雲端應用程式時，把他們的環境區隔開來。這時用另一個 Azure AD 租用戶就可以把 Azure 部署環境徹底隔開來。

WARNING

當你移往另一個 Azure AD 租用戶後，就需要重新設定所有的角色型存取控制（RBAC）。原因很簡單：你必須面對另一套 Azure AD 使用者和群組帳戶。

「其他的」Azure AD 目錄家族成員

在筆者繼續說明關於建立 Azure AD 識別身份的主題前，我想先區別一下 Azure Active Directory 產品系列的其他成員：

» **Azure AD Business-to-Business（B2B）**：這項共同作業技術可以允許外部使用者在受邀加入你的 Azure AD 租用戶時，使用自己既有的電郵信箱。當你希望對約聘人員或臨時雇員賦予有限度的 Azure 環境存取權時，就可以使用這項服務。

» **Azure AD Business-to-Consumer（B2C）**：這個可攜式的識別身份存放區，主要是以你的業務客戶為使用對象。此種租用戶含有現成即用的（turnkey）整合功能，可以結合社群媒體的帳戶登錄（sign-up）或登入（sign-in）。如果你想簡化一些對外公開的 Azure 應用程式所需的客戶帳戶管理，就使用這項服務。

» **Azure AD Domain Services**：Azure AD Domain Services 是一項受控的、託管在雲端的 Azure AD 網域。你可以在其中使用 LDAP、Kerberos/NTLM 驗證、組織單位、群組原則、以及其它任何原本只有內網 AD 才具備的功能。如果你想要淘汰內部的 AD DS 環境、以雲端服務取而代之，但仍需要群組原則這類既有的 Active Directory 管理工具時，就使用這項服務。

» **Azure AD Connect/Connect Health**：Azure AD Connect 是一個免費的應用程式，可以裝在內部 AD 環境，以便將內部帳號同步或納入至 Azure AD 當中，達到單一登入的效果。Azure AD Connect Health 則是一個供 Azure AD Connect 使用的監視 / 報告層，位於 Azure 入口網站當中。如果你在內部私有環境和 Azure 之間設置了混合式識別身份，就會需要監視 Connect Health 的狀態。

建立使用者與群組

這個小節要講到一些有趣的東西了。如果你瀏覽 AD 租用戶（亦即訂用帳戶所屬 Azure AD 目錄）的屬性頁面，就可以把租用戶屬性的名稱從預設目錄改成另有含意的字眼（你可能已經注意到筆者也把自己所擁有的 DNS 網域名稱 timw.info 當成了租用戶屬性的名稱）。

一般說來，你會希望使用者的登入名稱能合乎他們的電郵信箱。以下各小節就要來解釋如何做到這一點。

在目錄中加入新網域

請瀏覽 Azure AD 租用戶中的「自訂網域名稱」（Custom domain names）。你會看到你的原始目錄名稱採用微軟的網域名稱 onmicrosoft.com。這個 *.onmicrosoft.com 網域，就是你的 Azure AD 使用者預設的登入後綴名稱，但這會讓使用者感覺哪裡怪怪的。

你不能刪除 <*tenant*>.onmicrosoft.com 這個網域名稱。因為這是微軟靠 DNS 來識別你的租用戶的方式。

筆者鄭重建議各位，把你的業務用 DNS 網域和 Azure AD 租用戶綁在一起。你可以選擇要讓使用者以哪一個後綴名稱登入。

要把你自己的業務用 DNS 網域名稱加入到租用戶的 DNS 網域名稱內，只需驗證所有權即可。請這樣進行：

1. **在「自訂網域名稱」（Custom domain names）頁面，點選「新增自訂網域」（Add Custom Domain）。**

2. **在「新增自訂網域」頁面，將你的自訂網域名稱加進來，再點選「加入網域」（Add Domain）。**

   你會被帶到驗證頁面。

3. **在你的網域 zone file 內新增加一個 TXT 或 MX 資源紀錄。**

   你必須對自己的 DNS zone 有管理權，才能完成以上步驟。要用哪一種紀錄來驗證都無妨。

4. **點選「驗證」（Verify），等待 Azure 驗證資源紀錄是否確實存在。**

   觀念在於只有 DNS 網域擁有者才能建立紀錄；因此微軟可以驗證出你確實是網域的擁有者。

5. **驗證完成後，從你的網域 zone file 刪除驗證用的紀錄。**

   這筆紀錄沒有必要繼續存在，而現在你可以使用自有網域作為登入的後綴名稱了。

圖 11-3 顯示的便是筆者租用戶的自訂網域清單。讀者們可以看到原本的 onmicrosoft.com 網域、還有幾個尚未驗證、故而還無法使用的網域名稱。

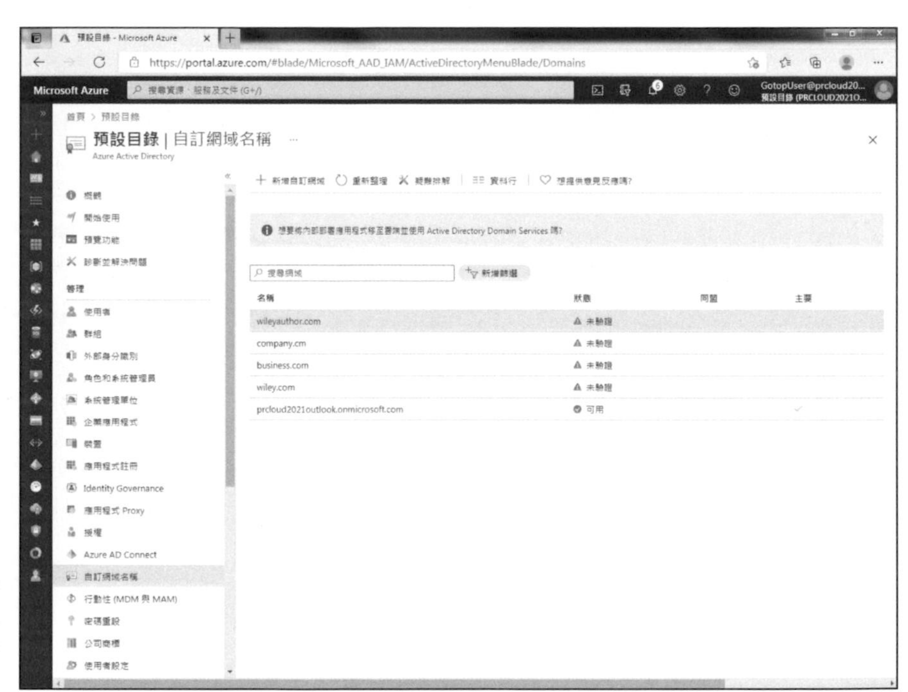

圖 11-3：Azure Active Directory 裡的自訂 DNS 網域名稱

了解 AD 使用者與群組類型

如果沒有建立使用者和群組帳戶，空有識別身份存放區也無用武之地。使用者帳戶代表個別的識別身份，而群組則是將多個使用者帳戶集合在一起、以便管理的單位。

接下來讓筆者說明一下，Azure AD 使用者與群組的運作方式。在你的 Azure AD 租用戶裡（亦即「預設目錄」當中），點選「使用者」（Users）頁面。Azure AD 具備兩種類型的使用者帳戶，群組類型也有兩種：

- **成員使用者（Member user）**：這個帳戶是我們在租用戶預設目錄中直接建立的使用者，或是從另一個目錄（內部 AD 或 Azure AD）同步 / 納入的使用者
- **來賓使用者（Guest user）**：這個帳戶是透過 Azure B2B 受邀至你租用戶預設目錄的使用者。
- **已指派成員 資格群組（Assigned membership group）**：這個群組是你自行定義、含有使用者的群組。
- **動態群組（Dynamic group）**：這是 Azure 基於預設的使用者帳戶屬性值而自動定義的群組。

AD 使用者清單的來源（Source）欄位代表當初建立使用者驗證它的位置。這個授權來源（source of authority）之所以重要，是因為你可能想以不同的方式對待雲端原生的 Azure AD 帳戶、以及同步而來的、或從它處納入的帳戶。來源選項包括：

- **Azure Active Directory**：在本地租用戶內直接建立的使用者。
- **其它的 Azure AD**：這些使用者來自不同的 Azure AD 租用戶（可能屬於你或別人），它們透過 AD B2B 共同作業受邀加入你的租用戶預設目錄。
- **Microsoft Account**：這些使用者也是受 Azure AD B2B 邀請加入的；當初用來建立租用 戶 / 訂用帳戶的，也是一個 Microsoft Account。

  REMEMBER

  Microsoft Account 是一個免費的帳戶，可以用來存取數種微軟服務，包括 Xbox、Office 365、當然也包括 Azure。Microsoft Account 目錄的出現比 Azure 還要早；你可能還記得以前的「Windows Live Accounts」，也是一樣的東西。
- **Windows Server AD**：這些使用者是從內部的 AD DS 網域同步而來。

建立 AD 群組

鑑於本書的用途，筆者會以 Azure 入口網站來建立和管理 AD 使用者及群組帳戶。Azure PowerShell 和 Azure CLI 也可以擔綱這件任務；當你需要建立大量帳戶時，這些自動化的語言會讓工作簡單許多。

在 Azure 裡使用 AD 群組，基本上就跟在本地的 Active Directory 中使用群組的方式差不多：目的就是簡化管理。請按照以下步驟建立範例的 Azure AD 群組：

1. **在 Azure AD 設定中，瀏覽「群組」頁面，然後點選「新增群組」。**

2. **在「新增群組」頁面，填好表格。**

   請依以下建議填寫：

   - **群組類型**（*Group Type*）：請選「安全性」（Security）。如果是要在 Microsoft Exchange Online 當成通訊群組使用，才選 Office 365（Office 365 一樣也使用 Azure AD）。
   - **群組名稱**（*Group Name*）：請取一個容易鍵入的名稱。
   - **成員資格類型**（*Membership Type*）：選擇「已指派」（Assigned）。其它選項包括 Dynamic User 和 Dynamic Device。動態群組（Dynamic Group）會告訴 Azure 要自動依照使用者帳戶屬性（例如城市）或裝置類型（例如桌上型電腦或手機）自動定義該類群組。
   - **擁有者**（*Owners*）：這也是 Azure AD 使用者，有權編輯這個群組的成員資格。
   - **成員**（*Members*）：如果你將群組類型定為「已指派」（Assigned），就需要手動將其它的 Azure AD 使用者加入這個群組。

3. **點選「建立」以便建立新群組。**

建立 Azure AD 使用者

現在你可以建立新的 Azure AD 使用者帳戶了。請按照步驟進行：

1. **在 Azure AD 設定清單中點選進入「使用者」，然後從「所有使用者」點選「新增使用者」。**

2. **在「新增使用者」對話盒中，點選「建立使用者」，然後填寫識別屬性。**

   可能的話，定義使用者名稱與網域部份時，應合乎你的公司電郵信箱格式。如果你沒有加上自訂網域，就只能乖乖地選 <*tenant*>.onmicrosoft.com 做為後綴。

   筆者稍早已解釋過如何將自訂網域加入至 Azure AD 當中。

WARNING

   雖然 Azure AD 使用者名稱可以和電郵名稱相同，並不代表 Azure 會驗證郵址。Azure 會對這個信箱發送通知訊息，但不會為這個使用者建立信箱。你必須自行處理使用者信箱的設置。

3. **決定如何處理使用者的初始密碼。**[譯註 2]

   使用者必須在初次向 AD 租用戶驗證自己身份時提供初始密碼。

4. **將使用者加入某一既有群組。**

   在「群組和角色」這個頁面段落中，點選「已選取 0 個群組」，然後瀏覽目錄，選出你剛建立的 AD 群組。這時群組屬性會變成「已選取 1 個群組」。

5. **其它保持預設值，點選建立。**

處理 Azure AD 使用者帳號

在這個小節裡，筆者會檢視一些你對 Azure AD 使用者帳戶常做的重要動作，像是指派 Azure AD 授權給使用者、以使用者身份登入、以及更改密碼等等。

譯註 2　選「自動產生密碼」或「讓我建立密碼」。

將授權指派給使用者

所有的訂用帳戶擁有者都是從免費定價層開始自己的 Azure AD 租用戶的。表 11-2 顯示的便是版本之間的若干差異。

表 11-2 Azure AD 版本比較

	Azure AD Free	Azure AD Premium P1	Azure AD Premium P2
最大物件數量	500,000	無上限	無上限
AD connect 同步	有	有	有
公司品牌	無	有	有
服務等級協定	無	有	有
動態群組	無	有	有
非管理性 MFA	無	有	有

如果你檢視 AD 定價頁面（`https://azure.microsoft.com/pricing/details/active-directory/`），還會多看到一個 Office 365 應用程式版本。筆者在本書中不會介紹這個變種，因為我們的主題是 Azure。

請記得幾件事：

- Azure AD Premium 的每人每月費用是固定的。
- 每一名需要使用 premium 功能的使用者，必須指派正確的授權。

你需要原生的 AD 帳戶，而非 Microsoft account。帳戶必須分配到全域管理員（Global Administrator）這個角色（directory role）。所謂角色，是一個具名的權限集合，讓使用者有更大的 Azure AD 控制權。

要購買 Azure AD 授權，必須這樣做：

1. **使用你的 Azure AD 管理員帳戶登入微軟 365 管理中心（`https://portal.office.com`）。**

2. **點選計費（Billing）➪ 產品與服務（Products & Services）。**

   這時會出現 Purchase Services gallery。

3. **從服務清單中找出 Azure Active Directory，點選 P1 和 P2。**

   圖 11-4 便是這個介面。

4. **指定需要的授權數量，完成交易。**

   你選擇自己的 Azure 訂用帳戶所列的付費方式來支付授權費用。

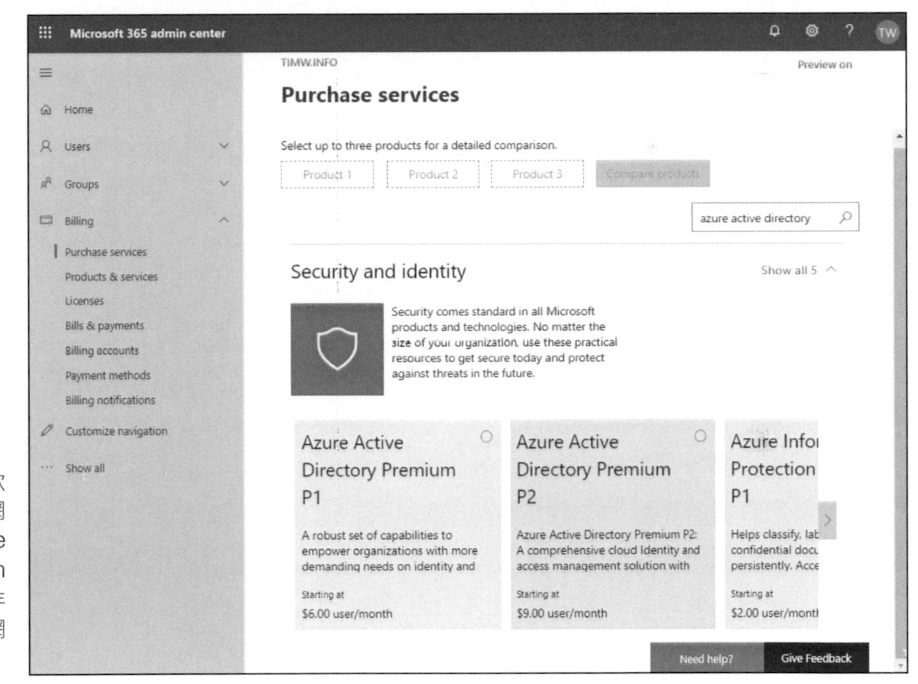

圖 11-4：你在微軟 365 入口網站購買 Azure AD Premium 授權，而非 Azure 入口網站

分發授權

現在你已經取得可以分發的授權了，本小節要來說明如何在 Azure 入口網站中分發授權。步驟如下：

1. **在 AD 租用戶預設目錄下，點選「授權」(Licenses setting)。**

   這時會出現「開始進行授權管理」(Get Started with License Management) 頁面。

2. **在「授權」頁面，點選所有產品 (All Products)。**

3. **從授權清單選出你已購買的授權類型。**

   譬如說，如果你採購的是 Azure AD Premium 授權，就會出現在清單當中。你會看到已經分發出去多少授權、還剩下多少。

4. **進入以上選定已購買的授權類型，會看到「經過授權的使用者」(Licensed Users) 頁面，從工具列點選「指派」(Assign)。**

5. **在「指派授權」(Assign License) 頁面，選擇目標使用者 (target user)，然後點選「指派」。**

以 Azure AD 使用者身份登入

如果你還不知道何謂 Azure 的 application access panel (`https://myapps.microsoft.com`)，這是一個經過認證的網站，可以讓 AD 使用者做這些事：

- 讓使用者登入他們已被指派可以單一登入的 Azure 雲端應用程式
- 管理自己的使用者帳戶，包括更改密碼、多重要素驗證 (MFA) 選項等等

在這個小節的例子中，虛構的使用者會提供她的帳戶初建時所分配到的使用者名稱 (`ginger@timw.info`) 與密碼。然後她改了自己的密碼、看到了自己專屬的「應用程式存取面板」(application access panel)，如圖 11-5 所示。

圖 11-5：
應用程式存取面板是一個一站購足式的頁面，讓 Azure AD 使用者存取自己的個人資料（profile）屬性、以及雲端應用程式

更改密碼

我敢肯定，在各位擔任支援工作期間，最常見的使用者帳戶維護動作就是重設密碼。要在 Azure AD 裡更改密碼，請這樣做：

1. **在 AD 租用戶預設目錄中找出目標的使用者。**

2. **在使用者的個人資料（Profile）頁面，點選「重設密碼」（Reset Password）。**

   這時會出現重設密碼頁面。

3. **在重設密碼頁面，點選「重設密碼」。**

   你可以直接把「暫時密碼」複製並交給使用者，或是讓 Azure 用電子郵件將訊息寄到使用者的登入信箱。使用者必須在下一次登入時更改自己的密碼。

WARNING

你不能從 AD 重設 Microsoft account 的密碼。

設定角色型存取控制（RBAC）

微軟使用所謂的角色型存取控制（role-based access control，RBAC）授權模型。我們說到認證（authentication）時，通常指的是驗證識別身份，確保使用者真的是他聲稱的那個人。而角色（role）則是預先定義的一個由多項授權構成的集合，通常都可以呼應某個工作角色，因此授權其實界定了經過認證的使用者在你的系統中所受的約束。

Azure RBAC 利用了繼承的概念。換句話說，如果在較高層的範圍指派一個 RBAC 角色，這種關係會因繼承而向下延伸至較低層的範圍。圖 11-6 顯示的便是五種 Azure 的管理範圍：

- **租用戶根位置（Tenant root）**：ARM 中最高的階層。
- **管理群組（Management group）**：一個可以包含多個訂用帳戶的容器。對於需要將同一個 RBAC 角色一次指派給多個訂用帳戶的企業來說，這個選項極為便利。
- **訂用帳戶（Subscription）**：Azure 當中的基本計費對象。
- **資源群組（Resource group）**：Azure 當中的基本部署對象。
- **資源（Resource）**：個別的 Azure 資產（虛擬機器、資料庫等等）。

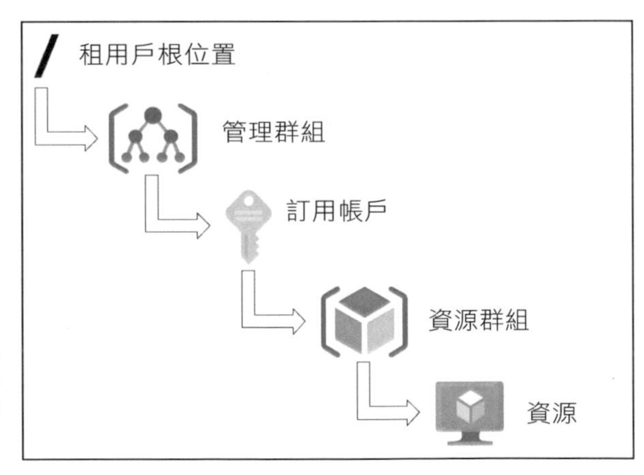

圖 11-6：Azure 管理範圍利用繼承的概念來簡化管理

實作內建的 RBAC 角色

為避免犯下新手常見的錯誤，請記住：Azure 有兩套不一樣的 RBAC 角色：

- » **AD 角色**：主掌 AD 內的動作
- » **資源角色**：主掌 Azure 資源的動作，作用範圍包括租用戶根位置、管理群組、訂用帳戶、資源群組、及資源等等。

以下各小節將介紹這些角色。

Azure AD 的角色

當你建立一個普通的 Azure AD 使用者時，這個使用者是不具備任何目錄（AD）角色的。理由很明顯：只有特定的成員才可以擁有對於 Azure AD 本身的特權。

一般成員（member）等級的使用者只能進行基本操作，像是編輯自己的設定檔屬性，也許還可以檢視其它成員使用者帳戶的屬性。然而團隊中終究還是要有人能夠在 Azure AD 中登錄雲端應用程式、或是可以建立使用者和群組帳號之類。

在你的 Azure AD 租用戶目錄下，點選「角色和系統管理員」（Roles and Administrators）設定，以便檢視完整的內建 Azure AD 角色清單。常見的有以下幾種：

- » **全域管理員（Global administrator）**：持有此一角色者可以在租用戶範圍內執行所有動作。。
- » **應用程式系統管理員（Application administrator）**：持有此一角色者可以管理雲端應用程式的登錄。
- » **計費管理員（Billing administrator）**：持有此一角色者可以管理訂用帳戶的發票及付款方式。
- » **來賓邀請者（Guest inviter）**：持有此一角色者可以透過 AD B2B 共同作業邀請外部使用者進入你的目錄。

» **密碼管理員（Password administrator）**：持有此一角色者可以重設非管理使用者的密碼。

» **報告讀取者（Report reader）**：持有此一角色者可以閱覽 Azure 稽核報告（auditing reports）。

» **使用者系統管理員（User administrator）**：持有此一角色者可以管理 AD 使用者與帳戶。

假設有一個新使用者 Ginger Grant，她應該獲得使用者系統管理員的角色，以便建立和管理 Azure AD 使用者帳戶。其步驟如下：

1. **以該使用者身份先登入 portal.azure.com 進行觀察。**

   記住這是一般使用者，尚未取得任何 Azure AD 角色。

2. **瀏覽訂用帳戶頁面。**

   這時應該看不到任何訂用帳戶列出來，因為新使用者的權限不足。

3. **另外以你自己的帳戶登入 Azure 入口網站，在你所屬的預設 AD 租用戶目錄下，從「使用者」頁面開啟以上新使用者的設定，點選「目錄角色」（Directory Role 頁面）。**

   點選「所有使用者」設定，再選擇該使用者，然後在使用者自己的設定頁面再點選「指派的角色」

4. **在「指派的角色」頁面，點選「新增指派」。**

5. **在目錄角色清單中，點選「使用者系統管理員」角色。**

6. **點選「加入」。**

   這個使用者就會得到使用者系統管理員的角色。

7. **若要測試存取，請把該使用者登出入口網站、再重新登入。以便更新存取權杖。**

圖 11-7 顯示的便是相關的使用者管理控制按鍵 —— 例如新增使用者 —— 原本在未指派角色前是不存在的，現在出現了。

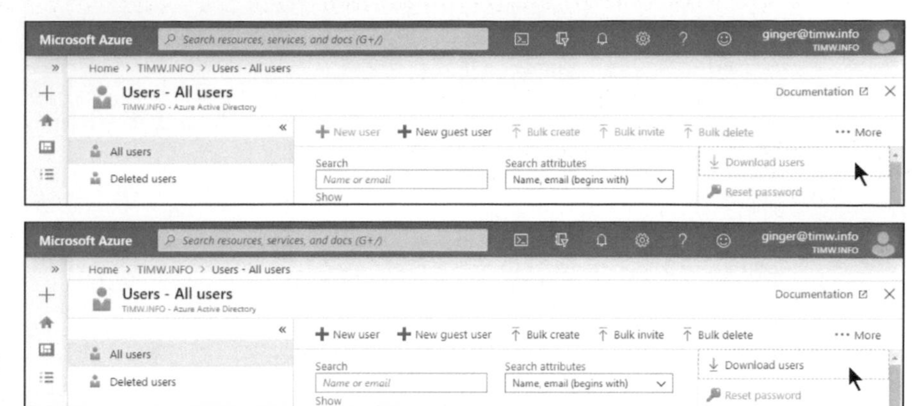

圖 11-7：RBAC 角色指派前後比較

將使用者無權知悉的控制功能隱藏或關閉，這種介面技術稱為**安全性修整**（*security trimming*）。

資源的角色

Azure AD 的角色其實不過是一組具名權限的集合，只能對 Azure AD 租用戶有作用。相較之下，資源角色則是另一組權限的集合，可以和 Azure 訂用帳戶及資源綁在一起。注意這一套角色和先前看過的 Azure AD 角色是完全不同的兩碼事。

先前在設定角色型存取控制」小節提過的五種管理範圍，你都可以把 RBAC 角色套到它們身上，而這種指派會因繼承而往下延伸至較低的範圍層級。

你可以在訂用帳戶頁面為使用者指派角色。最常見的內建資源角色包括：

- **擁有者（Owner）**：可以在套用層級內進行任何動作，包括編輯 RBAC 角色的成員。
- **參與者（Contributor）**：權限幾乎等同於 Owner，唯一例外是不得更動 RBAC 的指派方式。
- **讀者（Reader）**：只准閱覽資源，但不得變更。

- **虛擬機器參與者（Virtual Machine Contributor）**：允許管理 VM，但不得更動相關的網路及儲存資源。
- **虛擬機器系統管理員登入（Virtual Machine Administrator Login）**：准許檢視訂用帳戶中的 VM，並以管理員身份登入 VM。

將帳戶加入到資源角色當中

請依以下步驟，將帳戶加入至訂用帳戶層級的 Reader 角色：

1. **為測試「加入前」狀態，請先以新使用者身份登入 Azure 入口網站，並瀏覽至資源群組頁面。**

   在 Azure 的全域搜尋列鍵入「**資源群組**」字樣，迅速找出該頁面。

   這時應該看不到任何資源群組列出，因為一般使用者尚未獲得授權之故。

2. **改以管理者帳戶瀏覽訂用帳戶頁面，點選你的訂用帳戶，並點選「存取控制 (IAM)」設定。**

3. **在「存取控制 (IAM)」設定右側的「檢查存取權」分頁，輸入使用者的登入名稱，以便檢視她現有的存取等級。**

   Azure 入口網站應該會將角色指派數顯示為 0。

4. **在「存取控制 (IAM)」設定右側的「角色指派」分頁，點選「新增」➪「新增角色指派」。**

5. **在「新增角色指派」頁面，將使用者指派為「讀者」角色。**

   設定如下：

   - **角色**：選「讀者」。
   - **存取權指派對象為**：選「使用者、群組或服務主體」。
   - **選取**：鍵入你剛剛建立的使用者登入名稱，讓 Azure 幫你比對出帳戶，再點選它。

6. 點選「儲存」以提交變更。

7. 登出 Azure 入口網站，再以使用者身份登入，測試存取是否生效。

   在使用者的訂用帳戶範圍內，資源群組頁面應該會顯示有限的資源存取。Azure 會阻止你進行大部分動作，你不妨試試關閉 VM、或上傳一個 blob 至儲存體帳戶試試。

自訂 RBAC 角色

遲早你都會遇上內建的 RBAC 角色不敷所需的時候。好消息是，你可以替 Azure AD 及 Azure 資源自訂 RBAC 角色。在本書付梓之際，你還是必須用 Azure PowerShell 或 Azure CLI 來建立自訂的 RBAC 角色。詳情可參閱 `https://docs.microsoft.com/zh-tw/azure/role-based-access-control/custom-roles` 的「Azure 自訂角色」一文。

圖 11-8：檢視特定管理範圍的 RBAC 角色指派

Azure Advisor 導覽

筆者現在要探討一個最常被忽略、但卻極為有用的 Azure 服務，作為本章總結，它就是 Azure Advisor。

事實上，沒有人能完全清楚自己 Azure 基礎設施的成本、效能、安全性及高可用性的全部細節。Azure Advisor 利用了機器學習演算法，對你提出建言，協助將你的 Azure 環境最佳化，涵蓋成本、安全性、可用性及效能等方面。

Azure Advisor 是一個提供建議的引擎，它會掃描你的訂用帳戶，並提供關於高可用性、安全性、效能及成本的建言。這項服務是免費的，它是一種十分經濟的方式，讓你可以對自己的訂用帳戶作出修正、以便從中獲得正面回饋。你可以在 Azure Advisor 作出特定建議時發出警訊，也可以調整建言的引擎，讓它更合乎你的環境需求。

要使用 Advisor，請這樣做：

1. **在 Azure 入口網站，瀏覽至 Advisor 的概觀頁面。**

   這裡的工具列可以供你下載 CSV 格式、或 PDF 格式的報告。

2. **點選「建議」(Recommendations) 群下的「安全性」(Security)。**

   此時會出現安全性建議 (Security Recommendations) 頁面。[譯註 3]

   圖 11-9 顯示的便是筆者自己收到的 Advisor 安全建議，它列舉了影響、問題描述、受影響資源、以及發出建議的日期。

譯註 3 現在會在頁面上方工具列出現一個「試用新的 Advisor Score (預覽)」的連結，進入才會有分數可以看。這將來應該會成為正式功能。

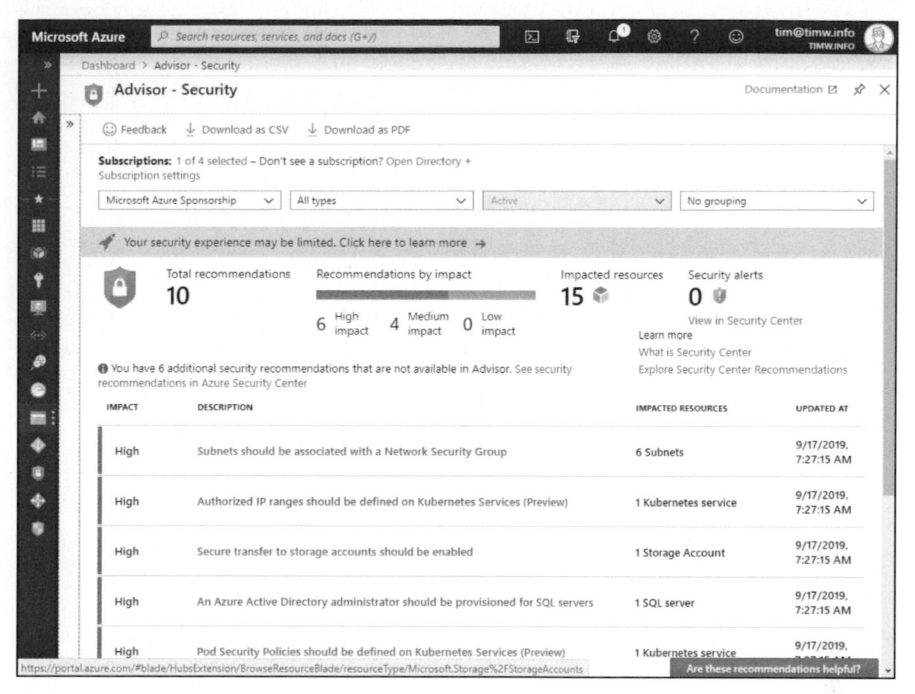

圖 11-9：
Advisor 提供詳細的建言，有時還會自動修復問題

3. 點選某一項建議並檢視其詳情。

譬如說，你可以試著點開「應啟用儲存體帳戶的安全傳輸」（Secure Transfer to Storage Accounts Should be Enabled）這項建議。它會提供自動補救方式。請點選受影響資源、再點選修復（Remediate）；Azure 就會為我所選的儲存體帳戶資源啟用安全傳輸了。

另外請注意 Advisor 安全建議中的前往資訊安全中心（View in Security Center）按鍵。Azure 資訊安全中心也會利用機器學習對你的環境作出建議；Advisor 會將資訊安全中心的建議納為內容的一部份。第十二章時就會介紹到資訊安全中心。

在本書付梓前，你還不能自訂 Advisor 建議，但你可以更改內建建議的行為模式。步驟如下：

1. 在 Advisor 頁面，點選「組態」設定。

2. 瀏覽至「規則」分頁。

3. 點選一條規則，再點選功能選單中的「編輯」。

   舉例來說，你可以選擇更改「將使用量低的虛擬機器調整為正確大小或關機」這條規則。

4. 在「編輯建議規則頁面」，作出調整。

   例如你可以把建議的 CPU 使用率閥值從 5 改成 10、15 甚至 20。

5. 點選「套用」完成設定。

在本章當中

- 實作分類標籤以便組織和追蹤Azure資源
- 以Azure原則實行標準化Azure環境

Chapter 12 實作 Azure 治理

所謂的 Azure 治理，指的是你的組織如何管理各種 Azure 資源的作法。舉例來說，你如何確保資源只會部署到授權區域（authorized region）？你如何限制資源規模才不會超出預算？在本章當中，讀者們會學到如何運用 Azure 的治理工具：即分類標籤和 Azure 原則。

實作分類標籤

資源群組是 Azure 中最基本的部署單元。其觀念在於你可以將所有生命週期相同的資源放在同一個資源群組底下，以便於管理和稽核。

然而，現實是殘酷的。你部署的內容有可能橫跨不同的資源群組、地理區域、甚至分屬不同的訂用帳戶。若要滿足財會和法規等部門的要求，追蹤這些如同散沙一般的資源，顯然有難度。

而答案就在分類標籤身上。在 Azure 裡，一個標籤（*tag*）其實不過就是一對鍵與值而已。只要使用者對資源具有寫入權限，就可以將既有的標籤貼到資源上、或是另建新標籤。

舉例來說，你可能會用一些標籤來標示組織中不同的成本中心、或是用標籤來區分 Azure 上不同的專案。Azure 的標籤一律採用鍵 : 值的對應格式，例如 CostCenter:Development 之類。

Azure 的分類標籤有一點挑剔。以下是若干關於標籤的注意事項：

- 每個資源群組或資源，最多只能貼 50 組標籤。
- 標籤名稱（鍵）上限 512 個字元；標籤值上限 256 個字元。
- 貼在資源群組上的標籤，不會因繼承延伸到群組內的其它資源。
- 不是所有的 Azure 資源都可以貼標籤。像是管理群組（management group）或訂用帳戶就不行 —— 只有資源群組和大部份的資源可以。
- 標籤名稱不能包含這些字元：< > % & \ ? /。

WARNING

標籤不像 RBAC 跟 Azure 原則指派那樣可以繼承，因此資源不會繼承所屬資源群組的標籤。雖說你可以用 PowerShell 或 Azure CLI 來克服這個限制，但這仍是一個值得注意的要點。

另一個要命之處，就是 Azure 標籤很容易變得不一致。你總有一天會領教這個教訓：某人（當然不是你，我說的是你的同事）犯了以下的大忌：

- 部署資源的當下或事後都忘記加上標籤
- 誤用了不正確的標籤名稱或標籤值
- 標籤名稱或標籤值拼寫錯誤

如果你是用分類標籤來做成本追蹤的話，後續問題就大條了，因為不一致的標籤會導致不一致的（不正確的）報告結果。但好消息是，你可以透過 Azure 原則把標籤的套用標準化。

為資源群組及資源套用標籤

你的團隊需要針對治理所進行最重要的討論之一，就是哪種 Azure 資源的命名和標籤方式最有意義。

以下的微軟線上資源，都包括了資源和名稱標籤的最佳實務指南：

- 開發 Azure 資源的命名和標記策略[譯註 1]：
  （https://docs.microsoft.com/azure/cloud-adoption-framework/ready/azure-best-practices/naming-and-tagging）
- 資源命名與標記決策指南：
  （https://docs.microsoft.com/azure/cloud-adoption-framework/decision-guides/resource-tagging/）

表 12-1 常見的 **Azure** 分類標籤式樣

標籤類型	標籤範例（name:value）
會計	department:legal region:europe project:salespromo
分類	confidentiality:private sla:8h
功能性	app:prodsite1 env:staging tier:web
夥伴關係	contact:jsmith owner:twarner
目的	businessproc:developement revenueimpact:high

譯註 1　在文件網頁，標題將 tag 譯為「標記」，但是在 Azure 入口網站，同樣功能卻被放上「標籤」字樣。但如果你將 Azure 入口網站頁面改為英文介面，其實原文都是 tag。

在 Azure 入口網站中添加標籤

事不宜遲，且讓筆者來帶各位熟悉一下，如何將標籤貼到資源群組、以及個別資源之上。此外，第二章已經說明過如何建立資源群組。

請確認你的資源群組中至少有兩個資源，並記得以管理者帳戶登入 Azure 入口網站，步驟如下：

1. **在資源群組的設定清單中，點選「標籤」（Tags）。**
2. **鍵入新標籤名稱與標籤值，點選「套用」（Apply）。**

   舉例來說，你可以取名為「project」、標籤值則是「learning」。

3. **瀏覽至資源群組的概觀頁面，檢視其標籤。**

   你應該可以在「程式集」區段看到「標籤」欄。

4. **點選你在第 2 步命名的標籤。**

   Azure 會把你帶往「具有 project：learning 標籤的資源」頁面，這裡會列出你已指派該標籤的資源。

5. **瀏覽資源群組中的資源，並從資源的設定清單中點選「標籤」。**
6. **重複使用既有的 project 標籤，但更改名稱以便測試。**

   這次把標籤改成 `project:testing`。

   Azure 標籤是可以更改的，這雖然方便，但也很危險，因為拼錯字就會導致日後報告的內容出錯。

7. **點選儲存以便提交變更。**
8. **將任一標籤或兩者皆關聯至不同資源群組中的其它資源。**

REMEMBER

你可以（也應該）在部署新資源時便順手加上適當的標籤。

圖 12-1 顯示的便是建立儲存體帳戶部署時的標籤頁面。

圖 12-1：最佳的貼標籤時機，就是部署的時候

以程式化的方式添加標籤

用 PowerShell 以程式化的方式為資源添加標籤，其實很簡單。第二章已經介紹過 Azure CLI 和 Azure PowerShell。首先請用以下程式碼列出你資源標籤中現有的標籤（像筆者就是以資源群組 `wiley` 來操作）：

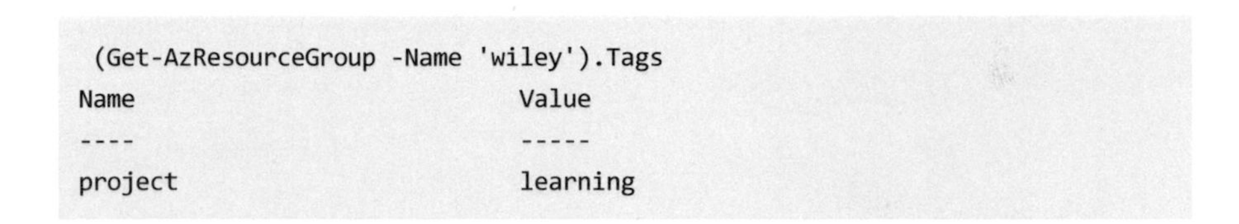

```
 (Get-AzResourceGroup -Name 'wiley').Tags
Name                           Value
----                           -----
project                        learning
```

請用 `Login-AzAccount` 登入 Azure，並用 Set-AzContext 設定預設的訂用帳戶，然後才試驗以下步驟。

假設想為你的資源群組加上一組新標籤（env:dev）。如果直接用 Set-AzResourceGroup 命令來添加新標籤，PowerShell 就會用新標籤覆蓋掉目前所有的標籤，因此你不能這樣做，而是應該先把 **wiley** 資源群組的既有標籤儲存在變數 **$tags** 當中：

```
$tags = (Get-AzResourceGroup -Name 'wiley').Tags
```

接著，利用 **$tags** 物件的 Add 方法，把新的 env:dev 標籤包含進去：

```
$tags.Add("env", "dev")
```

最後才用 Set-AzResourceGroup 把變動提交出去：

```
Set-AzResourceGroup -Tag $tags -Name 'wiley'
```

移除標籤

如果你的某位同事拼錯標籤名稱或值，或是你的團隊淘汰了某個專案，導致標籤已無必要繼續存在時，你就必須處理這個與 Azure 治理有關的問題。

要移除已不需要的標籤，就像建立或更改標籤一樣簡單。你還是可以使用 PowerShell。

首先取得既有的標籤（仍以筆者的 **wiley** 資源群組為例）：

```
(Get-AzResourceGroup -Name 'wiley').Tags
Name                            Value
----                            -----
env                             dev
project                         learning
```

接下來，請嘗試使用以下程式碼將 env 標籤及所有值刪除：

```
Remove-AzTag -Name env
```

但結果卻不如人意：

```
Remove-AzTag : Cannot remove tag/tag value because
               it's being referenced by other resources.
```

哎呀！看起來我們得先把標籤從有關的資源先移除，然後才能刪除標籤呢，這樣其實也很合理。你可以先執行以下兩道命令，找出所有和特定標籤有關的資源群組及資源：

```
(Get-AzResourceGroup -Tag @{ 'env' = 'dev' }).ResourceGroupName
(Get-AzResource -Tag @{ 'env' = 'dev' }).Name
```

你可以留下標籤名稱、只刪除特定標籤值，做法是利用 `Remove-AzTag` 的 `Value` 參數。以上例來說，可以用 `Remove-AzTag -Name 'project' -Value 'projektY'`，把 `projectY` 這個標籤值從 `project` 標籤去除。這樣一來，其它的 project 標籤值就可以繼續存留在你的訂用帳戶當中。

此時從 Azure 入口網站檢視資源和移除標籤參照，應該還算容易。一旦你把標籤從相關資源移除，就可以再嘗試一次 `Remove-AzTag` 命令。

依標籤檢視報告

要從報告中看出哪些資源與特定標籤有關，最簡單的方式就是點開標籤頁面，再點選特定標籤的名稱，如圖 12-2 所示。

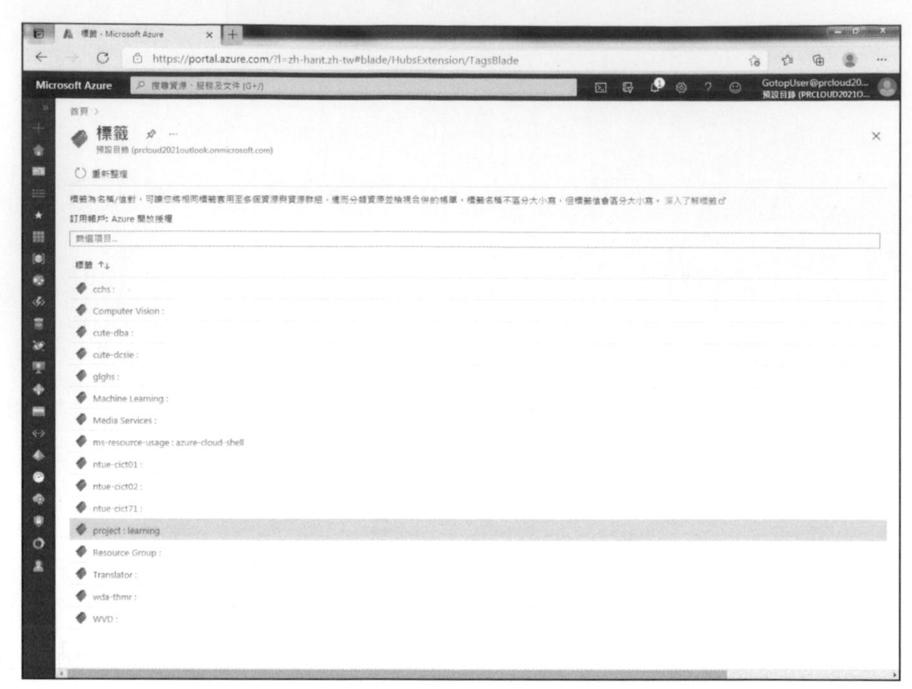

圖 12-2：Azure 入口網站的標籤報告

標籤清單中的每一列資料都代表某一對 name:value。舉例來說，此時應該還看得到 project:learning 或者是 project:testing 之類的標籤。

Azure 分類標籤最重要的運用案例之一，就是成本報告。有鑑於此，Azure 特地以簡單的視覺化方式產生這份資料。

成本管理 + 計費頁面

你可以從 Azure 入口網站的訂用帳戶頁面看到基本的資源 / 成本資訊。然而如果要真正深入花費及預估未來的費用，

就要透過「成本管理 + 計費」頁面。請依以下步驟，以標籤名稱 / 值篩選檢視內容：

1. 在 Azure 入口網站，使用全域搜尋瀏覽至「成本管理 + 計費」頁面，然後點選「成本管理」。
2. 在「成本管理」頁面的設定清單，點選「成本分析」。

3. 在「成本分析」的工具列，點選「新增篩選」按鍵。

Azure 會新增一列篩選條件。

4. 從第一個下拉式清單，點選「標籤」作為篩選屬性，然後從第二個下拉式清單，點選合適的標籤名稱和標籤值作為篩選內容。

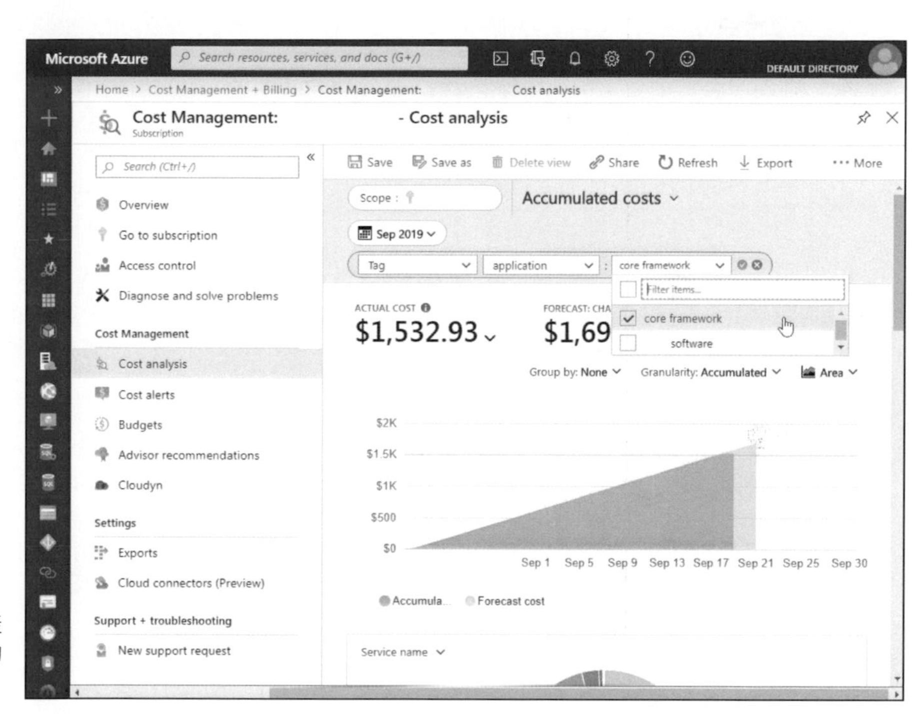

圖 12-3：使用標籤產生 Azure 的成本分析

以 API 存取標籤和計費資訊

開發人員通常會比較偏好以 API 存取方式儘快取得自己所需的資訊。這時可以利用幾種與計費相關、可以篩選標籤的 API：

- **資源使用狀況 API（Resource Usage API）**：這個 API 會揭露 Azure 服務使用量的資料。
- **費率卡片 API（RateCard API）**：這個 API 會依地理區域顯示目前的 Azure 服務價格。
- **雲端成本管理 API（Cloud Cost Management API）**：這個 API 就是 Azure 入口網站的「成本管理 + 計費」頁面背後的 API。

關於 Azure 使用量 API 的詳情，可參閱 Azure 文件「Azure 使用量 API 概觀」：

https://docs.microsoft.com/azure/billing/billing-consumption-api-overview

實作 Azure 原則

Azure 原則是一份單純的 JSON 文件，可以為你的整個管理群組或訂用帳戶提供保護，避免發生違背公司政策的部署動作。Azure 原則會限制授權使用者在自己部署範圍內的行為。例如：你可以部署一個 Azure 原則，防止使用者將虛擬機器部署到可以接受的 Azure 地理區域之外。

RBAC 角色與原則的本質不同。RBAC 角色讓你的 Azure 使用者可以對 Azure 資源進行特定動作，例如部署 VM。

你可以自訂原則，但微軟已經提供了許多現成的原則可以直接引用。以下是幾種內建原則的定義：

- **允許的位置（Allowed locations）**：限制你所屬的機構在部署資源時可以選擇的位置。
- **虛擬機器應套用磁碟加密（Disk encryption should be applied on VMs）**：替 Azure VM 的作業系統和資料磁碟進行全面加密。
- **將標籤新增至資源（Add a tag to resources）**：當有些資源在部署或更新時忘記加上特定標籤，就會自動加上。
- **允許的虛擬機器大小 SKU（Allowed virtual machine SKU）**：限制使用者可以部署的 VM 規模。

原則的定義結構

就像 Azure 資源管理員（ARM）中的其他事物一樣，原則的定義內容也是 JSON 文件。你最好為自己的原則加上參數，讓它更富於彈性。請考慮以下範例，它定義了一個名為 listOfAllowedLocations 的參數：

```
"parameters": {
  "listOfAllowedLocations": {
    "type": "Array",
    "metadata": {
      "description": "The list of locations that can be specified when
           deploying resources.",
      "strongType": "location",
      "displayName": "Allowed locations"
    }
  }
}
```

TIP

若想進一步理解 Azure 原則的 JSON 語法，請參閱 Azure 文件「Azure 原則定義結構」：
（https://docs.microsoft.com/azure/governance/policy/concepts/definition-structure）。

部署原則時，你指定了一個參數值 listOfAllowedLocations。其 strongType 元素牽涉到一點 ARM 的語法，它會建立一個下拉式選單，內含 Azure 所有的地理區域。這是一項在 ARM 範本及原則定義中都很有用的招數。

讀者們應該還記得， Azure 中的一切事物的背後、以及你在 Azure 中的一舉一動，都是以 ARM 為根基吧？

你還可以把 allowedValues 陣列的值換掉，建立一個許可值的列舉清單：

```
"allowedValues": [
   "EastUS",
   "EastUS2",
   "CentralUS"
 ]
```

原則的內涵就是條件式敘述。下一段程式碼便利用了 **if** 區塊、其中含有多項限制條件。在本例中，所有的條件檢查結果都必須為**真**，該原則才會生效。這條原則會檢查部署中指定的位置（location）。如果目標的位置不在許可位置清單當中，這條原則便會拒絕部署。

```
{
    "if": {
        "allOf": [
            {
                "field": "location",
                "notIn": "[parameters('listOfAllowedLocations')]"
            }
        ]
    },
    "then": {
        "effect": "Deny"
    }
}
```

Azure 原則可以有不同的效果（effect）。在 Azure 的原則中，只要檢查結果為真，效果就會決定 Azure 的行為。

如果原則的效果是稽核（Audit），該部署仍會允許進行，但會基於稽核目的而密切追蹤這些資源。如果原則的效果是「不存在便部署」（DeployIfNotExists）時，這個強大的效果會讓原則執行 ARM 部署範本，藉以貫徹該原則。舉例來說，你可以加上一條原則，每當有人無心或有意關閉了某個資源的資源診斷功能時，該原則便會自動重新啟用該項功能。

TIP

如果你還想深入研究 Azure 原則，請參閱「了解 Azure 原則效果」一文。（https://docs.microsoft.com/azure/governance/policy/concepts/effects）

原則的生涯週期

部署原則時分成以下三個階段：

- **撰寫（Authoring）：通常都會先複製一份既有的原則定義，將副本定義在某個管理範圍後，再改寫以便符合你自己的需求。**
- **指派（Assignment）：將改寫好的原則連結至某個管理範圍。**
- **合規性（Compliance）：你必須檢視 Azure 資源是否依照原則規定運作，必要時需重複這三個動作進行持續修正。**

在 Azure 原則值中，所謂的**方案**（*initiative*）[譯註 2] 指的是一個容器物件，其中涉及一個以上的原則定義。會用到方案的場合，通常是企業需要以單一個體管理多個彼此相關的指派原則的時候。但是本章只會專注在個別的原則上。

建立一個原則

你可以定義一個與訂用帳戶範圍連結的原則，藉以限制管理員部署資源的目標地理區域。請在 Azure 入口網站中這樣進行：

1. **在「原則」（Policy）頁面中，在設定中點選「定義」（Definitions）。**
2. **在「原則 - 定義」頁面的搜尋框中鍵入位置（location）字樣。**

   你會看到一個搜尋結果的清單。請仔細看一下這個清單。筆者已在圖 12-4 將介面顯示出來。

譯註 2　在 Azure 入口網站的原則 | 定義頁面，initiative 譯為「方案」；但在 Azure 文件頁面，則是譯為「計畫」。

圖 12-4：內建的 Azure 原則定義

3. **點選內建的「允許的位置」原則，再從工具列點選「重複定義」（Duplicate definition）。** 譯註 3

這時會出現原則定義的內容。內建範本僅限唯讀，因此你必須複製一份，才能進行編輯。

4. **填寫新的原則定義。**

以下是若干屬性的填法：

- *定義位置（Definition Location）*：選項包括管理群組和訂用帳戶。筆者建議此時選訂用帳戶。
- *名稱（Name）*：請取一個一望即知其用途的原則名稱，同時符合你公司的 Azure 命名慣例。
- *分類（Category）*：將原則儲存在一個內建的分類（使用現有項目）當中，或是另建一個分類（建立新項目）。

譯註 3 Azure 網站的中文翻譯有時令人不敢恭維 - 嚴格來說應該是「複製定義」。

5. **編輯原則，將以下幾行刪除：**

```
{
  "field": "location",
  "notEquals": "global"
},
{
  "field": "type",
  "notEquals": "Microsoft.AzureActiveDirectory/b2cDirectories"
}
```

嚴格來說，你唯一需要的原則條件，就是 `listOfAllowedLocations` 這個參數值參照清單[譯註 4]。

6. **點選「儲存」提交變更。**

TIP

微軟的原則工程小組在 GitHub 上設立了一個 Azure 原則範例的存放庫，其中含有數百個各種 Azure 服務會用到的原則。當你剛展開治理環境的動作時，這些範例會是很好的起點。請參閱 https://github.com/Azure/azure-policy。

指派一個原則

在你定義好自訂原則之後，請將其指派給你的訂用帳戶，並加以測試。步驟如下：

1. **開啟「原則 - 定義」頁面，從「類型」下拉選單中點選「自訂」。**

   這樣有助於篩選，你會只看到自己的自訂原則。

2. **點選你剛剛寫好的原則，再點選工具列上的「指派」鍵。**

   你也可以在這個設定頁面編輯或刪除原則的定義。

譯註 4　注意原本 allOf 這個鍵的陣列值含有三個 JSON 物件，刪除條件時也要把物件之間的逗點刪掉，不然會出現 JSON 格式錯誤。

3. **填好「指派原則」的表格。**

以下是筆者建議的一些內容：

- **範圍**（*Scope*）：由於你要把原則定義連結至訂用帳戶的範圍，請點選你的訂用帳戶作為指派範圍。你可以在訂用帳戶範圍內視情況進一步地將原則的範圍限制在特定的資源群組上。
- **排除**（*Exclusions*）：你可以把資源群組和特定資源從這個原則中排除。以本例來說，你的訂用帳戶下可能有些資源已經獲准存在於其他不准部署的地理區域當中。
- **指派名稱**（*Assignment Name*）：顯示指派名稱時，可以使用不同於底層套用原則定義的名稱。
- **參數**（*Parameters*）**頁面**：以本例來說，你應該會看到「允許的位置」這個下拉式選單，內有 Azure 的全部地理區域。請選出你許可的地理區域。
- **「修復」頁面的「建立受控識別」**（*Create a Managed Identity*）：只有當你的原則需要自行進行資源部署動作時，才需要這個選項。Azure AD 中的「受控識別」就像是內部 AD 所使用的服務帳戶一樣；請參閱第十一章。

4. **點選「檢閱 + 建立」提交此一原則。**

開啟通知選單；你會看到一條訊息，解釋說原則指派可能要大約 30 分鐘才會生效。

如果你瀏覽「原則」的「指派」頁面，就會看到新指派的原則，如圖 12-5 所示。若是因為已指派的原則太多不易觀看，請點開「定義類型」下拉式選單，就可以篩選你要看的原則類型。

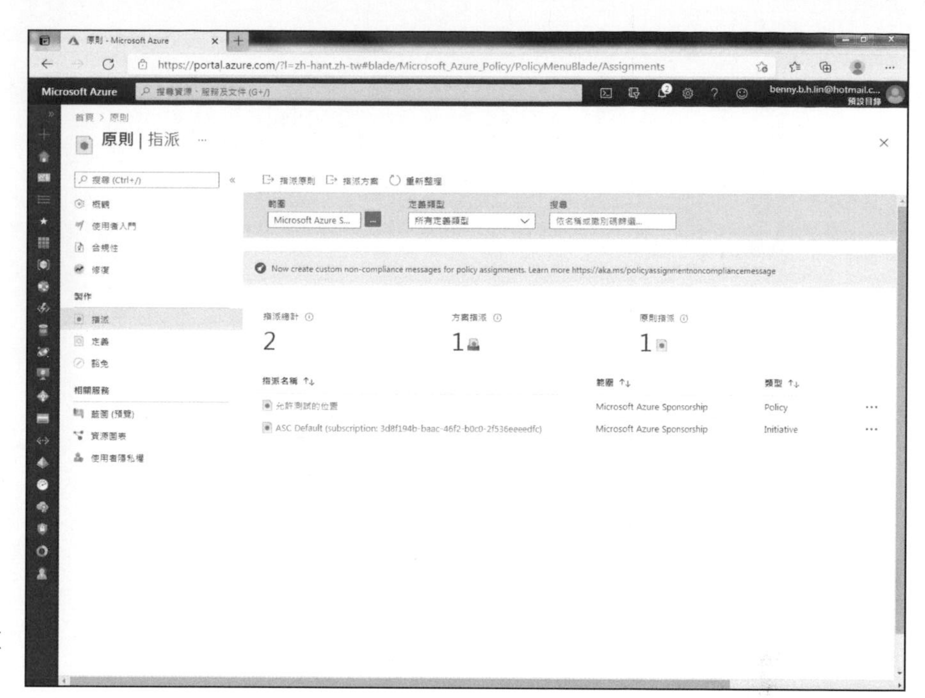

圖 12-5：已指派的原則清單

測試原則

要測試原則，請嘗試在不允許的位置部署一個 Azure 資源試試。舉例來說，部署一個新的儲存體帳戶；第三章時已介紹過如何部署儲存體帳戶。

部署應該會失敗，如圖 12-6 所示。

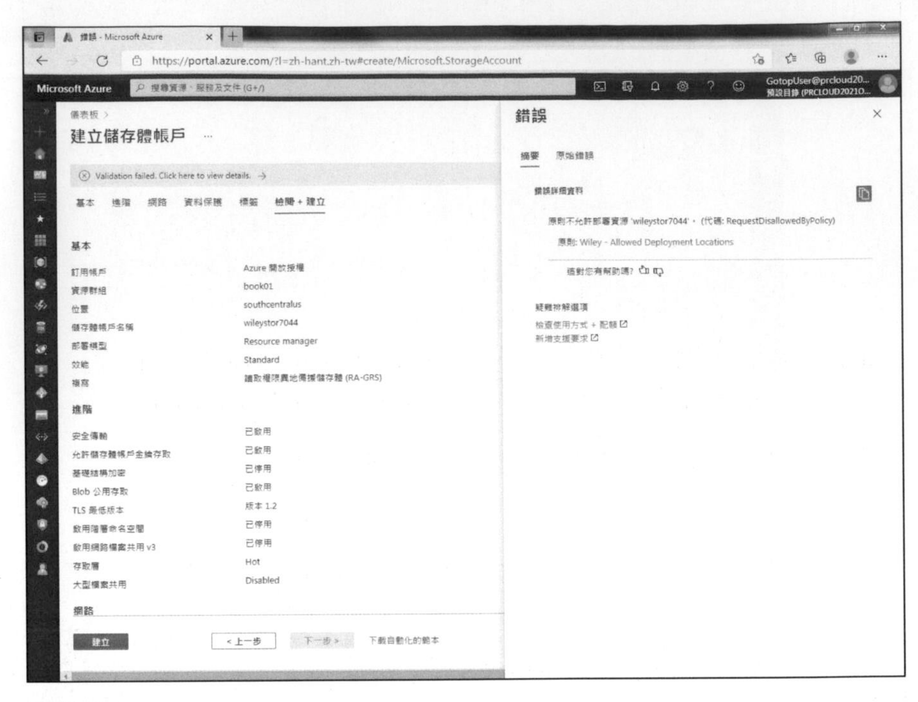

圖 12-6：
Azure 原則擋下了這次部署

注意，Azure 的錯誤訊息文字說明，你想部署的儲存體帳戶資源，不為原則所允許，甚至還好心地告訴你是哪一條原則設下的限制。

TECHNICAL STUFF

AZURE 藍圖

Azure 藍圖是一項服務，你可以利用它把相關的 Azure 物件（包括 ARM 範本、RBAC 角色指派、原則的定義等等）打包成一個可以部署的單元，以便集中管理。筆者建議大家研讀一下藍圖的功能，以便在處理上述個別物件時，作為另一種新運用技能。請參閱「Azure 藍圖文件」：

https://docs.microsoft.com/azure/governance/blueprints/

5
遷移至微軟Azure並監視你的基礎設施

在這個部份中 . . .

將你的內部自有環境延伸至 Azure

學習如何將大量資料你的內部自有網路遷移至 Azure

徹底了解 Azure VPN 與 ExpressRoute 之間的差異

監視你的 Azure 資源健康狀況

在本章當中

» 將自有資料及資料庫遷移至Azure

» 將內部自有實體及虛擬伺服器遷移至Azure

» 建立VPN以便連接自有內部網路和Azure

Chapter 13 將自有內部環境延伸至 Azure

本章將會說明如何將內部自有資料和應用程式遷移至 Azure。好消息是，微軟提供了眾多的工具來簡化這個過程。我也會探討如何建立混合雲，以便將你的內部自有網路基礎設施延伸至 Azure 的虛擬網路。

資料遷移選項

管理內部自有資料是一件既昂貴又吃力的苦差事。你必須考量到資料的彈性和災害復原。還有資料加密之類的安全問題要操心，甚至還要時時擔心空間耗盡，於是又得購置更多資產、才能擴展儲存結構。

基於上述理由，你或許會想把本地端的資料移往 Azure。資料遷移選項有三：

- Blob 複製
- Azure 資料箱
- Azure Migrate

blob 複製

要將本地端的 blob 資料移往儲存體帳戶，最直接的方式就是進行檔案複製。你可以使用 Azure 儲存體總管，但更好的方式是使用命令列工具 AzCopy，可以到 https://docs.microsoft.com/zh-tw/azure/storage/common/storage-use-azcopy-v10?WT.mc_id=thomasmaurerblog-thmaure 免費下載[譯註 1]。

假設你手上有 2TB 的資料，位於伺服器的 D:\backup-archive 資料夾之下，然後你想把這些檔案搬去 Azure 中的某個名叫 back-archive 的 blob 容器，而容器屬於 wileystorage704 這個儲存體帳戶。

當你在檔案伺服器上開啟提升權限的命令提示字元之後，先以 AzCopy 通過 Azure 的登入認證：

```
azcopy login
```

然後進行檔案複製（注意以下程式碼只有一行，這裡為了版面因素做了換行顯示）：

```
azcopy copy "D:\backup-archive" https://wileystorage704.
          blob.core.windows.net/
          backup-archive
          --recursive --put-md5
```

譯註 1　本書示範的 AzCopy 版本問題，請參閱第 10 章譯註。

`--recursive` 這個旗標會確保把上層目錄之下的每個子目錄都複製過去。`--put-md5` 旗標則會告訴 AzCopy 要驗證每一個複製過去的檔案，確保兩邊的 MD5 總和檢查碼（checksum）是一致的。

使用這種方式資料遷移的好處是便宜，消耗的只有頻寬。缺點則是過程可能要耗上數小時、甚至幾天的時間。此外，雖然 Azure 遇上複製中斷時是有一套重傳機制的，但是若逾時超過 15 分鐘，程式就會放棄傳輸，這會讓資料遷移的過程拖得更久。

Azure 資料箱

Azure 資料箱（Azure Data Box）是一種可以向微軟承租的實體儲存裝置（以及一個虛擬選項）。資料箱的約略工作流程如下：

1. 從 Azure 入口網站訂購你的資料箱。
2. 將資料箱連接到你的本地電腦或網路。
3. 使用資料箱的本機入口網頁來建構 Azure 端的資料（儲存體帳戶、容器等等）。
4. 將資料從本地電腦複製到資料箱。
5. 將資料箱運送至你的主要 Azure 地理區域。

   微軟會將你的資料拆封並移到你的 Azure 訂用帳戶之下。

以下是構成資料箱產品家族的不同成員：

- **資料箱磁碟**：五顆裝的 8TB SSD 磁碟（總共 40TB）。請用 USB/SATA 介面將磁碟接上你的本地工作站。
- **資料箱**：強化版裝置，容量達 100TB；可以用高速乙太網路埠連接你的區域網路。
- **Data Box Heavy**：附滾輪的磁碟推車，總容量達 1PB。
- **Azure Stack Edge**：內部自用的實體裝置；內含資料上傳至 Azure 之前的轉換程式。
- **資料箱閘道**：Data Box Edge 的虛擬裝置（virtual appliance）版本。

TIP

Azure 以前有另一套離線資料遷移產品，稱為匯入 / 匯出（Import/Export）服務，你必須自行準備承載資料的硬碟、並自行設法交付至微軟。本書不會介紹這項服務，因為上述的資料箱顯然更有彈性、也更為划算。相關文件請參閱 https://docs.microsoft.com/zh-tw/azure/import-export/storage-import-export-service。

圖 13-1 顯示的便是各種資料箱的實體外觀尺寸一覽。資料箱閘道屬於虛擬裝置；因此不在此列。

資料箱的好處是，你可以很方便地把大量資料運送至 Azure。壞處（不含 Data Box Edge 與資料箱閘道）則是整個過程中的裝置訂購、打包、運送及拆封，都十分耗時。這種延遲可能也不是你樂於承擔的。

圖 13-1：資料箱產品家族

那麼你還有什麼其他的辦法呢？在後面的「混合雲選項」一節當中，筆者會說明虛擬私人網路（VPN）和 ExpressRoute 這兩種通往 Azure 的安全高速連線建置選項。

Azure 遷移：資料庫評定

除了 blob（檔案）資料以外，你或許還有一些內部的 SQL Server 資料庫，想要以線上或離線的方式遷移到 Azure 上。微軟支援的資料庫遷移工作流程涉及兩個階段：

- **評定**：先評估你現有的工作負載參數，再決定哪一個 Azure 產品最適合你，還有應採用何種定價層和規模。
- **移轉**：先判斷你對網路延遲的容忍度，再決定是要用離線或是線上遷移的方式。

進行資料庫評定

如今幾乎所有的資料庫遷移選項都可以在 Azure Migrate 的產品中進行。請依以下步驟建立一個新的資料庫遷移專案，並展開評定：

1. 在 Azure 入口網站中，瀏覽至 Azure Migrate 頁面。
2. 在左邊的移轉目標（Migration Goals）區段，點選 SQL Server。

   這時右邊會先出現「使用者入門」頁面。
3. 在右邊的「使用者入門」頁面，點選「建立專案」。
4. 在「建立專案」分頁，填完頁面資訊。

   指定訂用帳戶、資源群組、專案名稱、地理位置等等。
5. 點選「建立」。
6. 接下來你會看到名為 Azure Migrate: Database Assessment 的評定工具。

   畫面會如同圖 13-2 所示。

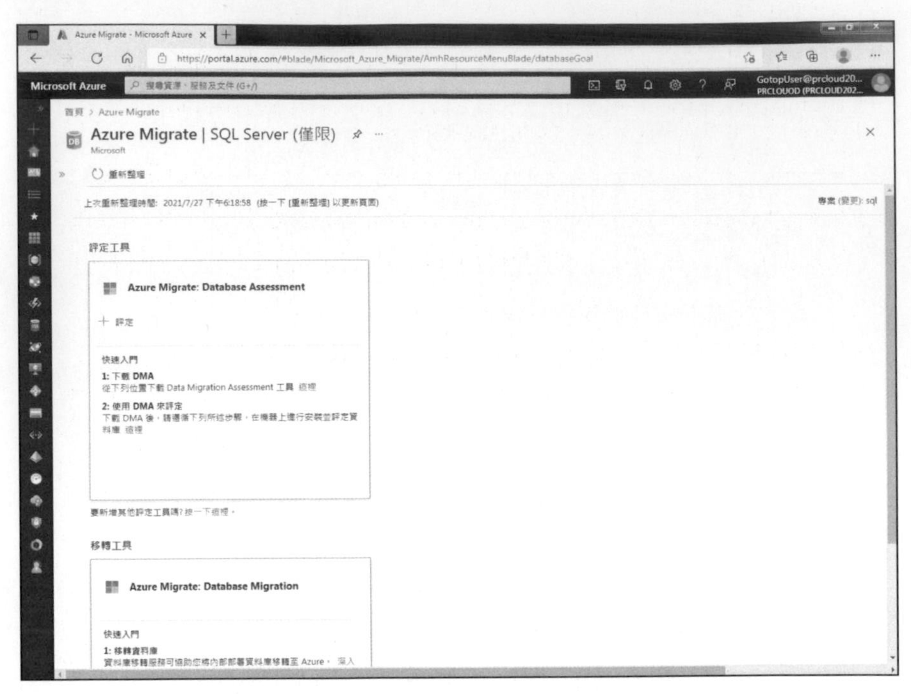

圖 13-2：在 Azuer 遷移專案中的工具

7. 回到 Azure Migrate – SQL Server 頁面，點選連結下載 DMA (Data Migration Assistant，有人譯為「資料移轉小幫手」)。

DMA 是一個免費的桌面應用程式，你可以下載後在自己的管理用工作站上執行它。

圖 13-3 便是 DMA 的介面：

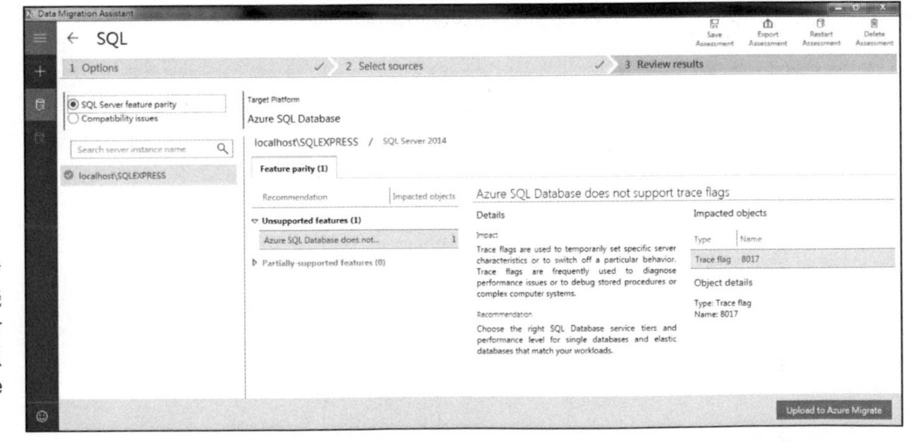

圖 13-3：使用 DMA 診斷你的本機 SQL Server 資料庫，以便為 Azure 遷移做準備

執行 DMA 時，必須根據以下四種類型來規劃 你的目標 SQL Server 資料庫：

- Azure SQL 資料庫
- SQL 受管理的執行個體（Azure SQL Database Managed Instance）
- Azure 虛擬機器上的 SQL Server
- SQL Server

DMA 會根據你定義的 Azure 資料庫選項檢查你的資料庫相容性，並以功能同位檢查（check feature parity）確認你未曾使用一些 Azure 無法支援的內部特有功能。它也會讓你上傳診斷結果給 Azure 遷移專案，再進到下一個階段：遷移。

微軟設計的 Azure Migrate，讓你可以在沒有安全 VPN 連線的狀況下使用。相反地，你是靠 TLS/SSL 協定來為 Azure 連線加密的。因此在資料遷移的前、中、後等全部過程中，資料保密性都有所保障。

以 DMS 進行資料庫遷移

在 Azure 裡，你可以透過資料庫移轉服務（Database Migration Service，DMS），將診斷完畢的內部 SQL Server 資料庫遷移至 Azure。DMS 還支援下列的資料庫平台：

- MongoDB
- MySQL
- AWS RDS for MySQL
- PostgreSQL
- AWS RDS for PostgreSQL
- Oracle

請依下列步驟，在 Azure 入口網站啟用 DMS ：

1. 在 Azure 入口網站中，進入你的訂用帳戶，點選在左側選單中「資源提供者」，然後在右側窗框的搜尋列中搜尋 Migration 字樣，找出 Microsoft.DataMigration 後點選「註冊」。

2. 從 Azure 入口網站中選取「建立資源」，搜尋並選取「Azure 資料庫移轉服務」。

3. 在「Azure 資料庫移轉服務」中選取「建立」，並填好「建立移轉服務」（Create Migration Service）的基本資料，選好定價層（pricing tier）。然後點選「下一步：網路」。</B >

   除了速度和容量之外，標準（Standard）和進階（Premium）定價層最大的差別，在於只有進階定價層可以支援線上遷移。在筆者的顧問業務中，大部份客戶都會選擇進階定價層，因為線上遷移是他們在業務上的要求。

4. 指定一個既有的、或另建一個新的虛擬網路，作為然後點選「檢閱 + 建立」以建立該服務。

   你必須把資料庫移轉專案計畫放到你所在主要地理區域的某個虛擬網路當中。

5. 開啟你的 Azure 資料庫移轉服務的服務執行個體，並點選「新增移轉專案」（New Migration Project）。

6. 為專案取一個易懂的名稱，並如下般填好「新增移轉專案」表格：

   - 來源伺服器類型（*Source Server Type*）：選擇來源伺服器類型，例如 SQL Server。
   - 目標伺服器類型（*Target Server Type*）：選擇轉移的目標伺服器類型，例如 Azure SQL 資料庫。
   - 遷移活動類型（*Migration Activity Type*）：如果你選擇進階定價層，選項就會是 Offline Data Migration、Schema-Only Migration、Online Data Migration 和 Create the Project Shell Only。

根據你選擇的來源資料庫平台，Migration Wizard 會接手各個階段和選項[譯註 2]。

值得注意的是：儘管資料庫診斷不用仰賴 VPN，你仍需要在內部資料庫伺服器和 Azure 之間預備一個既存的安全連線途徑，這樣才能以 Azure 資料庫移轉服務完成資料庫遷移。連線可以是一個點對點（point-to-point）、或是站對站（site-to-site）的 VPN、或是一個 ExpressRoute 電路。

以 DMA 進行資料庫遷移

如果建立 VPN 有困難，你也可以改用 DMA 工具來遷移資料庫，該工具使用標準安全網頁協定，不必用到 VPN。圖 13-4 顯示的便是它的介面。

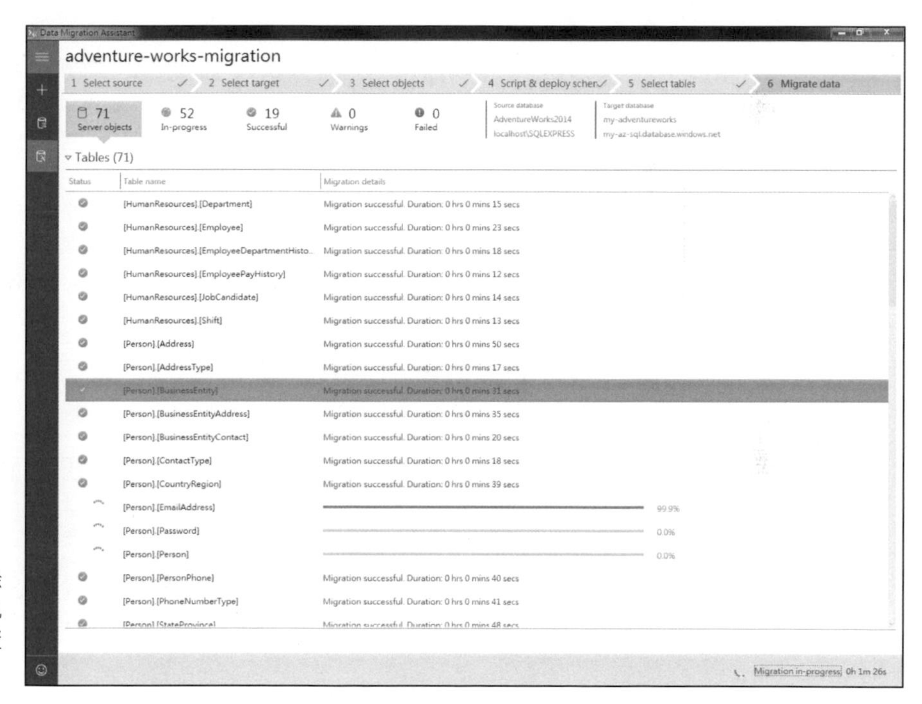

圖 13-4：DMA 工具除了診斷，也可以遷移資料庫

譯註 2　詳盡步驟其實不止於此，但是因作者原文已與現行 Azure 的 Database Migration Service 頁面不符，讀者可參閱下列網址完成後續步驟，包括來源與目標資料庫的相關參數設定等等。`https://docs.microsoft.com/zh-tw/azure/dms/tutorial-sql-server-to-azure-sql#create-an-instance`

你可能會問：「如果 DMA 不但可以診斷我的本地資料庫，又能順便遷移，那我還搞什麼 DMS ？」

答案是一隻兩面刃：

- 只有 DMS 能支援非 SQL Server 資料庫的轉移。
- DMS 適合大規模任務。

總結來說，如果你只需要遷移少數的 SQL Server 資料庫，也許就用不到 DMS。但如果你負責的是橫跨各供應商的巨大資料庫，就該使用 DMS。

伺服器遷移選項

遷移的最後一個類別，就是伺服器的遷移。遷移伺服器最方便的方式，就是利用 Azure Site Recovery（ASR），它可以支援實體和虛擬伺服器，同時也完全支援 VMWare 及 Hyper-V 等虛擬化環境。

但是，你也可以選擇以 AzCopy 將內部自有的 VHD 遷移至 Azure 的儲存體帳戶；然後再把上傳完畢的 VHD 轉換成受控磁碟。

上傳 VHD

像 AzCopy 這樣的工具，常見的用途就是把一般化的 VHD 從自有環境遷移至 Azure、成為 Azure 虛擬機器部署的一部份。要做到這一點，你得先把一般化的 Generation 1 VHD 上傳至 Azure。

WARNING

雖說 Azure 正逐步支援 Hyper-V Generation 2 的 VHDX 檔案，筆者還是建議大家走安全途徑，只上傳 Generation 1 的 VHD 。你也許需要將自己的 VM 磁碟做一點格式轉換，才能傳送至 Azure，特別是當你使用的是 VMWare 或其他非微軟的 hypervisor 的時候。

將你把一般化的 VHD 塞進儲存體帳戶之後，就可以用 Azure PowerShell 建立受控磁碟了。步驟如下：

1. 先定義若干變數：

```
$vmName = "vm-template"
$rgName = "myResourceGroup"
$location = "EastUS2"
$imageName = "myImage"
```

2. 在 Azure 中建立一個參照連到你的一般化 VHD：

```
$osVhdUri = https://mystorageaccount.blob.core.windows.net/
   vhdcontainer/vhdfilename.vhd
```

3. 執行一連串的 AzImage 命令，建立映像檔：

```
$imageConfig = New-AzImageConfig -Location $location
$imageConfig = Set-AzImageOsDisk -Image $imageConfig
          -OsType Windows -OsState Generalized
          -BlobUri $osVhdUri
$image = New-AzImage -ImageName $imageName
          -ResourceGroupName $rgName -Image $imageConfig
```

一旦你的受控映像檔就位，就可以用它來部署新的 VM 了。在「建立虛擬機器」頁面的「基本」分頁，請點選「影像」欄位下方的「查看所有映像」(See all images)，並在左側選單最上方切換至 My Images 分頁，如圖 13-5 所示。第五章時已介紹過如何建立 Azure VM。

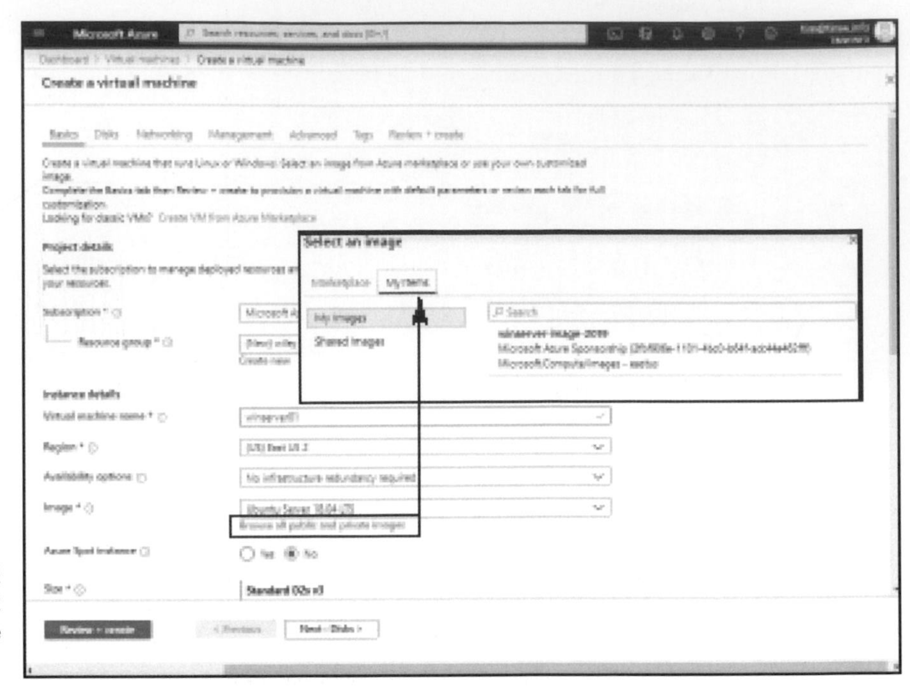

圖 13-5：利用你自製的 VHD 映像檔部署 Azure VM

Azure 遷移：伺服器診斷

另外一種方式則是利用 Azure Migrate 作為你的自有伺服器遷移動作的基礎。請依以下步驟進行：

1. 在 Azure 入口網站瀏覽 Azure Migrate 頁面，點選「Windows、Linux 與 SQL Servers」，再點選「建立專案」。

2. 填好「建立專案」（Create Project）分頁。

   你必須填完所有的中介資料：訂用帳戶、資源群組、移轉專案名稱、地理位置等等。

3. 接下來你會在「評定工具」欄看到名為 Azure Migrate: Discovery and assessment 的評定工具。

   微軟允許特定的獨立軟體供應商夥伴將自家工具包含在這份清單當中[譯註 3]。其介面參見圖 13-6。

4. 在「評定工具」欄的 Azure Migrate: Discovery and assessment 裡，點選「探索」。

圖 13-6：挑選不同的 Azure Migrate 伺服器移轉專案工具

然後你就可以展開形式不一的發現與診斷過程了，差別則要看你的自有環境是 Hyper-V 還是 VMWare 而定。

譯註 3　但你現在需要從畫面中的「要新增其他評定工具嗎？」後方找到「按一下這裡」，點選進去才能看到其他獨立軟體供應商夥伴的工具。

發現與診斷的工作流程

你會下載一個 Azure Migrate 的設備，在自己的網路中架設起來，然後讓它執行任務。這個虛擬設備十分善於一一調查你的本地伺服器，並針對如何將它們轉換為 Azure VM 提出報告。

這一部 collector 虛擬設備還會將它的發現和診斷資料送交給你在 Azure Migrate 內的專案，以便集中追蹤。它交付的內容是大量的微軟 Excel 表單、以及遷移用的資料，全都會送到你的專案中。

圖 13-7 顯示的就是一個伺服器診斷報告的範例。除了建議 VM 的規格以外，伺服器診斷引擎還會提供成本估算。不過，在筆者擔任 Azure 解決方案架構師的這段時間，還沒有遇過不把最低成本當一回事的客戶。

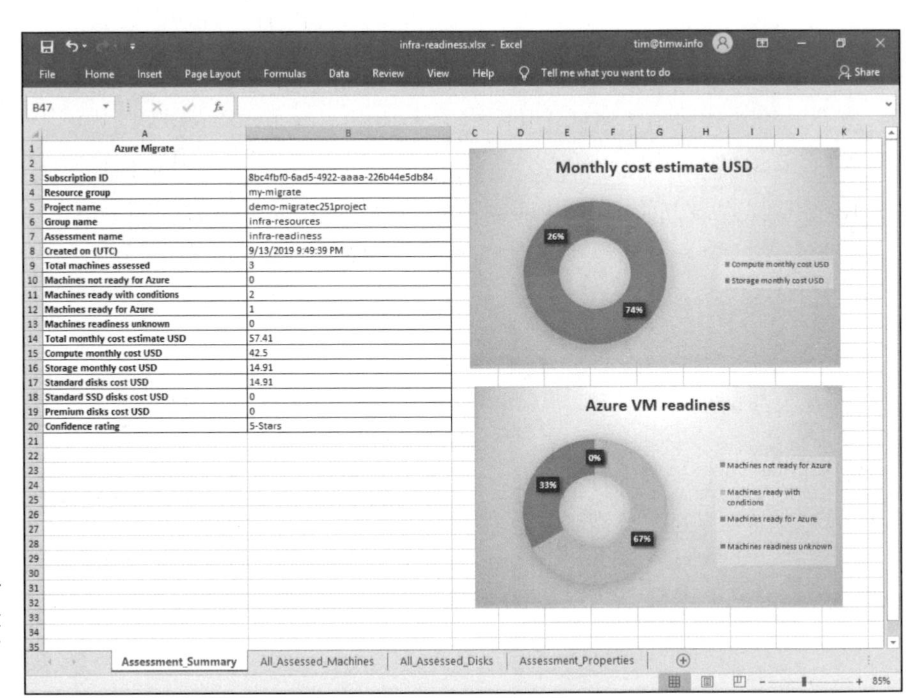

圖 13-7：Azure server assessment 報告中含有圖表及資料

TIP

在微軟的文件中，他們建議你儘量拉長蒐集資料的時間，以便取得所有內部伺服器效能巔峰及谷底的資料。持續診斷兩週、甚至超過一個月，是司空見慣的事。

Azure 遷移：伺服器遷移

在 Azure Migrate 服務成熟之前，若要以複寫方式遷移內部伺服器，就只能靠復原服務保存庫和 ASR。目前你仍可使用 ASR，只不過目前其技術正在逐步整合至 Azure Migrate 服務。

以下是約略的流程：

1. 在 Azure 上為你的內部 VM 及實體伺服器建立虛擬網路環境。
2. 將內部私有伺服器的磁碟複寫到 Azure，直到兩邊資料同步為止。
3. 從你的本地環境進行容錯移轉，移轉至 Azure 虛擬網路。
4. 停止複寫。
5. 將內部伺服器除役，因為它們已無作用。
6. 繼續在 Azure 使用你的服務。

即使沒有 VPN 或 ExpressRoute，也一樣可以進行上述的 Azure Migrate/ASR 複寫。將來這個複寫過程在 VMWare 上也可以達到無須代理程式介入（agentless）的境界（而 Hyper-V 已經無須代理程式介入了），不過在本書付梓之際，無須代理程式介入的 VMWare 複寫還只是在預覽階段。

使用 Azure Migrate 這種方式遷移伺服器的優點，在於複寫可以達成近乎零停機時間的遷移效果。缺點則是，如果你的網際網路連線有用量計費制，初步複寫可能會使得費用暴增。

TECHNICAL STUFF

以 Azure Migrate 的術語來說，**伺服器遷移**的意思就是「複寫、容錯移轉、然後不再切換回到內部環境」的意思。

混合雲選項

筆者現在要說明兩種可以將內部環境延伸至 Azure 的主要作法，作為本章的結尾：

- 站對站（S2S）VPN
- ExpressRoute 電路

要部署一個混合雲，既花錢、費力而又耗時，因此筆者不打算在這裡詳述過程的每一段細節，但我會讓各位對相關技術有通盤的理解。

S2S VPN

VPN 的概念，就是在不安全的媒介（即網際網路）上進行安全的連線。Azure S2S VPN 是一個始終保持通暢的安全連線，利用 IPSec 和 IKE 安全協定，將你的流量包在通道中、安全地通過網際網路。

在你的本地網路和 Azure 虛擬網路間建立 VPN 通道，其價值是多方面的。你可以透過 VPN 進行以下動作：

- 讓 Azure VM 也可以加入你的內部 AD 網域。
- 以 System Center 或其他組態管理暨監視平台來管理 Azure VM。
- 利用 Azure 管理解決方案來管理內部的 VM。
- 確保本地環境和 Azure 之間的資料保密性。

對於 Azure 混合雲來說，**延伸**（*extend*）是一個恰到好處的字眼，因為混合雲讓你可以讓內部網路與 Azure 訂用帳戶彼此互通有無。

讓筆者帶大家瀏覽一下 S2S VPN 的各個組成部份。圖 13-8 便是 Azure 混合雲的約略觀點：

- 內部自有 VPN 閘道器（on-premises gateway）
- 虛擬網路閘道器（virtual network gateway）
- 區域網路閘道器（local network gateway）
- 連線（connection）

內部自有 VPN 閘道器

Azure 必須要知道你的內部自有 VPN 閘道器公用 IP 位址、以及你全部的本地虛擬區域網路（VLANs）的位址。Azure 會把這些資訊儲存在一個稱為區域網路閘道器（local network gateway）的資源當中；而你的責任在於利用 Azure 閘道器的公用 IP 位址和預享金鑰，配置你的內部自有 VPN 閘道器。

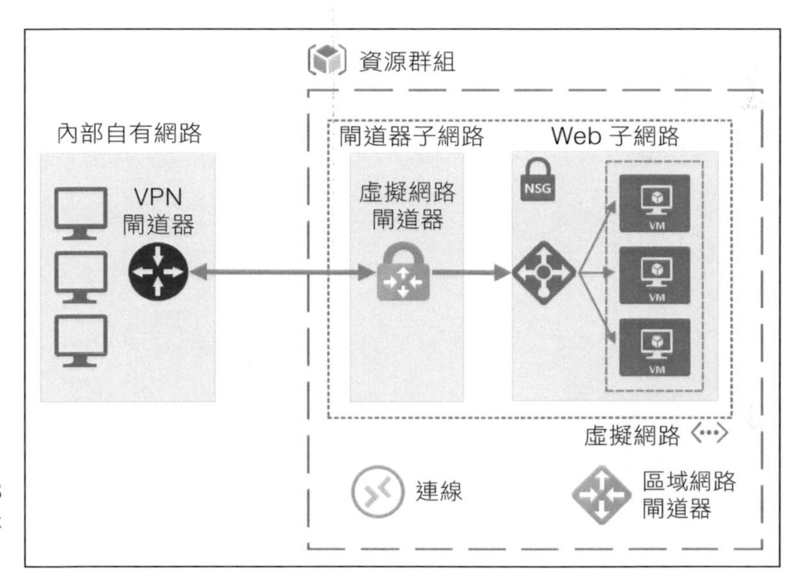

圖 13-8：Azure S2S VPN 拓樸示意圖

TIP

筆者建議大家讀一下「關於 VPN 裝置和站對站 VPN 閘道連線的 IPsec/IKE 參數」（https://docs.microsoft.com/zh-tw/azure/vpn-gateway/vpn-gateway-about-vpn-devices）。本文列出了所有微軟確認可以和 Azure 搭配的 VPN 裝置。你也許還能從中找出由裝置製造商或微軟所提供的、含有詳細配置指南的連結。

Azure VPN 支援多種 VPN 及路由協定，包括 IPSec、IKE、以及 BGP 等等，因此你應該不費什麼力氣就能在你這一端設置好 VPN 通道，即使你使用的硬體並不在微軟的驗證裝置清單內也無妨。

虛擬網路閘道器

這個 Azure 資源之所以被稱為虛擬網路閘道器，而非 VPN 閘道器，是因為它是一個多功能裝置。光是這一項資源就可以建立起以下任一種連線的組合功能：

- **站對站的（S2S）VPN**：你在內部自有網路或一個位於雲端的網路、與 Azure VNet 之間建立安全的 IPSec 通道。
- **VNet 對 VNet 的（VNet-to-VNet）VPN**：你在兩個 Azure 的虛擬網路之間建立安全的 IPSec 通道。嚴格來說，有了對等互連虛擬網路（VNet peering）之後，這種閘道器就很少用到。
- **點對站的（Point-to-Site）VPN**：你可以配置特殊的用戶端電腦，為其建立私有的 VPN 通道，直通虛擬網路。詳情請參閱後面的「Azure P2S VPN」說明。
- **ExpressRoute**：你也可以從你的本地環境配置一個通往 Azure 的高速永久性連線，但繞過網際網路[譯註 4]。

也就是說，筆者用 *VPN 閘道器*來代表設有多個 S2S VPN 連線的虛擬網路閘道器。沒錯，單一 VPN 閘道器可以同時管理多個連線。

TIP

配合 BGP 動態路由協定時，VPN 閘道器支援所謂的 active-active 容錯移轉機制。詳情可參閱「關於 BGP 與 Azure VPN 閘道」一文（`https://docs.microsoft.com/azure/vpn-gateway/vpn-gateway-bgp-overview`）。

VPN 閘道器一共分成四種 SKU；表 13-1 總結了其間的差異。

譯註 4　通常經過 ISP 提供的類專線服務，例如 MPLS。

表 13-1　Azure VPN 閘道器的 SKU 比較

閘道器類型	最大頻寬	S2S 通道數量上限
基本	100Mbps	10
VpnGw1	650Mbps	30
VpnGw2	1Gbps	30
VpnGw3	1.25Gbps	30

另一個 VPN 配置的選項，是裝置要如何處理 IPSec 流量的路由。以路由為主的閘道器會使用靜態路由表，而以原則為主的閘道器，則會藉助 BGP 之類的動態路由協定。而答案則要看你的內部 VPN 硬體有多舊來決定。一般來說，較老舊的 VPN 硬體通常會要你在通道的 Azure 端選擇以路由為主的閘道器。

最後，你的 VPN 閘道器需要放在你的樞紐虛擬網路自身組成的子網路中。你可能已注意到虛擬網路的子網路分頁上方的閘道子網路（Gateway Subnet）按鍵（圖 13-9）。你不一定要用這個按鍵才能建立閘道子網路，但這個子網路的確需要 GatewaySubnet 這個名稱（中間沒空格）。

圖 13-9：你的 Azure VPN 閘道器必須位於虛擬網路中的一個獨立子網路

微軟建議，閘道器子網路只使用最少的 IP 位址，以便節省私有 IP 位址。一個遮罩長度 /29 的子網路是最常見的選擇。

區域網路閘道器

在 Azure 裡，區域網路閘道器也是一個資源，代表你在 Azure 上的區域網路。區域網路閘道器含有兩三項重要設定值：

- 你的內部自有 VPN 端點的公用 IP 位址
- 你的本地網路 IP 範圍
- （非必要）BGP 的設定值，如自發系統編號（autonomous system number）和對等 IP 位址（peer IP address）等等

仔細想想，這也不無道理，因為 Azure 不但要能辨識位於通道另一頭的 VPN 集中裝置，還要知道構成混合雲流量路由所需的遠端網路區段。

對 Azure 中使用的私有 IP 為只要特別留意。你最不想面對的，就是在自有內部網路和 Azure VNet 之間的 IP 衝突。務必記得不要用到重疊的 IP 範圍。

連線

最後則是連線。Azure 的連線資源會把你的區域網路閘道器和 VPN 閘道器結合起來，並定義你的混合雲交握方式（handshake）。

在連線定義中，你必須指定連線類型（S2S、VNet-to-VNet、還是 ExpressRoute），以及本地閘道器和 VPN 閘道器都必須儲存的預享金鑰，以便互相認證及加密時使用。

筆者探討過的 Azure 混合雲組件，都是 Azure 系列產品的一部份，因此本書到目前為止所介紹過的內容 —— 包括 RBAC、原則、分類標籤等等 —— 也都像其他資源一樣可以套用在混合雲組件上。不要擔心新學的內容不能沿用已有的概念。

ExpressRoute

ExpressRoute 跟 Azure S2S VPN 很像，因為它也是位在內部網路和 Azure VNet 之間、持續連接的私有連線。但 ExpressRoute 的獨特之處，在於它是真正的私有 Azure 連線，會繞過公共網際網路而行。ExpressRoute 的連結不需要通道協定。

ExpressRoute 的電路頻寬選項，從 50Mbps 到 10Gbps 都有。這代表你通往 Azure 的連線速度會幾乎跟區域網路一樣快。進入 ExpressRoute 的資料是免費的，但下載資料則須收費，除非你購買的是 ExpressRoute 的無限數據方案（unlimilted data plan）。

ExpressRoute 有兩種對等互連選項，可以分開或合併使用：

- **私用對等互連（Azure private peering）**：從內部網路連結至 Azure VNet 的 ExpressRoute

AZURE P2S VPN

你或許會想讓部份 IT 同仁有權遠端存取 Azure 環境，但你希望讓他們所有的資料都會在 VPN 通道中加密。選項之一就是點對站（point-to-site，P2S）的 VPN，一樣配置在你的 Azure VPN 閘道器設定當中。P2S VPN 使用可以通過防火牆的安全協定和數位憑證，讓使用者不論位於何處，都可以用 VPN 連接至 Azure。精確地說，Azure 會依據你的 VPN 設定建立一個用戶端安裝套件。然後你將這個套件部署給使用者，讓他們自行啟動和結束 P2S 工作階段。

- **Microsoft 對等互連（peering）**：從內部網路連結至 Office 365 或 Dynamics 365 的 ExpressRoute

圖 13-10 描繪了典型的 ExpressRoute 實作方式。

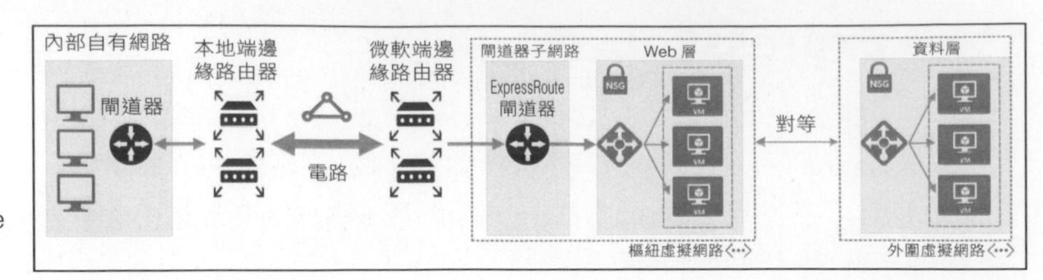

圖 13-10：
ExpressRoute
的拓樸示意圖

你需要兩個 edge 路由器來建立 ExpressRoute 連線。你還需要與當地的第三方 ExpressRoute 連線供應商合作，才能對等連入微軟雲端平台。

大部份的客戶都會徵詢當地 ISP、微軟合作夥伴、或是直接上線搜尋，來找尋合適的 ExpressRoute 服務供應商。

TECHNICAL STUFF

微軟需要在 ExpressRoute 的你這一端準備兩台路由器是有緣故的：

- 讓微軟可以提供 ExpressRoute 的服務等級協定
- 提供容錯移轉備援
- 讓你結合兩個連結以達到最大頻寬

在本書付梓前，ExpressRoute 提供三種連線模型：

- **雲端交換共置（Cloud Exchange co-location）**：把 edge 設備放在 ExpressRoute 服務供應商的資料中心。
- **點對點乙太網路連線（Point-to-point Ethernet connection）**：利用點對點乙太網路（Metro Ethernet）連線，從你的所在地建立 ExpressRoute 電路。
- **任意點對任意點（Any-to-any）（IPVPN）網路**：你可以把 Microsoft Cloud 當成你的 MPLS 廣域網路雲的節點之一。

Azure Arc 簡介

對於 Azure 專家來說，微軟 Ignite 2019 大會中最為人津津樂道的新產品發表，就是 Azure Arc。Arc 解決方案可以將 Azure 服務部署至任何地點，將基於 Azure 的管理延伸至混合的多重雲端環境當中。

Arc 運用案例

在資訊科技的領域裡，**治理**（*governance*）代表你所屬的機構既有的政策和程序，用來確保一切符合組織與法規的要求。而在 Azure 中，治理同時也代表控制成本、強化安全、並掌握哪些團體持有何種 Azure 資源。

Azure VPN 和 ExpressRoute 等選項，可以把你的自有內部網路延伸至 Azure，以便將位於 Azure 的 VM 及其他資源進一步地直接整合到你的內部 IT 治理策略當中。

相較之下，Arc 會把 ARM 的核心元素帶進你的內部網路、甚至是你在其他雲端服務中的環境。圖 13-11 顯示的便是 Arc 的拓樸 。

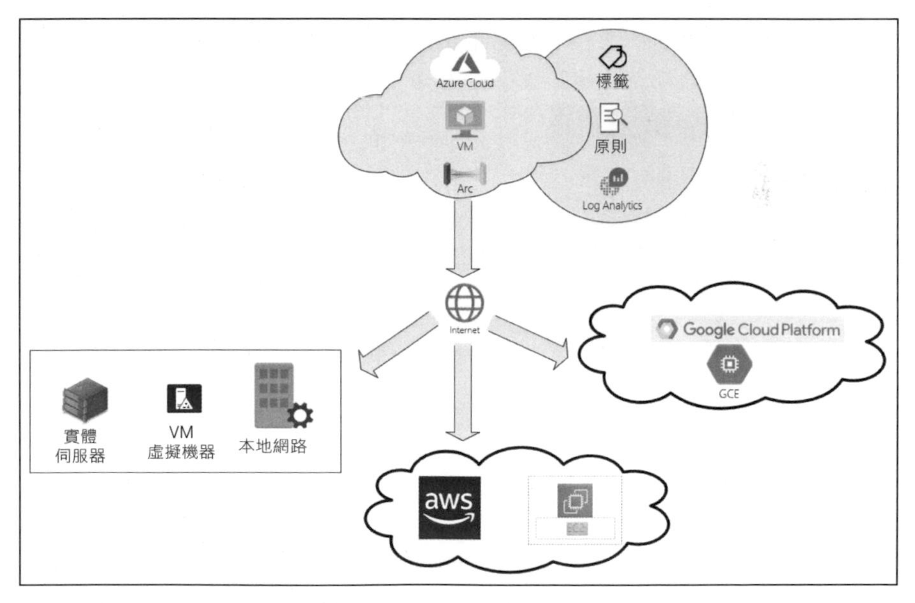

圖 13-11：Arc 拓樸一覽

在圖 13-11 當中，請注意流程的走向。即使沒有 VPN 或 ExpressRoute，你也可以將標籤、原則、log analytics 等 Azure 核心功能延伸到你的內部網路、甚至是其他雲端環境，像是亞馬遜的 AWS、Google 的 GCP 等等。

Arc 帶來的另一個價值，是它可以直接把 Azure 資源部署到你的內部環境。譬如說，你可以用 ARM 範本把 VM、資料庫、以及 Kubernetes 叢集部署到你自己的資料中心，然後用 Azure 工具一併管理這些內部資源及其他雲端原生資源。

Arc 家族成員

在本書付梓之前，Arc 產品家族包括三個成員，讓你用來完成特定任務：

- **啟用 Arc 的伺服器（ Arcenabled Servers）：**：以原生的 Azure 工具管理 Azure 以外的虛擬與實體機器。
- **已啟用 Azure Arc 的資料服務（Azure Arc enabled Data Services）**：在內部環境或是其他雲端環境中執行 Azure SQL Database 和 Azure Database for PostgreSQL 等 Azure 資料服務。
- **已啟用 Azure Arc 的 Kubernetes（Azure Arc enabled Kubernetes）**：在不同環境中部署與管理 Kubernetes 應用程式。

「啟用 Arc 的伺服器」目前位於公開預覽階段，而「已啟用 Azure Arc 的 Kubernetes」和資料平台則尚在私人預覽階段。通常要經過申請才能參與私人預覽，而公開預覽的功能則已向部份或全部 Azure 用戶公開。注意微軟不會對 Azure 的預覽功能提供 SLA。一般的做法是，你應該只在測試 / 開發用環境中使用 Azure 的預覽功能。

筆者撰稿時，「啟用 Arc 的伺服器」是唯一已經公開的功能，因此以下各小節將以介紹這個功能為主。[譯註 5]

譯註 5　譯者編譯本書時，上述這些服務都已公開可供使用。

準備你的環境

在筆者自己的測試環境裡，我架了兩套 VM：一套執行 Windows Server 2019、另一套執行 Ubuntu Linux 16.04。為了讓我的 Arc 環境保持清爽，我建立了一個資源群組來容納這兩套內部的機器。我會用這個小節來說明如何利用 Arc for Servers 將這兩套機器加入至 Azure 訂用帳戶之中。

請依下列步驟在 Azure 入口網站新建一個資源群組：

1. **搜尋*資源群組*字樣，並瀏覽「資源群組」頁面。**

   這時會出現資源群組頁面。

2. **在「資源群組」頁面點選「建立」。**

   這時會出現「建立資源群組」頁面。

3. **在「建立資源群組」頁面，填寫「基本」頁面的表格，然後點選「檢閱 + 建立」。**

   這裡只需填入合適的 Azure 訂用帳戶、資源群組名稱、以及地理區域即可。在本書付梓前，Azure Arc 還只有在特定地理區域開放。不用感到訝異，微軟通常會逐步推出預覽功能，目標是在最後完全公開期限前，讓服務在所有地理區域上線。

4. **點選「建立」提交部署。**

   這個動作應該只花幾秒鐘就會完成。

將 Windows Server 系統加入到 Arc

你可以把 Windows 的伺服器加入到 Arc 環境當中。根據 Arc 的文件，該服務支援 Windows Server 2012 R2 以後的版本。

你不需要靠 VPN 或 ExpressRoute 連線到 Azure，也可以把伺服器拉進來。你只需安裝一個代理程式，就可以用 Azure 管理內部的系統。

請依下列步驟將 Windows Server 系統加入 Arc。當然了，你得先有本地伺服器才能繼續進行：

1. **在 Azure 入口網站搜尋 Arc 字樣。**

   搜尋結果應該會包括許多 Azure Arc 相關產品。

2. **點選第一個圖示 Azure Arc，觀看所有的產品。**

3. **在 Azure Arc 頁面，點選伺服器（Servers）。**

   會出現 Azure Arc | 伺服器頁面。

4. **在 Azure Arc | 伺服器頁面，點選「新增」。**

   會出現「新增具有 Azure Arc 的伺服器」頁面。

5. **在「新增具有 Azure Arc 的伺服器」頁面，在「新增單一伺服器」區段，點選「產生指令碼」（Generate script）按鍵（參閱圖 13-12）。**

   你所見的介面可能會變動，畫面可能會跟圖 13-12 不同；Azure 就是這樣持續變化的生態。

   點選此按鍵，會先進入「必要條件」頁面。

   至於其他將多部伺服器加入 Arc 的作法，請參閱下面的「新增多部伺服器」說明。

6. **在「必要條件」頁面，點選「下一個：資源詳細資料」頁面。**

   選擇你的訂用帳戶、資源群組、以及地理區域；然後選擇本地電腦的作業系統（Windows 或 Linux）。

圖 13-12：選擇一個將伺服器加入 Arc 的做法

7. 點選「下一個：標籤」，若無標籤要添加，再點選「下載並執行指令碼」。

   對於 Windows 機器，你會得到以下的指令碼（本書出版時微軟可能又更新程式碼內容了）：

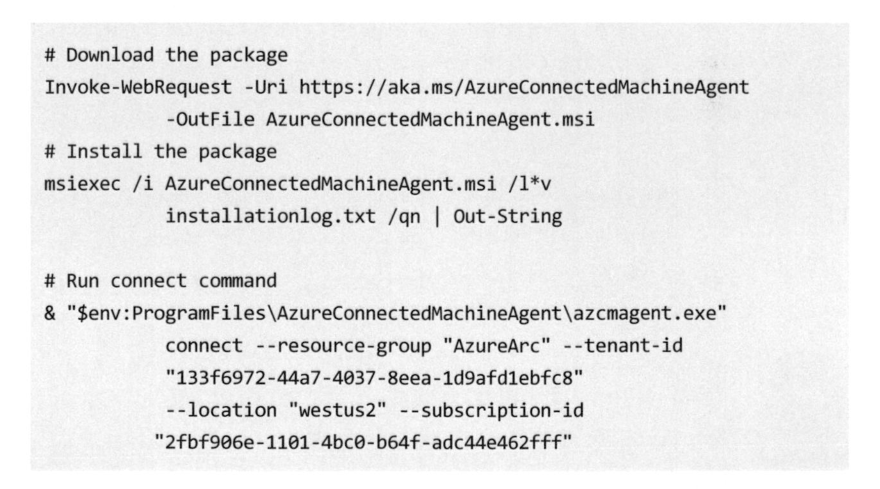

```
# Download the package
Invoke-WebRequest -Uri https://aka.ms/AzureConnectedMachineAgent
           -OutFile AzureConnectedMachineAgent.msi
# Install the package
msiexec /i AzureConnectedMachineAgent.msi /l*v
           installationlog.txt /qn | Out-String

# Run connect command
& "$env:ProgramFiles\AzureConnectedMachineAgent\azcmagent.exe"
           connect --resource-group "AzureArc" --tenant-id
           "133f6972-44a7-4037-8eea-1d9afd1ebfc8"
           --location "westus2" --subscription-id
          "2fbf906e-1101-4bc0-b64f-adc44e462fff"
```

Azure 入口網站會動態地產生以上的 PowerShell 程式碼，並加上你先前在部署過程中指定的環境細節。

PowerShell 會完成三件事：下載 Azure Connected Machine 代理程式（`.msi` 格式檔案，再利用 Windows 內建的命令列工具 msiexec 將代理程式安裝到你的系統內，然後把本地系統連結到 Azure 訂用帳戶，特別是要連上 Arc。

8. **點選下載。**

9. **將加入 Arc 用的指令碼複製到你的目標系統。**

   你要到系統上直接執行這段指令碼。

10. **在目標系統開啟一個提升權限的 PowerShell 主控台，做法是在開始選單鍵入 `powershell`，以滑鼠右鍵點選 PowerShell 圖示，從功能選單點選「以系統管理員身分執行」。**

    會出現管理用的 PowerShell 主控台。

11. **暫時將指令碼執行原則改成 Bypass。**

    基於安全因素，微軟不准你直接執行 PowerShell 指令碼。為確保可以執行加入 Arc 的指令碼，請先用以下指令：

```
Set-ExecutionPolicy -ExecutionPolicy Bypass -Scope Process -Force
```

    這段程式碼會放寬系統對指令碼執行的限制原則，但效期僅限這一個 PowerShell 工作階段而已，關閉後即恢復原狀。

12. **執行指令碼。**

    你只需鍵入指令碼檔案全名、或者加上路徑。如果你已用 cd 指令切換至指令碼檔案所在路徑，只需這樣輸入即可執行：

```
. \OnboardingScript.ps1
```

在 Windows 和 Linux 系統上，**點號加斜線**（./）語法就等於告訴電腦，在現行工作目錄下執行指令碼。

Arc enabled Servers 的加入指令碼會暫停並詢問，要你登入 Azure。圖 13-13 顯示的就是裝置登入過程。

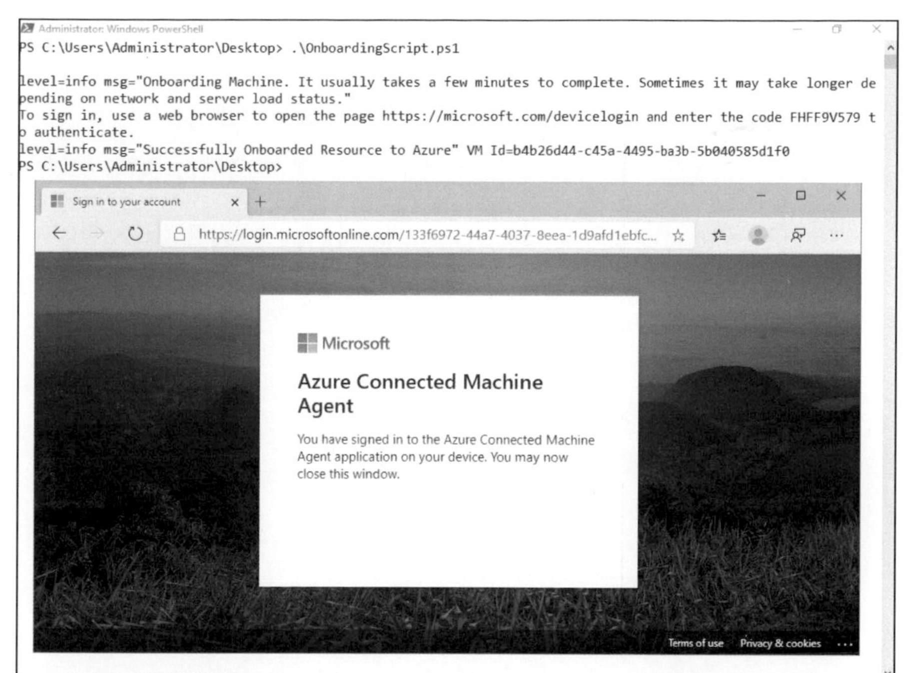

圖 13-13：將 Windows Server 系統加入至 Arc

新增多部伺服器

微軟知道有的 Azure 管理員必須將成打、上百、甚至數千台本地伺服器送上 Arc。如果你也需要納管這麼多的機器，可以利用 PowerShell 撰寫部署用的指令碼，這樣要加入多少台機器都可以。你可以利用**服務主體名稱**（*service principal*）進行自動化——它是一種特殊的 Azure AD 身份識別，以數位憑證進行認證。

要將多部系統一次以大規模的方式加入 Arc，詳情請參閱「大規模將混合式機器連線至 Azure」一文（`https://docs.microsoft.com/azure/azure-arc/servers/onboard-service-principal`）。

將 Linux 系統加入到 Arc

1. 在 Azure 入口網站搜尋 arc。

2. 在搜尋結果中點選 Azure Arc 圖示。

3. **在 Azure Arc 頁面，點選「伺服器」、再點選「新增」。**

   這時會出現「新增具有 Azure Arc 的伺服器」頁面。

4. **在「新增具有 Azure Arc 的伺服器」頁面，點選「新增單一伺服器」下的「產生指令碼」**

   這時會出現「產生指令碼」的「必要條件」分頁。

5. **填好「資源詳細資料」分頁。**

   記得選 Linux 為目標作業系統。

6. **點選「下載並執行執行碼」、然後點選「下載」。**

   以下程式碼是 `OnboardingScript.sh` 這支加入 Linux 系統用的指令碼，它使用 Bash shell 語法，而非先前的 PowerShell：

```
# Download the installation package
wget https://aka.ms/azcmagent -O ~/install_linux_azcmagent.sh

# Install the hybrid agent
bash ~/install_linux_azcmagent.sh

# Run connect command
azcmagent connect --resource-group "AzureArc" --tenant-id
"133f6972-44a7-4037-8eea-1d9afd1ebfc8" --location "westus2"
--subscription-id "2fbf906e-1101-4bc0-b64f-adc44e462fff"
```

   Linux 程式碼也會進行三個動作：下載機器連線代理程式、安裝它、然後將本地系統連結至 Arc 環境。

7. **將 `OnboardingScript.sh` 這隻指令碼傳輸至你的目標系統，然後執行它，完成加入程序。**

在 Linux 系統上開啟終端機程式，瀏覽你存放 `OnboardingScript.sh` 指令碼的目錄，然後執行它。如果你的終端機提示字元與指令碼所在目錄一致，就可直接鍵入以下 Bash 命令：

```
sudo sh ./OnboardingScript.sh
```

你需要在另一個瀏覽器視窗鍵入一次性認證碼，以便通過 Azure 身份認證。

8. **一旦代理程式安裝完畢，就回到 Azure 入口網站，更新「Azure Arc｜伺服器」頁面。**

如圖 13-14 所示，你的 Arc 環境現在有兩台受控的內部 VM 了。

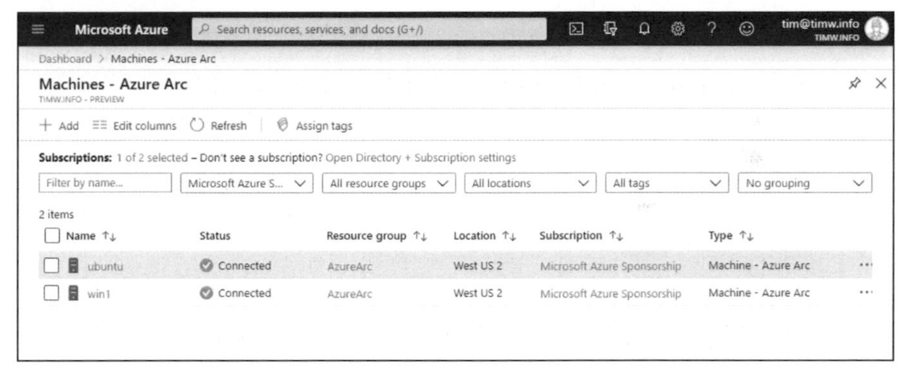

圖 13-14：檢視已加入 Azure 入口網站的本地端 VM

以 Arc 管理本地系統

現在該來回答這個問題了：「這些以「啟用 Arc 的伺服器」加入的機器，我要拿它們怎麼辦？」在本書付梓前，「啟用 Arc 的伺服器」可以讓加入 Arc 之後的系統支援以下功能：

- 角色型存取控制（RBAC）
- Azure 監視器
- 分類標籤
- Azure 原則

實作 Azure 原則

Azure 原則是 Azure 資源治理的強大平台。假設你的業務都位於美國西部。你就可以用原則來確保所有系統都屬於太平洋時區。

請依下列步驟設定運行 Windows Server 的 Arc 機器，以便指派原則：

1. **在 Azure Arc| 伺服器頁面，選擇你的 Windows 伺服器。**

   這時會出現伺服器的「概觀」頁面。

2. **點選「原則」設定，然後點選工具列上的「指派原則」(Assign Policy)。**

   這時會出現「指派原則」頁面。

   圖 13-15 顯示的就是 VM 的設定頁面。如果你把這個動作想像成用一致的方式同時管理內部系統和 Azure 原生 VM，就已經掌握到「啟用 Arc 的伺服器」的案例運用精髓了。

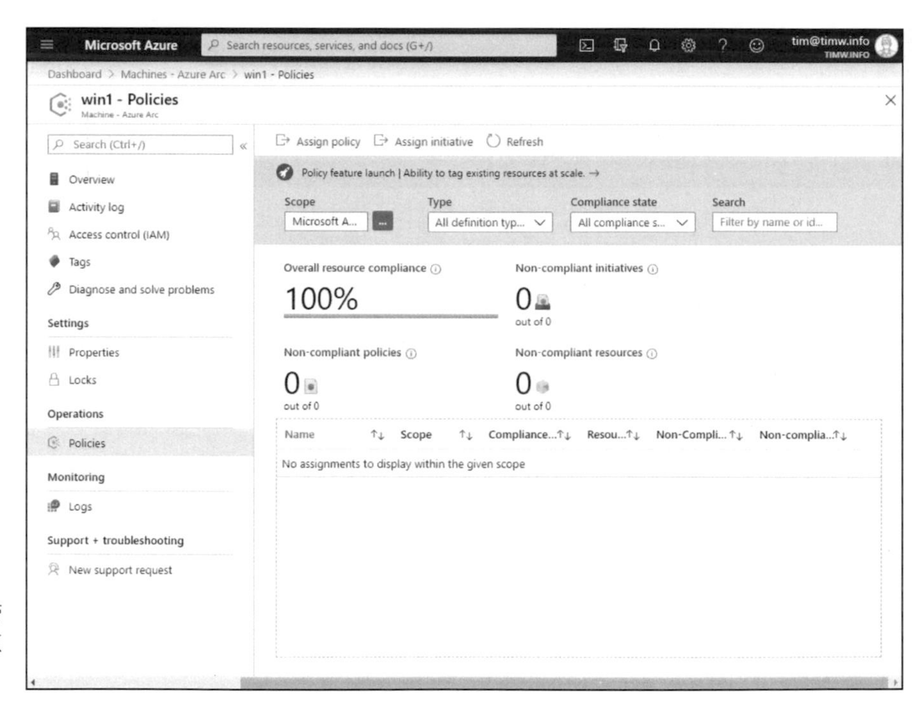

圖 13-15：檢視 Arc 管理的系統原則設定

3. **在「指派原則」頁面的「基本」分頁，填好表格，並點選「下一步」。**

填入以下資訊：

- **範圍（*Scope*）**：確認此項設定指向你的 Azure 訂用帳戶及 Azure Arc 資源群組。
- **排除（*Exclusions*）**：利用這個控制項目將 Ubuntu 系統從此一原則排除。你要指派的時區原則僅適用於 Windows 系統。
- **原則定義（*Policy Definition*）**：搜尋內建的原則定義，找出名為「設定 Windows 電腦上的時區」（Configure Time Zone on Windows Machines）的原則。
- **指派名稱（*Assignment Name*）**：（選用）你可以自訂這個原則的名稱。此一名稱預設會沿用原則定義的名稱。
- **原則強制執行（*Policy Enforcement*）**：選項只有啟用和停用。我們的目標是使用此一原則，當然要選「已啟用」。

4. **在「指派原則」頁面的「參數」（Parameters）分頁，從「時區」（Time Zone）下拉式選單選擇你要的時區，然後點選「下一頁」繼續。**

在此一範例中筆者把所有系統訂在美加太平洋時區，UTC-8 [譯註 6]。

5. **在「指派原則」頁面的「修復」（Remediation）分頁，建立一份補救工作，然後點選「檢閱 + 建立」並繼續。**

原則可以做到的遠不只稽核遵循狀況而已。你可以在此勾選「建立補救工作」，告訴 Azure 你就是要把 Windows 伺服器都調成符合原則定義的時區。

REMEMBER

確保「要補救的原則」（Policy to Remediate）下拉式選單已經設為你的原則。Azure 會建立一個受控識別（managed identity），作為補救工作的執行身份（security context）。根據預設，Azure 會暫時授權給受控識別。

譯註 6　台灣讀者們當然可以自訂台北時區 UTC+8。

受控識別是一種特殊的 Azure AD 身份識別，其運作方式與本地網路環境的服務帳戶類似。其詳情可參閱「什麼是適用於 Azure 資源的受控識別？」一文 https://docs.microsoft.com/zh-tw/azure/active-directory/managed-identities-azure-resources/overview。

6. 點選「建立」以提交部署。

要追蹤原則的補救狀態，你可以瀏覽 Windows 伺服器的原則頁面，選擇你想追蹤的原則，然後切換至補救工作頁面（圖 13-16）。

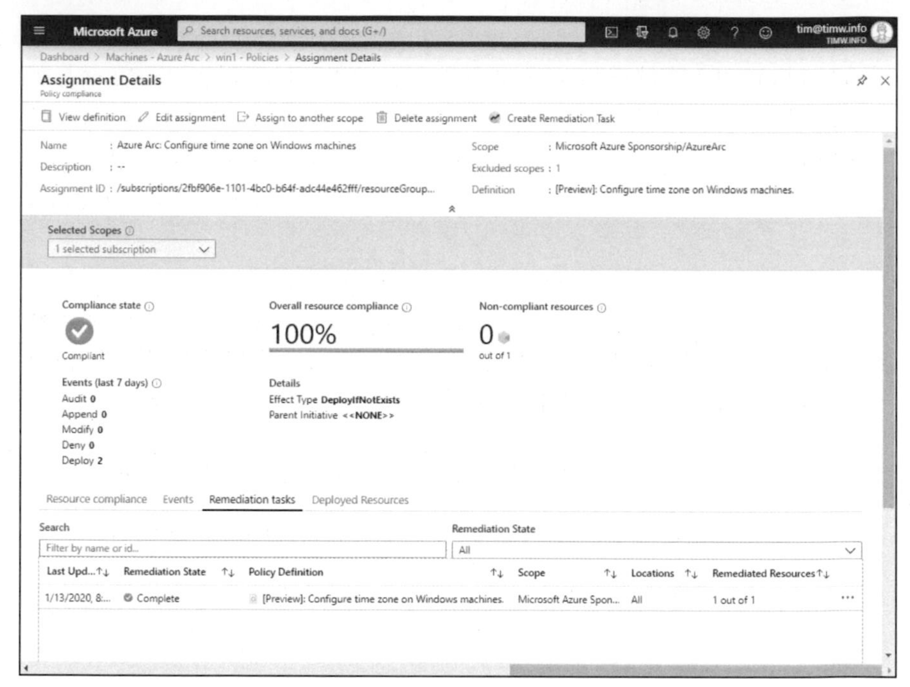

圖 13-16：驗證原則遵循和補救狀態

筆者檢查了 Windows Server VM 的時區，當然它也確實從筆者原本所在的北美中部時區換成太平洋時區了。

實作分類標籤

你可以為 Arc 伺服器建立一個分類標籤集合。說得準確點，你是替 Ubuntu VM 定義一個名為 env:arc 的標籤。

請依下列步驟將標籤指派給 Arc（或是 Azure 原生的）資源：

1. **在 Azure Arc| 伺服器頁面，選擇你的 Linux VM。**

   這時會出現 VM 的概覽頁面。

2. **從設定選單選擇「標籤」設定。**

3. **定義 env:arc 標籤，然後點選「儲存」將變更內容存起來。**

   注意分類標籤一定是成對的 name:value 格式。你只需鍵入標籤名稱和值即可；或是利用先前已定義好的標籤名稱和值也行。

   圖 13-17 顯示的就是已完成的配置。

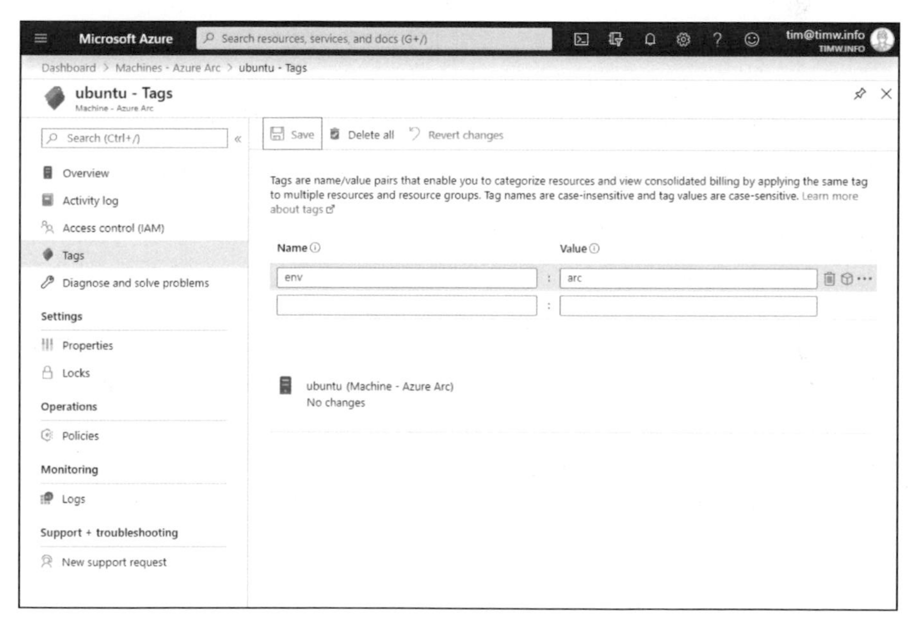

圖 13-17：將分類標籤套用在 Arc 資源上

關於分類標籤的詳情，請參閱下面說明。

TECHNICAL STUFF

標籤在 Azure 裡可以做什麼？

多數企業都需要管理多個 Azure 訂用帳戶，並針對每個環境分別追蹤其成本及使用率。乍看之下，資源群組似乎是追蹤這類部署最適當的容器。然而事實是，多數的成本中心都分散在整個 Azure 訂用帳戶當中。

因此，透過對資源群組及資源加上標籤，你可以將自己環境中的 Azure 資源聚集起來，並利用 Azure 監視器、Azure 成本管理及 Azure Log Analytics 等工具來提出報告。要在 Azure 當中正確地運用標籤，請參閱「資源命名與標記決策指南」一文（https://docs.microsoft.com/zh-tw/azure/cloud-adoption-framework/decision-guides/resource-tagging/）

在本章當中

- 繪製計量圖表並以 Azure 監視器發出警示
- 以 Azure Log Analytics 查詢記錄資料

Chapter 14 監視 Azure 環境

本章將說明如何檢查 Azure 所有資源的一舉一動。監視之所以重要，原因如下：

- 追蹤是誰、在何時、對何處的部署做了些什麼
- 定義效能基準
- 管理資源使用成本
- 排除問題
- 辨別並解決紅色安全旗標
- 將環境的成本、速度、安全性及可用性均予以最佳化

在讀完本章後，各位就能掌握 Azure 監視器及 Azure Log Analytics 的最新知識。

Azure 監視器

Azure 監視器是你的基準監視平台。我之所以強調**基準**（*baseline*）一詞，是因為 Azure 本身就會蒐集基本的計量資料，並允許你無償取用。相較之下，Application Insights 和 Log Analytics 就屬於高級監視服務，有他們自己的定價方案。

Azure 監視器會為你的資源蒐集兩種基礎類型的資料：

» **計量（Metrics）：數字型態的時序資料，從若干角度描述你的 Azure 資源**

» **記錄（Logs）：文字或檔案表單，描述各式各樣的系統事件和計量資料**

遙測（*telemety*）一詞在 Azure 中曝光率甚高；但它其實只不過代表某種資源將自身的計量和記錄資料傳送至收集器（collector）這項資源的能力罷了。

遙測一詞其實源自兩個希臘語詞彙：*tele* 代表**在一段距離之外**，而 *métron* 代表**測量**。用現代的話來說，遙測就是遠端測量的意思。

啟用診斷記錄

對於非 VM 類的 Azure 資源而言，你可以到 Azure 入口網站中每個資源的組態頁面 ，分別啟用診斷記錄和計量功能，或是利用 Azure 監視器。至於 VM 資源層級，則是你隨時都可以啟用 Windows Server 和 Linux 虛擬機器的診斷功能。

Azure 監視器的活動記錄

Azure 監視器的活動記錄會追蹤微軟所謂的「控制面事件」（control plane events），這些都是由 Azure 自己、或是由你和其他 Azure 管理員發出的系統管理事件。類似的事件包括重啟虛擬機器、部署一個 Azure 金鑰保存庫、或是取得一個儲存體帳戶的存取金鑰等等。

筆者喜歡把活動記錄形容成像是運作 / 稽核記錄那樣。靠著這類記錄，你就能判斷是誰、在何時、對你的訂用帳戶從事了何種動作，以及動作成功與否。

WARNING

活動記錄只會蒐集單一訂用帳戶層級的事件。如果你想把幾個訂用帳戶的活動記錄資料整合起來，就必須靠 Azure Log Analytics 來做，本章後面會介紹它。

請依下列步驟體會活動記錄的環境：

1. 在 Azure 入口網站中，瀏覽至「監視」頁面，點選「活動記錄」。
2. 點選每一個篩選器（filter）按鍵，以便觀察如何調整活動記錄的外觀。

   其介面如圖 14-1 所示。

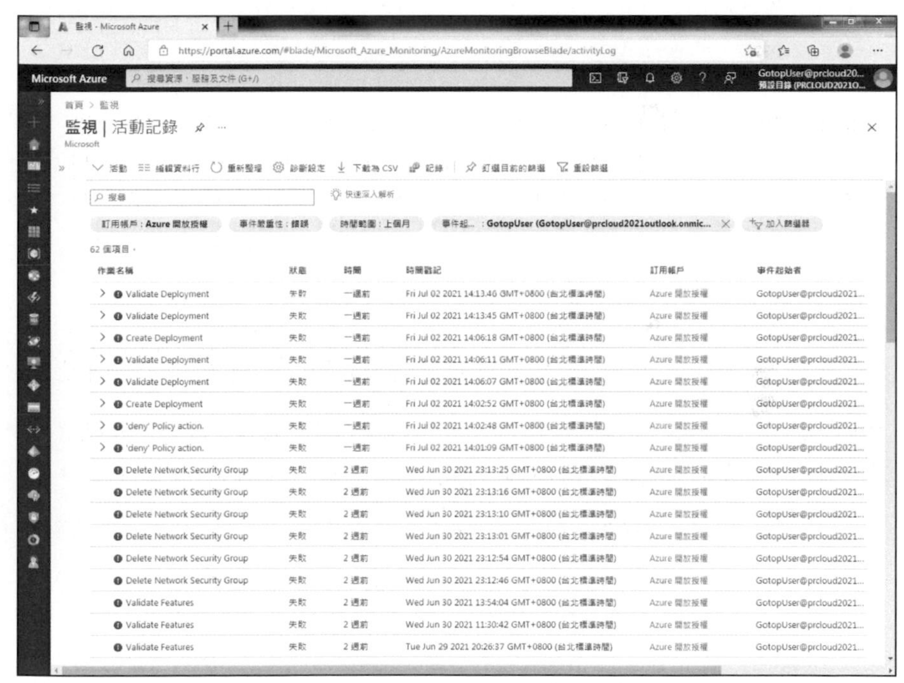

圖 14-1：Azure 活動記錄中包括了由你或是 Azure 自身發出的管理事件

譬如說，你可以在搜尋框鍵入自己的 Azure AD 使用者名稱，以便只觀看由你的使用者帳戶發出的控制面事件。

可以加入篩選器的篩選條件包括：

- 資源類型（*Resource Type*）：只顯示像是 VM、web 應用程式、資料庫等等的相關記錄。
- 作業（*Operation*）：只顯示建立、刪除、寫入、或任何其他影響 Azure 資源的動作。
- 事件起始者（*Event Initiated By*）：根據 Azure AD 使用者名稱來過濾記錄。
- 事件類別（*Event Category*）：只顯示管理事件、安全性事件，或警示等等。
- 事件嚴重性（*Event Severity*）：分別顯示重大、錯誤、警告、或是資訊類事件。
- 時間範圍（*Timespan*）：列出過去一小時或是一個月中發生的事件，或是指定期間內的事件。

3. **選擇一筆「活動記錄」的事件以便觀看內容。**

   在圖 14-1 中，各位可以準確地得知是誰（其實就是不才在下）在何時成功地啟動了虛擬機器。圖 14-2 顯示的 JSON 來源資料則揭露了 VM 名稱和其他細節。

圖 14-2 頂端的工具列含有一些很有用的按鍵：

» **編輯資料行（Edit Columns）**：在資源清單檢視裡自訂顯示的屬性欄位。你應該習於在所有的資源清單中運用這種檢視方式。注意你的自訂方式只對你自己的 Azure AD 帳戶有效，與其他同事的顯示方式無關。

» **重新整理（Refresh）**：點選它以便更新至最新狀態的資料。

» **診斷設定（Diagnostic Settings）**：將篩選過的各種活動記錄資料指定轉至各種目的地，例如傳送至 Log Analytics 工作區、封存至儲存體帳戶、串流至事件中樞（Event Hub）、或是傳送至合作夥伴解決方案。

» **下載為 CSV（Download As CSV）**：下載一份 CSV 格式的當下活動記錄檢視。

- **記錄（Logs）**：將你帶到 Activity Log Analytics。如果你還未設定，它會提示你建立一個 Log Analytics 的工作區。[譯註 1]
- **釘選目前的篩選（Pin Current Filters）**：讓你把當下篩選過的結果集合放到儀表板中。當你需要經常觀看活動記錄資料時，這個選項就很方便。
- **重設篩選（Reset Filters）**：將使用者自訂的篩選器移除，還原為預設的檢視方式。

點選活動記錄的事件，就會看到事件摘要（Summary）。圖 14-2 中的摘要分頁顯示了若干一般資訊。請點選 JSON 分頁，觀看 JSON 格式的事件詳情。JSON 文件會更深入地剖析該事件，這一點在進行鑑識除錯時特別有用，因為這樣才能準確地釐清是誰、在何時、在你的訂用帳戶裡做了什麼。

圖 14-2：檢視 Azure 活動記錄事件的 JSON 來源資料

譯註 1　Azure 入口網站中大部份仍以原文 Activity Log Analytics 顯示，但也有些地方已譯為「活動記錄分析」。

TECHNICAL STUFF

活動記錄分析（Activity Log Analytic）屬於高級的（收費）服務，讓你可以整合多個訂用帳戶的活動記錄資料；設定較長期的資料封存原則；執行互動式查詢；針對查詢資料動態地建立報告等等。詳情可參閱 https://docs.microsoft.com/zh-tw/azure/azure-monitor/essentials/activity-log 一文。

Azure 監視器的診斷設定

Azure 監視器的診斷設定是一個集中控制點，可以啟動非 VM 類型資源的診斷。請依下列步驟，在 Azure 監視器中啟動資源診斷：

1. **在 Azure「監視」頁面中，選擇「診斷設定」頁面。**
2. **利用篩選控制縮小檢視範圍，並從清單中點選你的資源。**

   在圖 14-3 中，你會看到來自各個訂用帳戶的資源。本例選擇 wileyvm1-nsg 這個網路安全群組。

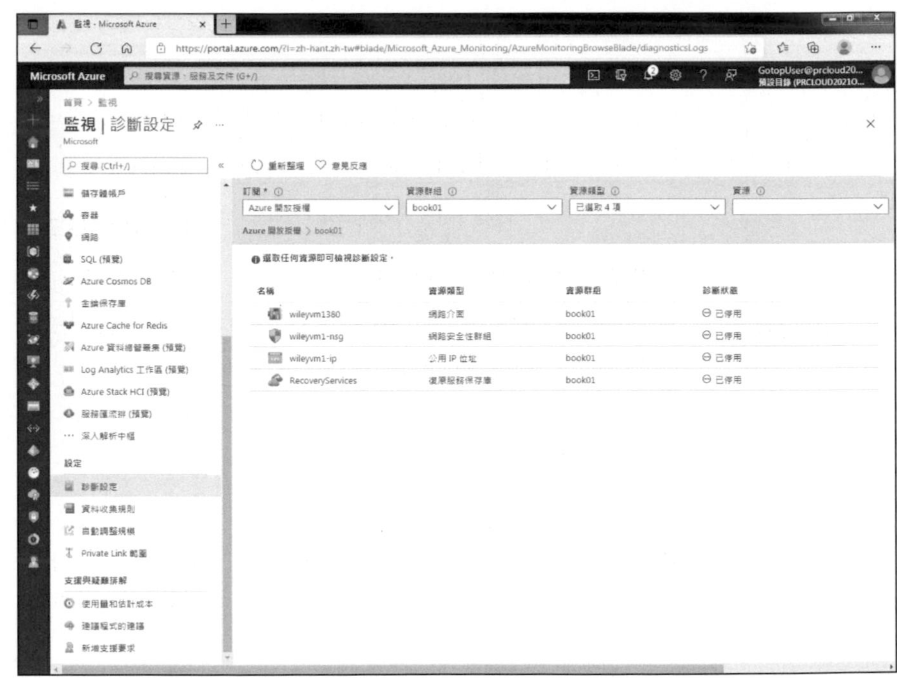

圖 14-3：Azure 監視器的診斷設定允許你一次集中為多種資源啟用診斷

3. 在該資源的診斷設定頁面，點選「新增診斷設定」(Add Diagnostic Setting)。

REMEMBER

Azure 監視器的資料類型有兩種，分別是記錄和計量。有些 Azure 資源兩者皆有；有些只具備其中之一。

4. 填好「診斷設定」(Diagnostic Setting) 頁面的資料。

請與圖 14-4 相比。為你的診斷取一個名稱；我通常總是會拿資源名稱加上 -diag 字樣來命名。

圖 14-4：設定 Azure 資源診斷

你可以將診斷資料送至多個目標：

- **儲存體帳戶**：其優點在於這是有封存功能的儲存裝置。
- **事件中樞 (*Event Hub*)**：其優點在於它可供即時訂閱診斷串流。
- ***Log Analytics***：優點為來自 Log Analytics 的強大查詢 / 報告功能。[譯註 2]

譯註 2　現在還多了一個「合作夥伴解決方案」的選項。

如果你想修改以上設定，雖時都可以回頭再來改。

除了診斷設定目標以外，你還需要指定要蒐集哪些記錄、以及計量的類別。不同的資源會蒐集不同種類的計量和記錄。譬如說，網路安全群組的診斷會在 NSG 規則被觸發時進行記錄。

5. **點選「儲存」以便提交異動。**

即使你只是為某項資源進行監視或診斷設定，只要涉及使用其他 Azure 資源，就需要另外付費。舉例來說，如果你設定了診斷、並將資源診斷資料儲存在一個儲存體帳戶當中，就必須付出額外的儲存體帳戶費用。

VM 的診斷設定

VM 資源的診斷是跟其他 Azure 資源分別處理的。要啟用 VM 的診斷，必須安裝 Azure 的診斷延伸模組（Azure Diagnostics extension）。你應該已經猜到，這個延伸模組所蒐集的計量和記錄，會因作業系統而異（Windows 或 Linux）。

要啟用 VM 診斷，請這樣做：

1. **瀏覽你想啟用診斷的 VM，並在選單中選擇「診斷設定」。**

2. **在「診斷設定」的「概觀」頁面，點選「啟用來賓層級監視」（Enable Guest-Level Monitoring）。**

   切記，如果沒有代理程式，Azure 只會蒐集非常基本的 VM 資料。一旦啟用來賓診斷，就等於要 Azure 從虛擬機器裡蒐集更詳盡的細部診斷資料。

3. **在 VM 的設定選單中，點選「延伸模組」，並驗證是否已確實安裝了 Azure Diagnostics 延伸模組。。**

   在圖 14-5 中，各位可以看到筆者的虛擬機器已經安裝了 VM 診斷（你的 VM 也許還有其他的延伸模組）。

在筆者撰稿時，延伸模組的正式名稱還是 Microsoft.Insights.VMDiagnosticsSettings（這是 Windows 的延伸模組名稱）。譯註 3

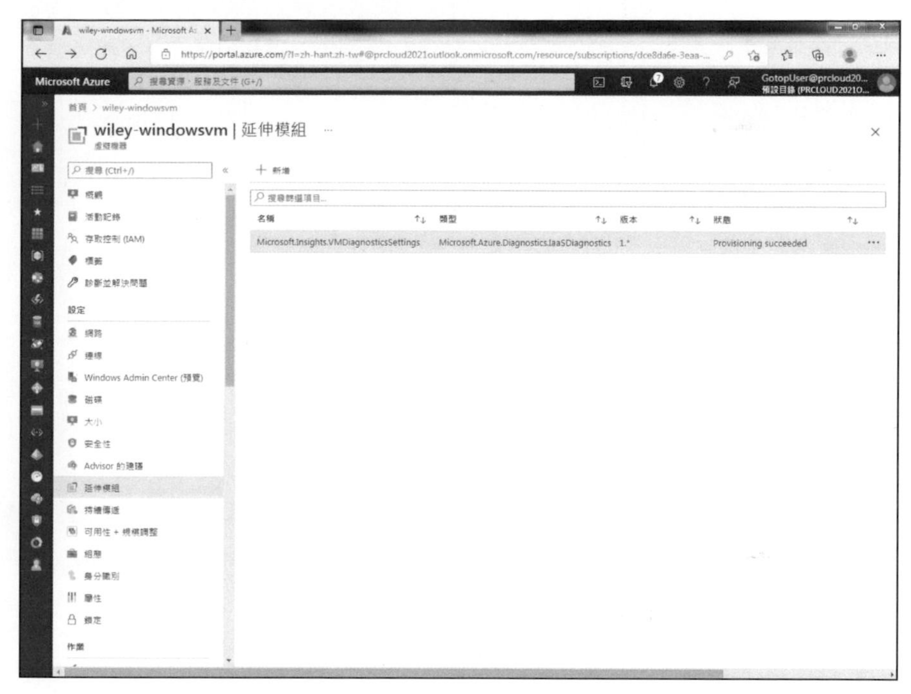

圖 14-5：驗證 Azure VM 中確實已有 VM 診斷延伸模組的存在

檢視你的診斷資料

要如何分析你的資源診斷資料，端看你如何設定診斷資料串流的目標走向而定。例如你選了 Log Analytics，就可以在 Azure 的記錄搜尋介面用 KQL 查詢。

譯註 3　若是 Linux 的 VM，延伸模組名稱會是 LinuxDiagnostic。

4. **回到 VM 的「診斷設定」頁面，檢視設定的選項。**

你可以對 Windows VM 蒐集以下資料：

- 效能計數器
- 事件記錄檔
- 記憶體損毀傾印

你可以對 Linux VM 蒐集以下資料：

- 系統硬體計量（處理器、記憶體、網路、檔案系統、以及磁碟等等）
- 來自 VM 中已啟用的任何服務程式的 Syslog 事件

上述介面如圖 14-6 所示。

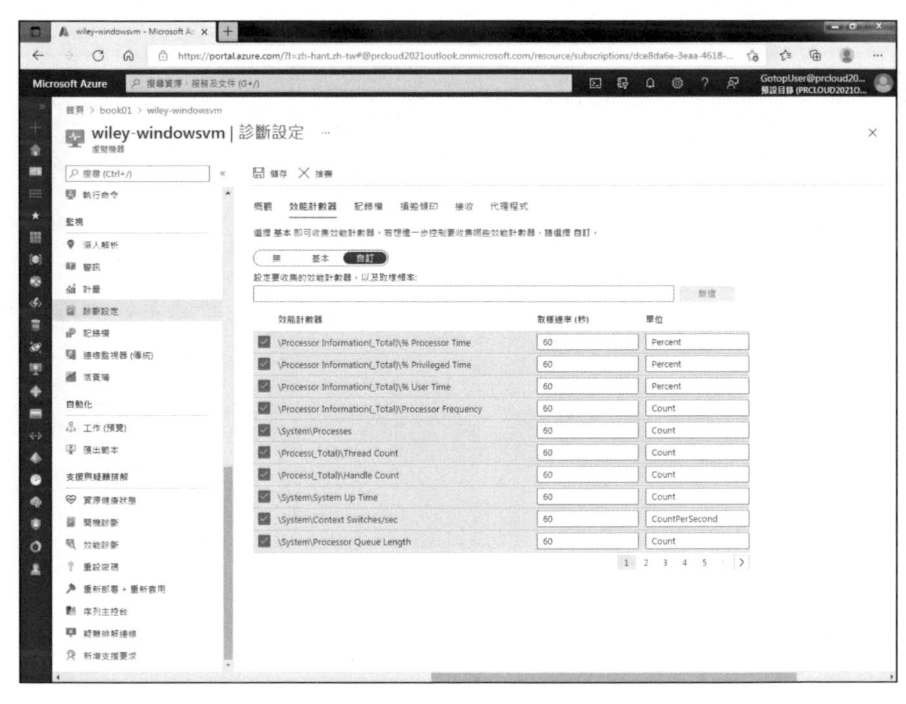

圖 14-6：在 Azure 執行的 Windows Server VM 中自訂診斷用的記錄

你必須在 Linux VM 所在地理區域擁有有效的儲存體帳戶，才能在該 VM 上啟用來賓診斷。

VM 的開機診斷

筆者幾乎會勸每一個客戶一定要對 Windows VM 和 Linux VM 都啟用開機診斷。開機診斷資料會存放在一個指定儲存體帳戶的 blob 服務當中。此一功能為管理員提供兩個好處：

- 開機診斷資料會定期擷取你的 VM 畫面——可以確保 VM 未進入停滯狀態。
- 開機診斷會啟用一個序列主控台——這是一個診斷用的系統後門，讓你可以透過 Azure 入口網站直接取得命令列連線。萬一你的 VM 網路堆疊離線，導致你無法透過網際網路或 VPN 連線操作 VM 時，序列主控台會是絕佳的救命丹。譯註 4

繪製資源計量並發出警示

在這個小節中，筆者要回到 Azure 監視器中檢視 Azure 資源及 VM 的診斷資料。如前所述，Azure 平台會蒐集基本的資源計量，並可在 Azure 監視器中檢視。然而，一旦你啟用資源診斷，就可以更深入地觀察。

計量繪圖

計量（*metrics*）是一種時序化的值，定期從你的資源擷取而來。請依下列步驟，使用 Azure 監視器的計量瀏覽器（Metrics Explorer）來繪製多台 VM 的 CPU 耗用狀況：

1. 瀏覽 Azure 監視器的設定清單，選擇「計量」（Metrics）。

   這時右側的詳情頁面會出現「選取範圍」頁面，讓你先選定計量圖表來源的資源。

譯註 4　熟悉網路設備或虛擬主機管理的讀者定然可以理解，這就像網路管理介面掛掉時，必須借助於 console 操作，是一樣的概念。

2. **點選「圖表標題」(Chart Title)旁的鉛筆圖示，為你的圖表取一個簡單易懂的名稱。**

   我的名叫 Multi-VM CPU Utilization。

3. **填好第一列資源如下：**

   - 範圍(*Scope*)：切記此時要選虛擬機器型態的資源。可惜的是，這裡只能選一個 VM；如果要在同一個圖中繪製來自其他 VM 的計量圖，你必須建立另一列資源。
   - 計量命名空間(*Metric Namespace*)：選擇虛擬機器主機(Virtual Machine Host)。這個值會視你載入至以上範圍屬性的資源而定。
   - 度量(*Metric*)：選擇 Percentage CPU。根據你啟用資源診斷與否，與資源相關的計量清單可長可短。
   - 彙總(*Aggregation*)：選擇平均(Average)。

4. **再添加至少一列資源，以便繪製其他 VM 的計量：**

   這時請按工具列上的加入計量(Add Metric)，然後點選與前一列資源相同的屬性。圖 14-7 顯示的便是繪製圖表的結果。

以下是關於圖 14-7 介面的詳細說明：

- **使用新圖表(New Chart)(A) 在計量瀏覽器中繪製一個以上的圖表。**
- **點選共用(Share)(B) 以便下載微軟 Excel 活頁簿格式的圖表定義。記住，如果你沒把圖表釘到儀表板、或是沒把定義儲存下來，那麼只要你一離開計量瀏覽器，已建立的圖表就會消失！因此如果你將來還需要相同的圖表，務必要儲存連結或是下載其定義，或是把計量圖表釘到儀表板。**
- **點選時間範圍 / 時間粒度(Time range/Time granularity)這個下拉式選單 (C)，設定時間範圍。**
- **使用折線圖(Line Chart)這個下拉式選單 (D)，選擇五種圖表顯示格式之一：折線圖、區域圖、橫條圖、散佈圖或是方格圖。**

» 點選新增警示規則（New Alert Rule）(E) 以便根據已載入的計量設定警示規則。

» 點選釘選至儀表板（Pin to Dashboard）(F) 以便讓此圖表持續出現在你的 Azure 入口網站儀表板上。

» 點選「其他」按鍵（…）(G) 並點選圖表設定（Chart Settings）以便修改圖表屬性。

» 點選計量列 (H) 以便調整圖表中顯示的計量值。

圖 14-7：Azure 監視器中的計量瀏覽器，讓你得以一窺診斷和效能的資料

TIP

一旦你點選 Azure 監視器中計量瀏覽器以外的位置，計量圖表就會消失。因此請點選 Share 並選取 Copy Link，並將連結儲存到網頁瀏覽器的書籤當中。這樣就算 Azure 把圖表清掉，你也可以再把它叫回來。

設定警示

Azure 裡的警示功能非常厲害——因為你可以設定 Azure，讓它在警示觸發時自動採取修正動作。動作群組（action group）可以包括以下多種類型的動作[譯註 5]：

- **寄送電子郵件給 Azure Resource Manager 角色**
- **電子郵件 /SMS 訊息 / 推送 / 語音**：以各種方式告知多個帳戶
- **自動化 Runbook（Automation Runbook）**：執行你的 Azure PowerShell 或 Python 指令碼
- **Azure 函式**：執行你的 Function App 函數
- **ITSM**：對你的 IT 服務管理平台開立案件
- **邏輯應用程式**：執行指定的 Logic 應用程式工作流程
- **Webhook**：對接收服務（例如 Azure Event Grid、Function App、Logic App 等等）發出特定格式的 HTTP(S) 回應
- **安全 Webhook**

假設你需要設定一筆警示，以便在 winserver 這個 VM 每次重啟時發出電郵通知。你可以定義自己的動作群組、一個警示規則，然後試著重啟你的 VM 看看。

建立動作群組

請依下列步驟建立一個動作群組，以便向你發送電郵通知：

1. 在 Azure 監視器中點選「警示」頁面，並點選「管理動作」（Manage Actions）。

譯註 5　現在動作群組內容已拆分成「通知類型」和「動作類型」兩大群，上述動作中的「電子郵件 /SMS 訊息 / 推送 / 語音」和「寄送電子郵件給 Azure Resource Manager 角色」屬於「通知類型」；其他則屬於「動作類型」。

2. **在「管理動作」頁面點選「新增動作群組」(Add Action group)。**

   你可以把動作群組想像成一個容器，其中含有一個以上的動作規則。

3. **填完「建立動作群組」表格。**

   填入動作群組名稱、簡稱、訂用帳戶和資源群組等資訊後，真正的工作才要開始：亦即定義動作。以下是筆者設定 email-alert 動作群組的動作規則：

   - **通知名稱**：Send-email。
   - **通知類型**：分成電子郵件 /SMS 訊息 / 推送 / 語音。畫面會提示你輸入目標電郵信箱

   一如預期，每個類型的動作都會有自己的子項目需要設定。

4. **按下「儲存變更」確認設定無誤。**

現在該來建立規則了，然後才可以跟動作群組綁在一起。

微軟是故意把動作群組和動作規則和警示本身區分開來的。這樣一來就可以輕易地在不同的警示中重複利用相同的動作群組和規則。很方便對吧？

定義警示規則

Azure 的警示支援兩種類型的訊號：

» **計量：就跟本章到目前為止所處理的計量一樣。**

» **活動記錄：亦即活動記錄中追蹤的事件。如果是像 VM 重啟這樣的狀況需要警示，就需要這個訊號類型**

基於 Azure 平台限制，一條警示規範中只能放入兩個計量訊號、或是一個活動記錄訊號。

請依下列步驟建立警示規則，並在特定 VM 重啟時觸發：

1. **在 Azure 監視器的「警示」頁面，點選「新增警示規則」。**

   這時會出現「建立警示規則」頁面。

2. **在「新增警示規則」的「資源」區段，點選「選取資源」。**

3. **點選你要監視的 VM。**

   利用篩選控制深入你的訂用帳戶、位置和資源類型。

4. **在「條件」區段，點選「新增條件」，並點選訊號類型為「活動記錄」的「所有」監視服務，再點選「重新啟動虛擬機器」（Restart Virtual Machine），然後點選完成（Done）。**

   這裡出現的設定選項，會因為你先前所選的計量或活動記錄訊號而有所不同。下圖 14-8 顯示的便是上述介面。

圖 14-8：為 Azure 監視器的警示規則設定訊號條件

5. **在「動作」區段點選「新增動作群組」，然後選擇你的動作群組。**

6. **在「警示規則詳細資料」區段，填寫警示的中介資料。**

   中介資料包括警示規則的名稱、非必填的描述、目標的資源群組、以及是否要啟用此一規則。圖 14-9 便是筆者自己填好的規則定義。

   確認已勾選「在建立時啟用警示規則」，以便稍後測試。

7. **點選「建立警示規則」，完成設定。**

圖 14-9：填好警示規則定義

測試警示

你可以再度瀏覽 Azure 監視器的警示頁面、點選「管理警示規則」，以便檢視警示規則的定義。

在筆者的環境中，我重啟了 winserver VM、然後等待。幾分鐘內我便收到了自己的警示通知。圖 14-10 的綜合畫面同時顯示了 Azure 入口網站及警示的通知電郵。

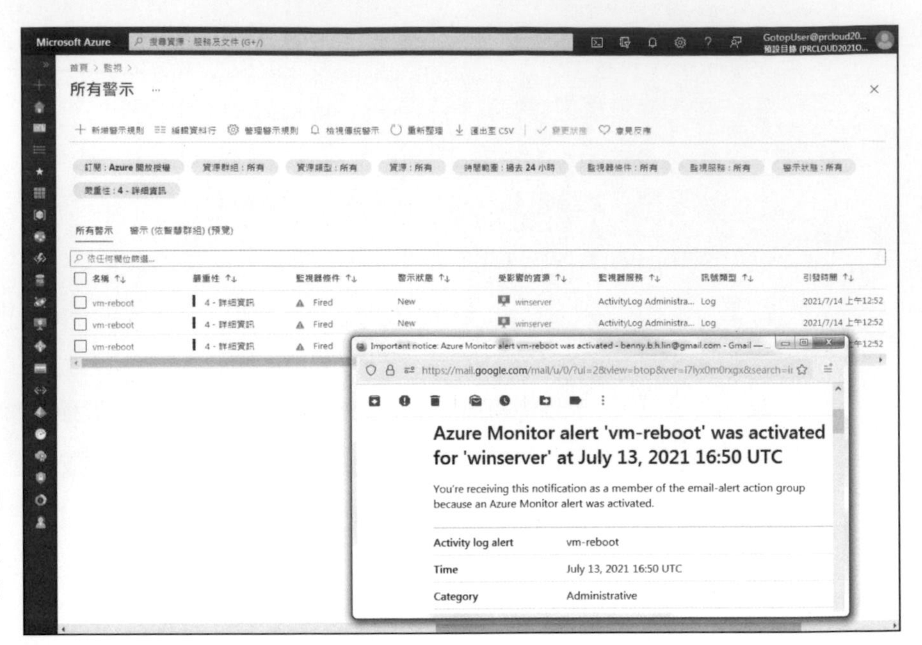

圖 14-10：當警示規則觸發時，Azure 會以各種方式告知你

TECHNICAL STUFF

APPLICATION INSIGHTS

可惜的是，對於 Application Insights 的深入探討，並非本書主題。但是為了儘量向讀者們簡要地說明，我可以說 Application Insights 是一項管理 Azure 應用程式效能的產品，適用於所有的 Azure App Service 應用程式。Application Insights 讓你可以從應用程式蒐集詳盡的遙測資料，並以數字或圖表檢視方式呈現這些資料的意義。它可以告訴開發人員，使用者接觸到 App Service 應用程式的哪些部份、以及遇上何種效能問題，讓開發人員得以找出問題所在、並修復臭蟲。關於 Application Insights 的詳情，可參閱 `https://docs.microsoft.com/zh-tw/azure/azure-monitor/app/app-insights-overview`。

Azure Log Analytics

在 Azure 監視器上研究一段時間之後，各位應該已經累積了相當多由 Azure 資源產生的記錄檔案。請回想一下先前所有呈現資料的方式，再想一下如何把所有的記錄放到單一資料儲存中、並不露痕跡地進行查詢。你大概會問「Tim，你又要出什麼花招？」

沒錯，我正要出招。Log Analytics 正是可以達成以上工作的平台。將 VM 和其他 Azure 資源的記錄檔放進單一的資料儲存中（亦即所謂的 *Log Analytics* **工作區**），並利用微軟特製的資料存取語言，在此對資料執行查詢，該語言就是 Kusto Query Language（KQL）。

各位會發現，Log Analytics 多少會將所有各種記錄的串流正規化、形成表格的結構。各位應該也會看出來，KQL 與 SQL 這種專為關聯式資料庫設計的資料存取語言十分類似。

建立 Log Analytics 的工作區

首要任務是先部署一個 Log Analytics 的工作區。然後你可以根據自己的需求，將或多或少的 Azure 資源加入到工作區當中。你也可以部署多個 Log Analytics 工作區，將記錄資料分開存放。

要建立新的 Azure Log Analytics 工作區，請依下列步驟進行：

1. **在 Azure 入口網站，瀏覽至「Azure Log Analytics 工作區」頁面，點選「新增」。**

   這時會出現「建立 Log Analytics 工作區」頁面。

2. **填好「建立 Log Analytics 工作區」頁面。**

   你需要提供以下詳情：

   - 工作區名稱
   - 訂用帳戶名稱
   - 資源群組名稱

- 位置
- 定價層

3. 點選「評論及建立」以便建立工作區。

4. 點選「建立」提交部署。

定價不在本書範圍之內，但是 Log Analytics 一樣也具備免費層和多種付費層。免費層最大限制為：

» 資料進入量限制為每個月 5GB

» 資料只保留 30 天

將資料來源連接至工作區

一旦工作區上線，就可以把 Azure 資源加進去，要將 Azure 資源連接至工作區，請回到「監視」的「診斷設定」頁面，啟用診斷、並將記錄串流指向你的工作區（介面外觀請參閱圖 14-4）。

你也可以在工作區的設定選單，直接把 VM 連結到工作區。步驟如下：

1. 在你的 Log Analytics 工作區設定選單，點選「虛擬機器」（Virtual Machines）。

   你會看到 Log Analytics 工作區所在地理區域的所有 VM 清單。你可以勾選哪些 VM 需要連結至工作區。

2. 必要時可以用篩選來控制，直到你找到要連結的 VM 為止。

   你一次只能把一台 VM 連結至一個工作區。[譯註 6]

譯註 6　連線未完成前，上述畫面中 VM 的「Log Analytics 連線」欄位會顯示為「未連接」；一但按下「連線」，欄位便會暫時顯示「正在連接」。完成後，同欄位就會變成「此工作區」。如果你將 VM 連結至別的 Log Analytics 工作區，同欄位就會變成「其他工作區」。

圖 14-11：將 VM 連接至 Azure Log Analytics 的工作區

3. 點選你的 VM，然後點選連線（Connect）。

在這動作背後，Azure 會部署一個 Log Analytics 代理程式（亦即前面提過的微軟監視代理程式）到 VM 當中。

4. 驗證 VM 確實已連結至工作區。

你可以在工作區設定中看到這項資訊。或者去檢視 VM 的延伸模組頁面（詳情請參閱第五章），並驗證是否已安裝 MicrosoftMonitoringAgent 這個延伸模組。譯註 7

第十三章曾探討過混合雲的可行性。各位應該要知道，Log Analytics 可以將內部的 VM 納入，特別是那些原本由 System Center Operations Manager 管理的 VM，就像它平常管理雲端原生的 Linux 和 Windows Server VM 那樣。

譯註 7　Windows 的 VM 才會安裝此一模組。Linux 的 VM 會安裝不同名稱的模組。

TIP

你可以把 VM 從現有的工作區斷開、再連結另一個工作區。這個動作很簡單，約需兩分鐘即可完成。只要從工作區中勾選 VM、並從工具列點選「中斷連接」(Disconnect) 即可做到。

TECHNICAL STUFF

同時運用診斷和 LOG ANALYTICS

讀者們或許會想:「你說 Azure 平台會自動蒐集基本的 VM 診斷資料，毋須安裝代理程式。然後你又部署了 Azure 診斷代理程式，以便蒐集更多的計量和記錄。現在又把 VM 連結到 Log Analytics 工作區。這些動作到底在搞什麼？」

說準確一點，問題其實在於你是否同時需要安裝診斷和 Log Analytics 延伸模組，以及它們對效能的影響。

同時在 VM 中安裝兩種代理程式，並不會有顯著的效能影響。診斷會追蹤計量和記錄資料，而 Log Analytics 則只是把記錄表單資料儲存下來而已。

撰寫 KQL 查詢

對於如何以 KQL 存取 Log Analytics 工作區資料，你應該多少要懂一點。KQL 學起來並不難，如果你用過 Splunk 搜尋處理語言、SQL、PowerShell、或是 Bash shell 的話，應該會覺得 KQL 似曾相識。

初探記錄搜尋介面

只需開啟 Azure 監視、並選擇「記錄」頁面，就可以進入記錄搜尋介面。另一種進入方式（也是筆者偏好的方式），是先進入 Log Analytics 工作區，再點選「記錄」設定。

第三種方式則是利用 Log Analytics Query Playground，你可以在此接觸到大量的資料集，並在實際產出有意義的資料集之前，先熟悉 Log Analytics。

請依下列步驟執行若干 KQL 範例：

1. **開啟新的瀏覽器分頁，瀏覽** `https://portal.loganalytics.io/demo`。

   這個網站也需要認證，但不用擔心；只需使用微軟的訂用帳戶認證即可。

2. **從清單中展開若干 tables。**

   清單中項目甚眾。Log Analytics 會將所有進入的記錄串流正規化（normalizes），再將其放到表格式的結構當中。

   找出 Security and Audit，再 展開 SecurityEvent 這個 table。你可以在此使用 KQL 來查詢 Azure 監視器的警示。t 開頭的條目（如圖 14-12 中展開的 SecurityEvent 項目之下）為屬性，就像關聯式資料表的欄位一樣。

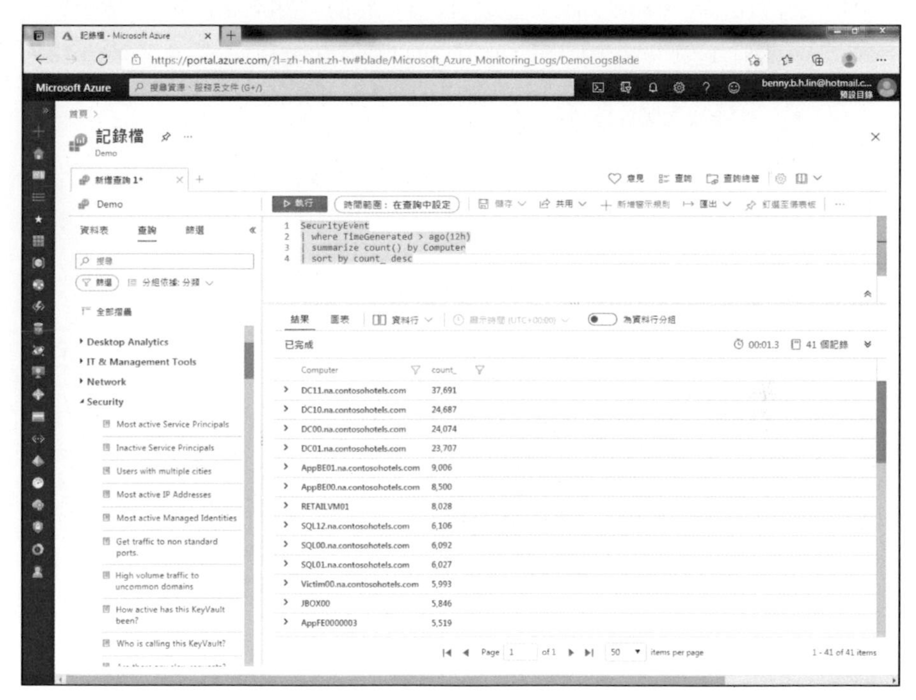

圖 14-12：Azure Log Analytics 的記錄搜尋介面

3. **在 Log Search 上方工具列右側，點選 Query Explorer，再展開 Favorites 清單，查出「Security events count by Computer during the last 12 hours」這個示範查詢，然後執行它。**[譯註 8]

   這個環境是一個實驗用的沙盤（sandbox）。微軟不只把許多不為人知的資源放進這個工作區，還寫了查詢範例讓你實際體驗一番。

4. **在結果清單中，點選圖表（Chart），以便從表單檢視切換成圖表檢視。**

   只需按一個鍵就可以用視覺化的方式呈現查詢結果。雖說並非每一種結果集都可以用圖形呈現，但這個功能非常方便。

5. **點選匯出（Export），並將你的查詢結果只包括已顯示的欄位儲存成 CSV 檔案。**

   注意通往 Power BI 的連結，這是微軟的雲端商務智慧 / 儀表板製作系統。

AZURE 解決方案

你或許已注意到，Log Search query interface 的表單所參照的 Azure 產品不只是 VM 和個別的資源而已。筆者要說的是像 DNS Analytics、Office 365、Security Center、SQL Assessment 及 Network Monitoring 等產品。

只要你啟用上述這些 Azure 解決方案，就會出現相關的 Log Analytics 表單。在 Azure Marketplace 裡，你可以載入 Azure SQL Analytics 解決方案，它會讓 Log Analytics 深入你的 SQL Servers（不論是虛擬的、實體的、雲端的還是內部的）及其中的資料庫。

其觀念在於，Azure 中所有的監視資料終將通往 Log Analytics。該平台十分廣泛而強大；請好好地體驗它。

譯註 8　很不幸地，譯者怎麼也找不到作者這段所謂的示範查詢；但如果各位讀者自己在查詢視窗中，照著圖中的 KQL 指令逐字鍵入，你會發現 Azure 這個查詢介面相當聰明，它會引導你完成查詢語句。這特性在下面概略介紹 KQL 時也會提到。

撰寫基本的 KQL 查詢

為了學習趣味起見，筆者要引領大家體驗一段常見的 KQL 查詢練習。請在 Log Search query 介面（如圖 14-12 所示）按下 + 圖示，開啟一個新分頁——這種多重分頁就跟 Visual Studio 或 Visual Studio Code 並無兩樣。

要體驗資料表，可以命令 Azure 以任意順序顯示任意數量的資料列。譬如說，如果要從 SecurityEvent 資料表顯示 10 筆記錄，就這樣下令：

```
SecurityEvent
| take 10
```

有沒有注意到查詢編輯器會在你打字時，自動為查詢語句補上不同的字詞？請善用這個便利功能，用方向鍵切換到你想要引用的詞語、按 enter 鍵選擇關鍵字。

另用關鍵字 search 來進行全文查詢。以下查詢會在 SecurityEvent 表單中尋找任何含有「Cryptographic」字樣的記錄：

```
search in (SecurityEvent) "Cryptographic"
| take 20
```

只要從選單找出目標關鍵字並按下 Enter，你就會注意到管線字元（|）。其功能就像 PowerShell 或 Bash shell 中的管線字元一樣。一段查詢的輸出，會經由管線傳遞給下一段查詢——這是非常強大的架構。

你可以加上篩選和排序來提高查詢的複雜程度。以下查詢既會篩選條件、也會依時間降冪排列結果：

```
SecurityEvent
| where Level == 8 and EventID == 4672
| sort by TimeGenerated desc
```

TIP

以上的 KQL 範例是筆者從微軟文件借來的。詳情可參閱「開始使用 Azure 監視中的查詢」一文 `https://docs.microsoft.com/zh-tw/azure/azure-monitor/logs/get-started-queries`。

十大遺珠

在這個部份中 . . .

了解 Azure 有哪十大新聞來源

學習如何跟上持續演進的 Azure 生態

在本章當中

» 追蹤可用的Azure服務

» 與Azure產品更新亦步亦趨

» 學習有關Azure的新訣竅或技巧

Chapter 15

Azure 十大新聞來源

筆者自己覺得，微軟的 Azure 真是個讓我一刻都不能鬆懈的技術群，我必須時時保持成長、並抱著不斷學習的心態。有鑑於 Azure 成長如此迅速，你要如何才能跟上變動的步調？以下是我精選的十大網站，衷心推薦給讀者們參考。

筆者建議，在你慣用的瀏覽器中製作一個書籤資料夾，然後把這些網站的書籤放進去，日後不時閱覽。隨時保持更新進度，並樂在其中！

TIP

本章所列大多數的網站都提供 RSS 的頻道摘要更新功能。請考慮訂閱這些更新的內容，並以你愛用的 RSS 更新閱讀工具瀏覽更新（筆者自己使用 Feedly）。

Azure Status

`https://status.azure.com/status`

Azure Status 儀表板提供全球相關服務的可用性索引。你可以在此檢視各種 Azure 服務的狀態，包括每一個公開和政府機構的地理區域。狀態分成以下幾種：

- Good
- Information
- Warning
- Critical

微軟在提供詳情方面做得很好，包括每次事故過後的根源分析。儀表板還會針對可能影響服務的預定維護發佈公告。

Azure 部落格

`https://azure.microsoft.com/blog`

並非所有的 Azure 產品或工程團隊都會勤快地更新 Azure 官方部落格，但新進的內容仍然值得訂閱一讀。你可以在這裡看到產品發佈及其發展途徑，從個人和公開預覽階段，一直到正式公開。同時也可以讀到產品行銷經理及高階主管（例如 Mark Russinovich）撰寫的白皮書及案例研究等等。

Azure 更新

https://azure.microsoft.com/updates

Azure 更新的網頁提供詳盡的產品追蹤和發展藍圖等資訊。你可以按照產品開發階段篩選頁面內容：

- 開發中
- 預覽中
- 現已提供

微軟會在每一季公佈免費的更新回顧，你可以從這裡自由下載。

當你十分熱衷開發中的 Azure 新功能，而且老是在想「這個功能到底何時才會正式公開？」的時候，一定要經常光顧這個網站。

Azure.Source

https://azure.microsoft.com/blog/topics/last-week-in-azure

從技術上說，Azure.Source（有時也稱為 Azure 上週回顧）其實是 Azure 官方部落格的一部份，但這份週報仍有其重要性，足以在本章中佔有一席之地。

Azure.Source 基本上是產品發佈及更新藍圖的集合。比起在新聞公佈當下立即透過 RSS 更新並閱讀，你也許會更喜歡用這種週報摘要的方式瀏覽。

Build5Nines Weekly

https://build5nines.com/category/weekly

Chris Pietschmann 既是微軟 MVP，也是強者我朋友。他經營著 Build5Nines.com 這個部落格（先前名為 BuildAzure.com），這是全球最好的 Azure 教育資源網站之一。這個部落格不只會總結前一週的重大 Azure 產品發佈消息，也包括了 Pietschmann 自己閱覽並篩選出來的最佳 Azure 相關部落格貼文。每週閱讀這份電子報，你可以從中獲得大量資訊。

Azure Weekly (Endjin)

https://azureweekly.info

Endjin 是一家位於倫敦的雲端服務顧問業者，在拓展社群方面貢獻良多。他們的每週電郵文摘十分詳盡；我甚至猜想他們是不是把所有能找得到的前一週 Azure 產品更新都放進了這份電子報。

Azure Weekly 最棒的地方，是將每一份期刊都歸檔備查（可以上溯至 2014 年），而且可以在網站中查閱，而且還是免費的。

Azure 官方 Youtube 頻道

https://www.youtube.com/user/windowsazure

這份媒體頻道從 2008 年 11 月便成立至今，內含數百支影片（但微軟似乎已將 2017 年之前發表的影片剔除）。

你可以在這裡找到大量的內容，包括產品功能簡介、與 Azure 相關的微軟研討會、以及課程等等。

這個頻道也提供 Azure Friday 的節目（下面就會介紹）。

Channel 9: Azure Friday

https://channel9.msdn.com/Shows/Azure-Friday

Azure Friday 是每週播出的系列影片，由 Scott Hanselman（一位微軟產品的宣揚者，以善於用簡單的方式解說複雜的技術主題而聞名）及他的同事主持。Hanselman 之所以廣受歡迎，是因為他不僅僅是知識淵博的開發人員，也是一個好老師。該系列影片曾訪問 Azure 產品團隊成員，並經常提供展示。

Azure Feedback

https://feedback.azure.com

你可以在 Azure Feedback 入口網站上提出對新產品或產品改進的建議、對既有的問題投票表達意見、或直接與微軟產品團隊成員溝通。如圖 15-1 所示，有些客戶的回饋可以衍生成為改良的功能，甚至成為開發新產品的契機。

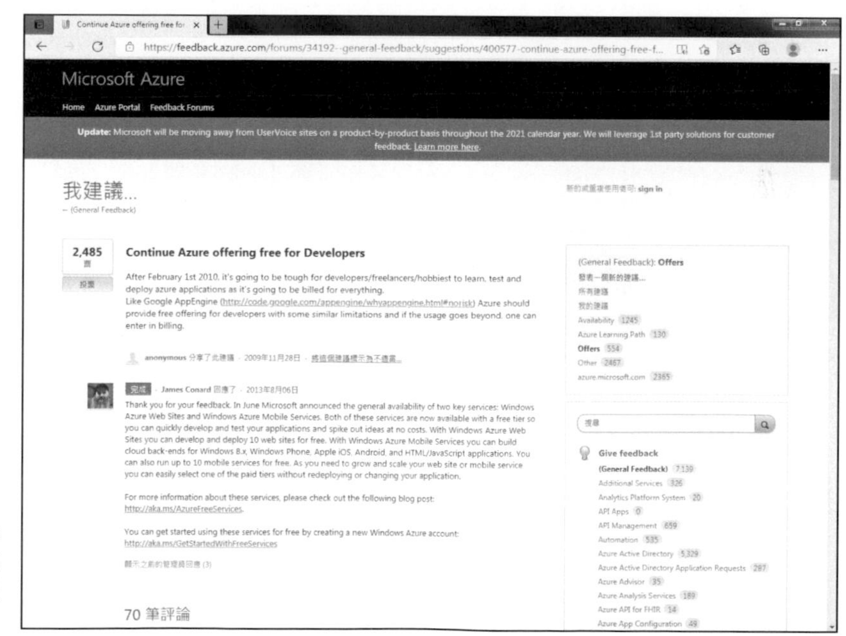

圖 15-1：有時你在 Azure feedback 的意見會成為開發新產品的契機

Tim 的 Twitter Feed

https://twitter.com/techtrainertim

如果你想隨時追蹤 Azure 的新消息，只需跟隨我的推文即可。畢竟我可是每天遍讀以上九個網站、並張貼三到五篇相關推文的人哦！

在本章當中

» 深入Azure文件

» 實驗Azure REST API

» 利用Azure教育實驗室做練習

Chapter 16 十大 Azure 教育資源

如果說筆者在本書中教大家學會了什麼，那就是若要成功運用 Microsoft Azure，你必須與時俱進。

在本書的結尾，筆者要為大家提供十大精選 Azure 教育資源。希望大家閱讀愉快！

Azure 文件

https://docs.microsoft.com/azure

若要理解 Azure 產品的運作，Azure 文件庫是最佳的資訊來源。微軟已將所有文件均開源至 GitHub 公開，因此社群成員們（就像各位一樣！）可以直接編輯並提出你的觀點。

上述文件庫的特質，意味著文件會隨著 Azure 產品一起進化。你也會看到大量的多媒體資源，這種教學風格更適合喜歡動手做或是邊看邊學的讀者。

TIP

如果你還不熟悉 Git 原始碼控制、以及 GitHub 的共同作業流程，不妨先讀一下 Sarah Guthals 和 Phil Haack 合著的好書 *GitHub For Dummies*（一樣由 John Wiley & Sons, Inc. 出版社發行）。

Azure Architecture Center

`https://docs.microsoft.com/azure/architecture`

微軟長久以來始終保持自產自用的風格，亦即：

- 他們會充分利用自家開發的產品、技術和框架。
- 他們會與客戶共享最佳做法。

Azure Architecture Center 包含兩份極有價值的線上指南：

- *Azure* 應用程式架構指南（*Azure Application Architecture Guide*）：本文說明微軟如何在 Azure 上設計出可調節規模、富於彈性、性能優異且安全的應用程式
- 適用於 *Azure* 的 *Microsoft* 雲端採行架構（*Microsoft Cloud Adoption Framework for Azure*）：本文說明微軟如何協助客戶從完全內部自有架構轉換成混合雲、再轉換成雲端原生架構

這裡同時還包括了參考架構的文件庫、以及各式各樣的拓樸圖與說明。其中很多圖表都是免費以微軟 Visio 繪製的格式提供。在筆者擔任 Azure 解決方案架構師期間，我自己就經常在此閱覽公開的參考架構，作為我向客戶提出拓樸與建言的出發點。

TIP

如果你還未添購 Visio，或是功能相當的技術用繪圖工具，請考慮購置一套。筆者職涯中所遇過的幾乎每一位架構師，都會使用 Visio 或微軟 PowerPoint 來繪製 Azure 架構圖。

Azure REST API 瀏覽頁

https://docs.microsoft.com/rest/api/?view=Azure

你在 Azure 訂用帳戶中的一舉一動，都會轉化成為對 Azure 公有雲的 REST API 呼叫。Azure 的 REST API 瀏覽頁讓你可以深入資源提供者，檢視可用的操作，甚至先行測試一番（參見圖 16-1）。

在 API 瀏覽器中看過 Azure 資源管理員的 API 要求 / 反應如何運作後，你就可以自行建立應用程式，直接與 ARM REST API 互動。

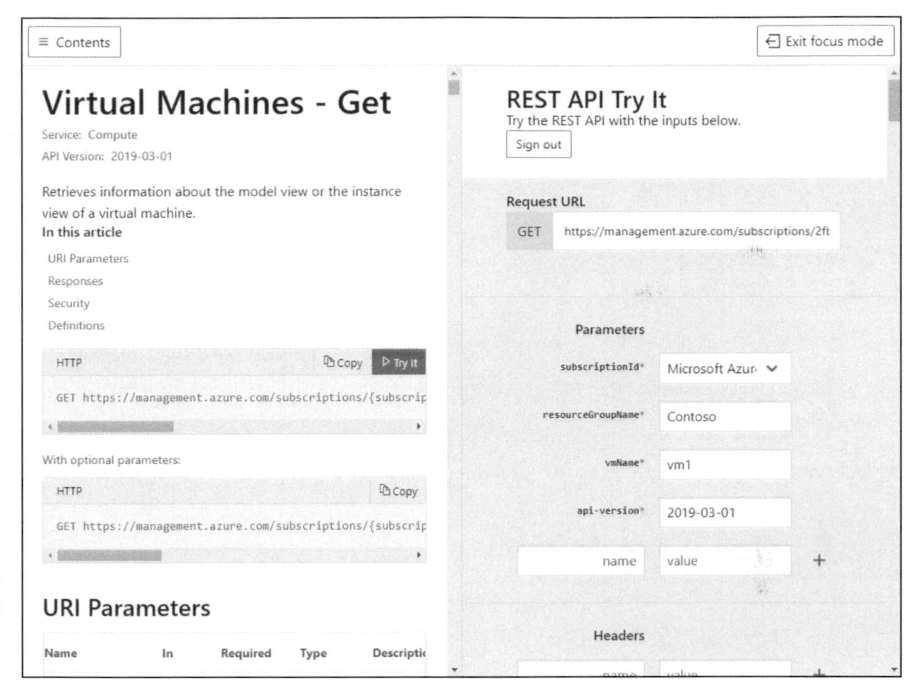

圖 16-1：透過 Azure REST API 瀏覽器，直接從底層操作

Microsoft @ edX

https://www.edx.org/learn/azure

edX 是一家非營利企業，他們籌辦了大量的開放線上課程（massive open online courses, MOOC）。微軟買進了許多 edX 內容。你可以從中找到大量的 Azure 相關課程，涵蓋眾多主題，包括：

- 架構
- 管理
- 開發
- 安全
- 物聯網
- 資料工程
- 資料科學
- 機器學習

這些課程皆為免費，只需以你的微軟帳戶登入，就可以追蹤你的課程進度。該公司的多媒體教育方式，非常適合喜愛不同學習方式及風格的人。

Microsoft Learn

https://docs.microsoft.com/learn

Microsoft Learn 與上述的 edX 十分相似，唯一的差別，是 Microsoft Learn 完全由微軟一手打造。你可以在此找到數百種免費的實驗教程，與大多數的 Azure 職務角色都有關聯；這些實驗教程都十分詳盡而完整。

微軟為許多動手做的實驗都提供了沙盤環境，讓你可以取用微軟的訂用帳戶。這代表你可以直接在 Azure 環境中學習，而不是透過仿製或模擬的環境。

Azure 認證

https://www.microsoft.com/learning/azure-exams.aspx

筆者自己發覺，如果你向五位 IT 專家探詢他們對於專業認證的看法，你會得到五種南轅北轍的答案。有些人需要 Azure 認證，

是因為他們必須藉此保有微軟夥伴的身份；有些人需要認證，則是希望在競爭激烈的職場中凸顯自己。

無論如何，為了 Azure 相關認證，你都應該關注這個網站。微軟在 2018 年將單一 Azure 認證轉換為以角色區分的各項認證。藉由這種方式，你可以透過符合現有職掌或未來職務的 Azure 專長來表現自己，例如管理者、開發人員、架構師、DevOps 專員等等。

筆者鄭重建議各位把微軟的全球學習認證與測驗優惠資訊頁面加入書籤（https://docs.microsoft.com/en-us/learn/certifications/deals）。大部份情況下你都可以找到重考優惠訊息，同時加上 MeasureUp 模擬考（見下一節）的優惠。如果你第一次沒考過，重考優惠會提供再次受測的折價券。

MeasureUp

https://www.measureup.com/azure-products

MeasureUp 是微軟官方唯一授權的模擬考機構。我實在沒法形容，模擬考對於實際通過微軟認證有多麼重要。我真的曾目睹資深的老手滿懷信心地步入考場，出來時卻為了沒能過關而垂頭喪氣，因為他們壓根就沒想到微軟全球學習中心會以如此多樣化的方式來測驗他們。

對了還有一件事：先前介紹過的 Microsoft Learn，指的是微軟全球學習的線上技術教育中心，跟這裡的服務是兩回事。

MeasureUp 提供精準的受測體驗。了解並適應微軟測試你所具備知識的方式，就跟理解受測的知識本身一樣重要。

在 Azure 的考試裡，你會看到與手作表現有關的實驗題，你必須以 AD 登入真正的 Azure 入口網站，並完成一連串的部署及設定任務。

考試中同時也含有呈現某虛構公司現狀的案例研究、Azure 的相關目標、以及技術上的限制；你必須分析每個案例，並答覆多個問題。這些模擬考完全不馬虎，值得你花時間準備練習。

聚會

https://www.meetup.com/topics/azure

筆者必須老實承認，我過去廿多年職涯中參與的每一項專業，幾乎都是透過專業網路建立的。當你與其他專家建立聯繫時，你的名聲自然而然地便會隨著機會而竄升。

因此筆者建議各位造訪 Meetup.com，並搜尋你所在地區的 Azure 使用者群組。在本書付梓前，全球一共有 716 個群組、會員超過 3 萬人（參見圖 16-2）。

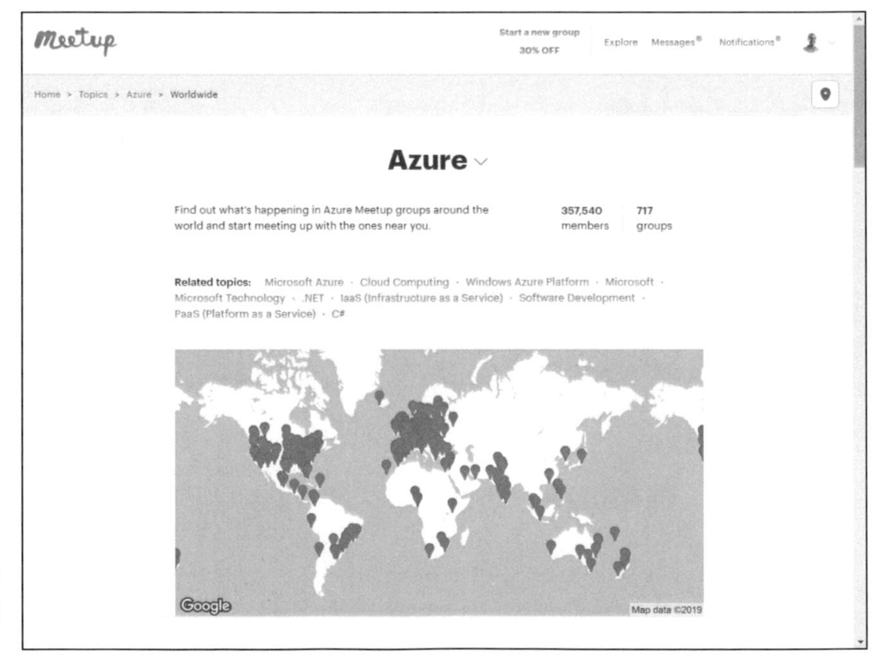

圖 16-2：找出離你最近的 Azure 使用者群組

Azure 聚會是你發現新事物的絕佳機會，你可以在此與人們會晤，他們也許正與你從事相同工作、或擔任你將來想從事的職務。IT 招聘人員常會贊助使用者群組，因此你在聚會中也有機會將自己置身於求職網路中。

既然談到聚會，筆者還想介紹 Microsoft Reactor（https://developer.microsoft.com/en-us/reactor/)），這是一個由微軟運作的社群，它會為初學者及社群主持人提供免費聚會。聚會主題常涵蓋 Azure、還有其他微軟技術及工作角色。

CloudSkills

https://cloudskills.io

CloudSkills 是一家高階顧問業者，以提供 Azure 教育訓練為主要目標。我的好友 Mike Pfeiffer 是一位微軟 MVP，曾擔任亞馬遜 AWS 和微軟的雲端架構師。他創立了 CloudSkills 這家教育訓練公司，同時提供免費和收費的訓練課程、專業顧問服務、以及一般的雲端職涯指導。你可以在 CloudSkills.io 找到訓練課程、在 CloudSkills.fm 找到不收費的播客訪談、在 CloudSkills.tv 找到免費的教學節目。

Pluralsight

https://www.pluralsight.com/partners/microsoft/azure

在此公開一件事：筆者也是 Pluralsight 的全職講師。不過全球大部份的 Azure 專家似乎也多少會有類似的身份。Pluralsight 和 Azure 團隊會合作推出業界最好的線上學習資料庫。

這些影片訓練課程涵蓋了 Azure 所有主要的工作角色，全部都是免費的。Pluralsight 同時也提供課前與課後的技能評量，還有教師指導服務。

關於作者

Tim Warner 在 1981 年開始接觸電腦，當時他的父親送給他一部當時很熱門的「99 美元電腦」── Timex-Sinclair 1000。從那時候開始，他陸續接觸了 Commodore 64、Tandy TRS-80，然後是 x86 機器，最後與微軟的 Windows 結緣。接下來的故事，大家都知道了。

自 1997 年以來，Tim 開始成為一名 IT 專業人士。他寫了近 20 本技術書籍，以及編寫了 200 多種電腦培訓課程（CBT）的講義，以及關於 Azure 的教學，並擁有微軟 Azure 架構、管理和開發方面的認證。

你可以透過 Twitter（@TechTrainerTim）或他的網站（techtrainertim.com）與其聯繫。

作者謝辭

感謝編輯 Steve Hayes 給我這個機會，讓我成為「For Dummies」系列書的作者。其實，當年也是 Peter Weverka 的《Windows 95 for Dummies》幫助我入行，請容我在此感謝 Peter，希望這本書能夠算是一點小小的「回報」。

感謝我的企劃輯 Charlotte Kughen，謝謝你在寫作過程中給予的協助與指導，你跟你的丈夫 Rick，是我寫作之路的重要夥伴。

感謝微軟 Azure 社群的所有人，包括微軟團隊、MVP、社群成員、我的同事與學生。這樣說也許很老調，但沒有你們，我真的辦不到。

最後，感謝我的妻子蘇珊和女兒佐伊。我愛你們！

第一次用 Azure 雲端服務就上手

作　　者：Timothy L. Warner
譯　　者：林班侯
企劃編輯：莊吳行世
文字編輯：詹祐甯
設計裝幀：張寶莉
發 行 人：廖文良

發 行 所：碁峰資訊股份有限公司
地　　址：台北市南港區三重路 66 號 7 樓之 6
電　　話：(02)2788-2408
傳　　真：(02)8192-4433
網　　站：www.gotop.com.tw
書　　號：ACN036500
版　　次：2021 年 11 月初版
　　　　　2023 年 09 月初版三刷
建議售價：NT$620

國家圖書館出版品預行編目資料

第一次用 Azure 雲端服務就上手 / Timothy L. Warner 原著；林班侯譯. -- 初版. -- 臺北市：碁峰資訊, 2021.11
面；　公分
譯自：Microsoft Azure For Dummies
ISBN 978-986-502-965-4(平裝)
1.雲端運算
312.136　　110016443

讀者服務

- 感謝您購買碁峰圖書，如果您對本書的內容或表達上有不清楚的地方或其他建議，請至碁峰網站:「聯絡我們」\「圖書問題」留下您所購買之書籍及問題。(請註明購買書籍之書號及書名，以及問題頁數，以便能儘快為您處理)
  http://www.gotop.com.tw
- 售後服務僅限書籍本身內容，若是軟、硬體問題，請您直接與軟體廠商聯絡。
- 若於購買書籍後發現有破損、缺頁、裝訂錯誤之問題，請直接將書寄回更換，並註明您的姓名、連絡電話及地址，將有專人與您連絡補寄商品。